徐景蓁 编著

北京协和医院儿科主任医师
中国协和医科大学儿科教授、博士生导师
中国母乳喂养技术指导委员会委员

同步育儿
营养全书

0~3 岁

U0305560

中国轻工业出版社

邂逅这本书是在 _____ 年 _____ 月 _____ 日，在 _____（城市）的 _____ 书店。

记录下自己

当时的心情吧……

小宝啊！陪着你慢慢长大

是一件多么幸福的事情！

盖上宝宝的小脚印作为这本书的藏书章吧！

许多年后，在宝宝的成人礼上，这本书会是一件意义非凡的礼物呢！

为宝宝的未来

写下寄语……

深深地感谢 >>

感谢 "领先" 健康母婴系列图书的编创团队为作品得以顺利出版而付出的历时 **18** 个月的辛勤努力!

感谢中国协和医科大学、北京协和医院 **3** 位资深专家的权威执笔与悉心创作! 在此, 向你们的敬业精神与专业水准致敬! 他们是: **徐蕴华大夫、徐景蓁大夫、马方大夫。**

感谢 **29** 位孕妈咪的美丽出镜! 尤其是我们跟踪拍摄的特邀模特吴慧小姐和赵立翌小姐, 你们克服了孕程中的各种生理不适, 全力配合拍摄, 为图书留下了宝贵的影像资料。能够见证你们生命中最特殊、最动人的时刻, 对我们来说是一次多么珍贵的品读生命的机会, 谢谢你们!

她们是: **赵立翌、吴慧、王昭颖、王莉、沈蕾、干文纹、施媛媛、张旖、王冠琦、马莉、吴骏、吕敏、管晓伟、陈雪芬、王阿芳、陈默、徐静、郭玮、余静、陆云、贾红樱、曹子君、曾颖、郭艳、高峰、郝雅萍、谢雯、黄艳、祁洁**

感谢 **71** 位宝宝模特的天真出镜和 "本色" 演出! 无论是喜、是乐、是哀、是怒, 绽放在宝宝们丝毫未沾染世故尘埃的小脸上, 竟然都如此动人。能够在镜头中定格你们如此灿烂的成长瞬间, 我们万分荣幸, 祝愿你们健康成长!

他们是: **曹倩宁、曹雨阳、查显科、陈浩然、陈可容、陈明希、陈奕涵、陈卓然、豆豆、方天爱、顾烨尘、管文博、桂云龙、郭泽宇、胡丰悦、黄诚彬、黄蕾菲、蒋加恒、解子祺、李淏峥、李嘉禾、李明益、李忻怡、李宗正、梁格格、林宸禾、林佳荧、刘缪希、刘姝儿、刘心诺、刘馨乐、刘屹彬、刘奕、陆帝彤、吕章煌、墨墨、潘宇涵、琪琪、乔依依、沙思若、沈悦岑、王博阳、王皓宇、王佳妮、王嘉齐、王睿尧、王天怡、吴祺宇、武姝茜、西优理、夏雪宸、徐戈、徐靖枫、徐杨米多、徐翊宸、杨舒睿、杨云帆、杨子涵、张博涵、张佳仪、张天月、张惟妙、张惟肖、张炜晨、张玉尧、赵宸、赵思媛、赵益、赵逸文、周峤益、朱尚昱蕊**

感谢 **19** 位爸爸模特! 尤其是我们的特邀模特杨锦强先生, 面容中颇有几分刘德华的帅气, 而在拍摄现场对娇妻的百般呵护更是让人动容。正因有了爸爸模特们难能可贵的参与拍摄, "好丈夫" "好父亲" 的形象才得以在图书中一展其美好禀赋和深邃爱心。虽说是母婴孕育类读物, 男性怎能缺席?

他们是: **杨锦强、张有滨、杨起、顾侃、乔冬、周华伟、林斌、赵庆磊、韦庆、刘齐国、徐向阳、陆建、陈坚、潘阳、杨超、陈广暄、方祖浩、黄晋、杨彬**

感谢在书店、超市、妇产医院邂逅的读者朋友、孕妇朋友! 你们配合我们填写了 **1200** 份调查问卷, 最后有效回收691份, 正是这些问卷为我们带来了宝贵的第一手材料, 为我们的书稿编创工作提供了更明晰的方向和最有价值的资讯。

感谢摄影师陈广义先生! 你独特的创作理念和精湛的技术让宝宝们在镜头中宛若天使, 我们的合作非常愉快!

感谢这18个月来对 "孕" 与 "育" 这个主题的深入解读, 让我更加靠近生命的真义, 获得温暖。

出品人
策划人　耿潇男
2007年7月

Part 1 婴幼儿同步喂养按月查

Part 2 婴幼儿最需要的明星营养素

Part 3 最适合宝宝成长的35种营养食材

Part 4 常见儿科疾病及辅助食疗

Part 5

婴幼儿喂养的
焦点主题

Part 6

尝试用饮食
改善宝宝的行为瑕疵

Part 7

0~3岁宝宝的
进餐教养

Part 8

矫正
常见的喂养误区

○图片协力：南京远景婴幼图库摄影 www.njbaby.cn
○摄影师：陈广义

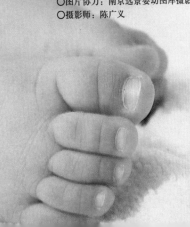

Part

1

婴幼儿同步喂养

按月查

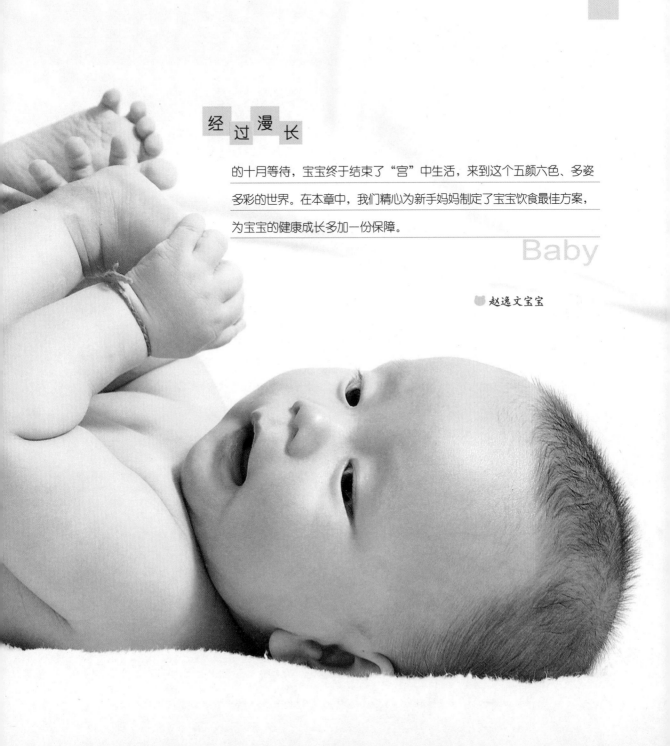

经 过 漫 长

的十月等待，宝宝终于结束了"宫"中生活，来到这个五颜六色、多姿

多彩的世界。在本章中，我们精心为新手妈妈制定了宝宝饮食最佳方案，

为宝宝的健康成长多加一份保障。

Baby

赵逸文宝宝

0~1 个月新生儿的同步喂养方案

BABY. 初到人世的适应阶段

宝宝发育特征 ▶▶▶

项目 \ 性别	男宝宝	女宝宝
身长	平均56.9厘米（52.3～61.5厘米）	平均56.1厘米（51.7～60.5厘米）
体重	平均5.1千克（3.8～6.4千克）	平均4.8千克（3.6～5.9千克）
头围	平均38.1厘米（35.5～40.7厘米）	平均37.4厘米（35.0～39.8厘米）
胸围	平均37.3厘米（33.7～40.9厘米）	平均36.5厘米（32.9～40.1厘米）
身体特征	一出生就会吸吮乳头；吃奶后容易打嗝；呼吸时常有鼻塞音；具有多种反射能力。	
智力特征	会和妈妈用表情进行交流，能看见离眼睛25厘米以内的物体；当听到妈妈叫"宝宝"时，会缓慢地向妈妈转过头来；有触觉、味觉和嗅觉。	

张惟妙、张惟肖这对双胞胎宝宝和其他的新生儿一样，大部分时间都在睡眠中度过。

喂养指导

宝宝出生后的第1个月，也称为新生儿期，也是宝宝来到人世的适应期，小宝宝对自然生活环境的适应需要2~3周才能渐趋稳定。在这段时间里，宝宝的神经中枢发育还不完善，器官机能活动能力也不足，非常容易受体内外不良因素的侵袭，因此，初为父母的爸爸妈妈们一定要注意宝宝的喂养，帮助宝宝尽快适应这个陌生的世界。

对于新生儿来说，母乳是最理想的营养食物，所以要尽量采取母乳喂养。如果母乳不足或无法全部用母乳喂养可采用混合喂养的方式。通常有两种方式：补授法，照常进行母乳喂养，每次喂完母乳后再补充一定量的配方奶或牛、羊奶等代乳品，每日哺喂母乳的次数与以前一样，保持经常的吸吮刺激而维持乳汁分泌。代授法，完全用配方奶或牛、羊奶等代替一次或多次母乳喂养，但每天仍应坚持不少于3次的母乳喂养。总之，应尽量减少人工喂奶的次数，保持母乳喂养每日在5次左右，就可以延长哺乳时间。另外，人工喂养的宝宝，每天应在两次哺喂中间饮用适量的白开水。

母乳的主要营养列表

α-乳清蛋白	能强化婴幼儿的免疫机能，增加细胞内的抗氧化物质，以对抗自由基。
免疫球蛋白	能够防止宝宝患呼吸道和胃肠道疾病。
必需不饱和脂肪酸	比例适宜，不易引发脂肪性消化不良，有助于宝宝大脑与智力的发育。
乳糖	在消化道内变成乳酸，能促进消化，有利于钙、铁等矿物质的吸收，并能抑制大肠杆菌的生长，减少宝宝患消化道疾病的几率。
钙、磷等矿物质	比例适当，易于宝宝吸收。

宝宝一日所需的总奶量：宝宝体重（千克）×（100~120）毫升，新生儿一般每天喂奶7~8次，每次间隔3~3.5小时。具体情况可参考下表。

哺喂次数和奶量表

日龄（天）	每日喂奶次数（次）	每次奶量（毫升）
0~7	7	40~60
8~14	7	60~90
15~30	6	90~120

新手妈妈哺喂学堂

母乳喂养须知

授乳时的正确姿势

授乳的姿势有多种，新手妈妈可以根据实际情况进行调整，大多数情况下，妈妈可以参照下面的方法进行哺喂。

A. 哺乳前，妈妈应洗净双手，用温热毛巾擦洗乳头、乳晕，同时双手柔和地按摩乳房3～5分钟，促进乳汁分泌。

B. 在椅子上坐好（也可盘腿坐着），将宝宝抱起略倾向自己，并使宝宝整个身体都贴近自己，用上臂托住宝宝头部，将乳头轻轻送入宝宝口中，使宝宝用口含住整个乳头，并用唇角包覆大部分或全部的乳晕。

C. 妈妈要用食指和中指将乳头的上下两侧轻轻下压，以免乳房堵住宝宝鼻孔而影响吮吸，或因奶流过急呛着宝宝。若是奶量较大，宝宝来不及吞咽时，可让其松开奶头，喘喘气再继续吃。

D. 喂完奶后，应将宝宝直立抱起，使宝宝的身体靠在母亲身体的一侧，下巴搭在母亲的肩头，用手掌轻拍后背，直到宝宝打出气嗝。

●每次喂奶时，最好让宝宝把乳汁吸空，如果乳汁没有吸空，应把剩余的乳汁用吸乳器吸出。

●每次哺喂，注意两侧乳房要交替哺喂，这次若先喂左侧，下次就从右侧开始。

●每次喂奶以15～20分钟为宜，宝宝吸吮每侧乳房的时间应不少于5分钟。

怎样使乳汁充足

乳汁的充足与否与妈妈的营养有直接的关系。哺乳期间，妈妈应多吃营养丰富的食物，要摄入足够的碳水化合物和水，也要多吃一些富含维生素和矿物质的水果、蔬菜以及富含蛋白质和脂肪的肉类、蛋类等。但也不能无限制地多食，应合理调节，吃饱即可。

要按时哺乳。婴儿吸吮乳头会使催乳素分泌增加，妈妈可以每3～4小时哺乳一次。哺乳后如有多余乳汁，可用吸乳器或用按摩方法将它挤净。

另外，充分的休息和乐观的情绪对维持乳汁的正常分泌也有重要的作用。

人工喂养须知

怎样选择奶瓶、奶嘴

奶瓶应该选择广口、容积为250毫升的，因为这样的奶瓶既能保证每次调制的奶量充足，又容易刷洗。对新生儿来说，需准备6～8个奶瓶。

奶嘴最好选购已经刺好孔的，市场上销售的奶嘴有两种开口方式，圆形的小洞洞和十字形的，圆形的小洞洞细菌容易侵入，而十字形的能依照宝宝的吸吮能力起到调节流量的作用。奶嘴的形状和大小要适合孩子的嘴，尤其是奶孔的大小要合适，将奶瓶倒立，每秒钟可流出1～2滴奶的奶孔大小是最合适的。奶嘴需要准备12个左右。

怎样洗奶瓶

在喂奶前要先将奶瓶和奶嘴等所有喂奶器具进行清洁和消毒。最好是一次将所有的奶瓶都清洗干净、做好消毒。

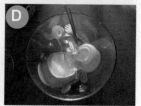

A. 把奶瓶放在滴有洗洁精的水中，用奶瓶刷清除瓶内所有的残渣，然后用清水冲干净。

B. 用盐擦洗奶嘴，清除所有残留的乳汁，再用清水彻底冲洗。

C. 清洁过后，把奶瓶、奶嘴放在沸水中煮20分钟消毒。

D. 冷却后，取出所有器具，等奶瓶干燥后将所有用具统一放置。

●如果妈妈不放心用化学清洁用品清洗宝宝奶瓶，也可直接采取高温消毒法。

怎样调制宝宝吃的奶粉

配方奶粉最好按奶粉包装上的说明进行调制。

普通奶粉可按1匙奶粉加4匙水的标准来调制。调制时，先用50℃～60℃的热开水将奶粉调开，再加水调成需要的浓度，最后再按说明加糖。

用奶瓶喂奶的正确姿势

妈妈洗净手后将宝宝抱在怀里，一手把奶瓶底托高，以使奶汁充满奶嘴，防止宝宝吸入空气。切忌将奶汁充填一半奶嘴，以免使宝宝吸入大量空气，造成嗝奶。

正确姿势

错误姿势

 ## 育儿专家连线

乳头皲裂时怎样授乳

妈妈的乳头可能会出现"吸伤"或"咬伤"的现象。因为该部位比较敏感，所以婴儿吸吮时疼痛剧烈。此时，只要调整喂养方法，就能减轻疼痛的症状，可以继续给宝宝喂奶。一般情况下，乳头裂伤会出现在一侧，妈妈可以先让宝宝吸3～4分钟有裂伤的一侧，但不要让宝宝单吸吮乳头，要让宝宝张大口吸到乳头的周围，然后再让宝宝吸吮10分钟另一侧无伤的乳房，最后再让宝宝吸4～5分钟伤侧乳房。如果无伤的乳房能让宝宝吃饱，则可停吸1～2天伤侧乳房。破裂的乳头经休息后可自然治愈，所以不要因为有了裂口而换喂其他奶品。

也有禁忌

什么情况不宜母乳喂养

妈妈的原因

●感冒高热时，建议暂停哺乳几天，同时定时挤奶，待感冒痊愈再恢复母乳喂养。

●患急性乳腺炎。如果为中，后期，乳汁可能已被细菌污染，不宜哺喂。加之使用抗生素治疗后，药物可在乳汁中达到一定浓度，有时比血浓度还高。吸食这种乳汁对宝宝健康不利，应暂停哺喂，待奶疖痊愈后再恢复母乳喂养。

●母婴传播性疾病。病毒可通过乳汁传播引起宝宝感染，建议患乙型肝炎或被巨细胞病毒感染的妈妈停止哺乳，改用人工喂养。艾滋病患者的乳汁中含有艾滋病病毒，可导致宝宝感染，也不宜母乳喂养。

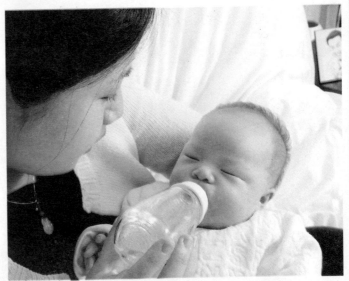

不能采取母乳喂养时，妈妈暂时用其他奶品代喂琪琪宝宝。

●乳头或乳晕附近有活动性单纯疱疹病毒感染时，应暂停哺乳。

●妈妈患有活动性肺结核时应禁止母乳喂养。

●患严重心脏病、慢性肾炎时，母乳喂养会增加心脏和肾脏负担，严重时甚至导致心力衰竭。

●妈妈患尚未稳定的糖尿病，哺乳可引起严重并发症，甚至可能昏迷。

●患有癫痫（俗称羊癫风）长期服用抗癫痫药物，会对宝宝产生一定影响，如：吸吮力不强、体重增长缓慢、嗜睡、呕吐等。当癫痫发作时还会伤及宝宝，导致意外。

●妈妈患癌症需要接受化疗时或长期需要服用激素等，都不宜采用母乳喂养。

●妈妈因上班、出国或出差等原因，与宝宝长期分离时，不得不停止母乳喂养。

宝宝的原因

●宝宝如有代谢性疾病，如半乳糖血症或苯丙酮尿症，母乳喂养会加重疾病。

●出现持续黄疸（皮肤发黄），并经医生诊断排除其他各种原因。考虑母乳性黄疸时应减少母乳哺喂量，加喂一定量配方奶粉。待黄疸基本消退后再恢复纯母乳喂养。但当胆红素值超过（20毫克／分升）时，宜暂停母乳喂养。

●患严重唇腭裂而致使吸吮困难的宝宝不宜用母乳喂养。

不宜给宝宝喂高浓度的糖水

许多妈妈喜欢用高浓度的糖水喂宝宝，或者给宝宝喂一些高糖的乳制品来补充营养，其实这是错误的做法。这样不仅不能给宝宝补充营养，反而可能给宝宝带来疾病。

给宝宝服用含有高糖的乳和水，容易导致宝宝腹泻、消化不良、食欲不振，以至发生营养不良。另外，给宝宝喂高浓度糖水，还会造成宝宝出牙时发生龋齿。宝宝吃高糖的乳和水，还会使坏死性小肠炎的发病率增加。

给宝宝喝了过多的糖水，小心宝宝拒绝吃奶！

都怪我给宝宝喝了那么多糖水！

● 本月关注 ●

初乳

"初乳"一般指母亲产后5天内乳房开始分泌的乳汁，量较少，呈淡黄色，对新生儿来说极为宝贵。初乳中的蛋白质含量极为丰富，可达12克／升，是成熟乳的两倍多，脂肪含量较低，乳糖含量稳定，微量元素铁、铜、锌等含量也很高。

初乳中富含的免疫球蛋白和白细胞，可以提高宝宝肠道的抵抗力，减少感染性疾病；其中的生长因子，可以促进肠道的发育；而微量元素锌，可以促进婴儿的发育；初乳还有轻泻作用，可以帮助新生儿排泄胎粪；初乳更利于早产宝宝的消化吸收，能提高早产宝宝的免疫能力，对抗感染有很好的作用。

所以，妈妈一定要珍惜自己的初乳，尽可能不要错过给宝宝喂初乳的机会。

鱼肝油

鱼肝油可以补充宝宝所需的维生素D与维生素A。刚出生的小宝宝虽然还太小，但生长发育较快，需要添加维生素D来满足宝宝的营养需求。妈妈在给宝宝添加鱼肝油前，最好先向医生询问好合适的用量。

妈妈营养

产后的妈妈身体较弱，应该尽量增加营养，争取每日吃5餐，增加主食量，食物种类要尽量丰富，饭菜要做得稀、软、易于消化。应多吃含钙及蛋白质较多的食物，如骨头汤、牛羊肉汤、鸡、鱼、瘦肉、肝等，多吃蔬菜和水果。如果条件允许，可以每天喝500克牛奶，不可偏食。不可以大量摄取糖类，不要吃刺激性强的食物，如辣椒、葱等，也不要吃生冷食物。

建议一日食谱   Menu

妈妈食谱>>

1

时间	食物类型
8：00～9：00	面包、牛奶、鸡蛋、小米粥
11：00～12：00	米饭、鸡汤、青菜、炒肉、凉拌黄瓜
14：00～15：00	馒头、蛋汤、猪蹄、黄豆芽、炖豆腐
18：00～19：00	饼、豆腐汤、鸡肉、炖菜
22：00～23：00	面、鸡蛋、动物肝脏、牛奶

备注：每餐之间，可以吃适量的苹果、香蕉、西瓜等水果。

2

时间	食物类型
8：00～9：00	面包、牛奶、蛋汤、熟肉制品
11：00～12：00	面条、鸡蛋、排骨汤、蔬菜类
14：00～15：00	牛奶、粥、红糖少许
18：00～19：00	米饭、鱼汤、牛肉、虾、蟹、蔬菜类
22：00～23：00	牛奶

备注：每餐之间，可以适量食用桃子、柑橘、火龙果、荔枝等水果，以调节口味、增加食欲。

产后的妈妈可以适量吃些荔枝。

宝宝食谱>>

项目 \ 时间	第一周	第二周	第三、四周
哺喂次数	10～12次／天	8～10次／天	7～8次／天
主要食物	母乳、配方奶粉、鲜奶等乳品	母乳、配方奶粉、鲜奶等乳品	母乳、配方奶粉、鲜奶等乳品

1~2 个月婴儿的同步喂养方案

BABY. 快速生长的发育期

宝宝发育特征 ▶▶▶

项目 \ 性别	男宝宝	女宝宝
身长	平均60.4厘米（55.6～65.2厘米）	平均59.2厘米（54.6～63.8厘米）
体重	平均6.1千克（4.7～7.6千克）	平均5.7千克（4.4～7.0千克）
头围	平均39.6厘米（37.1～42.2厘米）	平均38.6厘米（36.2～41.3厘米）
胸围	平均39.8厘米（36.2～43.4厘米）	平均38.7厘米（35.1～42.3厘米）
身体特征	有抬头的倾向，扶住坐着时能短时间将头竖直，并向四周观望；腿部力量增大；手已经能张开；能看见眼前约1米以内的事物，会反射性地眨眼；听觉逐渐完善，能分辨来自不同方位的声音。	
智力特征	喜欢听妈妈说话，并不时地变换表情来"回应"妈妈；当家人逗引时，会用手舞足蹈的方式表示兴奋，有时还会发出笑声；眼睛追随妈妈移动的身体；对周围的事物产生好奇心；会用哭声来表达要爸爸妈妈抱；感到幸福的宝宝会经常露出满意的笑容。	

曹雨阳宝宝2个月了，每天的主要"功课"还是睡觉。

喂养指导

满月后，宝宝进入一个快速生长的阶段，对各种营养的需求也随之增加。很多家长发现宝宝的胃口变大了，食欲很好。对于这个阶段的宝宝，仍然提倡母乳喂养。

一般情况下，母乳是足够一个健康的宝宝食用的，但由于妈妈心理、生理方面的因素，也有可能造成母乳不足，这时也不应轻易断掉母乳，改喂配方奶粉。只要妈妈保持心情愉快，坚定母乳喂养的决心，同时多吃容易促进乳汁分泌的食物，相信不久妈妈的乳汁又很丰盈了。在这个阶段里，妈妈在哺喂时要注意养成宝宝吃奶规律的习惯，每天哺喂5次就可以了。如果妈妈的乳汁确实不足，不能完全母乳喂养时，可以选择混合喂养的方法，采取补授法，如果补授法也不能坚持再采用代授法。对于人工喂养的宝宝，仍然要喂适量的白开水。

这个阶段，可以让宝宝尝尝母乳或奶粉以外的食物，可以适当给宝宝添加一些蔬菜水和果汁，由于宝宝的消化功能还不发达，所以，最好先将果汁稀释后再喂宝宝，建议喂宝宝的果汁用直接榨取的，不用市场上购买的。

这个阶段宝宝的一日奶量大致可按每千克体重100～125毫升计算，但每个宝宝的食量不同，活动量也不同，不能强求一致，可根据宝宝的特点和消化能力来调整奶量。

育儿专家连线

　　1～2个月用母乳喂养的宝宝，一般不太容易患病。有时宝宝会出现"腹泻便"，一天大便7～8次，有时还会有吐奶现象，甚至出现湿疹，但只要宝宝健康、精神十足，而且能很好地吮奶，妈妈就不必担心。

新手妈妈哺喂学堂

宝宝拒绝吃奶怎么办?

　　妈妈在喂奶时，发现宝宝不如以前那么爱吃奶了，于是开始担心起来，宝宝是不是生病了。其实，宝宝拒奶常常是由于身体的不适引起的，爸爸妈妈平时应该注意观察，防止发生意外，常见的原因有以下几点：

●宝宝用嘴呼吸，吮奶时，乍吮即止。这种情况可能是由宝宝鼻塞引起的，应为宝宝清除鼻内的异物，并认真观察宝宝的情况，如有异常，尽快送医院诊治。

●宝宝吮奶时，突然啼哭，害怕吮奶。这可能是宝宝口腔受到感染，吮奶时由于碰触而引起疼痛。爸爸妈妈平时要细心观察，一旦发现这种情况，也要送到医院

诊治。

●宝宝精神不振，出现不同程度的厌吮现象。这可能因为宝宝患了某种疾病，尤其是消化道疾病和面颊硬肿，应尽快送医院诊治。

如果发现宝宝身体不适，应尽快送到医院诊治！

如何防止宝宝吐奶?

●掌握好喂奶的时间间隔。乳汁在宝宝胃内排空时间约为2小时，所以每隔3小时左右喂1次奶比较合适。如果喂奶过于频繁，就会影响下一餐的进奶量，引起胃部饱胀，以致吐奶。

●侧卧喂奶也容易让宝宝吐奶，把宝宝抱起，让他的身体保持一定倾斜度便可以减少吐奶的机会。

●喂完奶后不要急于放下宝宝，让宝宝趴在妈妈肩头，两手轻拍宝宝的背部，让他打嗝儿，排出腹内的空气。

●宝宝躺下后不宜采取仰卧位，应先让宝宝右侧卧一段时间，无吐奶现象再让他仰卧。

能给1～2个月的宝宝添加辅食吗?

　　一般情况下，在宝宝4～6个月以前，母亲的乳汁基本上能满足婴儿的全部需要，不必添加辅食。但4～6个月后，由于婴儿生长发育速度快，母亲的泌乳量已不能满足宝宝的需要了，就需要适量添加一些营养辅食。1～2个月的宝宝虽然不需要添加辅食，但是，为了减少以后添加辅食的难度，也可以先让宝宝尝尝食物的味道，可以适量给宝宝添加一些蔬菜水和果汁。

蔬菜汁的做法与喂法

做法

A. 胡萝卜、白萝卜、洋葱、青菜及圆白菜等蔬菜，2～3种一组，洗净后切成不规则状。不要使用涩味强的蔬菜。

B. 将切薄的蔬菜及适量的水放入锅内，熬煮15分钟左右，边煮边捞掉上面的浮沫。

C. 用网勺过筛，滤取蔬菜汁。蔬菜本身带有甜味，不需再添加调料。

喂法

蔬菜汁一般每天可以喂两次，在两次喂奶之间喂。开始时可用温开水将蔬菜汁稀释1倍，第一天每次只喂1汤匙，第二天每次喂2汤匙，以后每天渐渐加量，等宝宝习惯后可以不用稀释。如果宝宝不爱喝，可暂停或加点糖调味。如果宝宝腹泻可停喂几天。宝宝的大便会因添加蔬菜汁和果汁而变色，只要宝宝精神好，妈妈不必担心。建议蔬菜汁喝前现做。

也有禁忌

母乳喂养中最重要的十个禁忌

●忌穿工作服喂奶，特别是从事医护、实验室工作的妈妈应注意。

●忌生气时喂奶。

●忌运动后喂奶。

●忌躺着喂奶。

●忌喂奶时逗笑，可能会让奶汁误入气管，轻者呛奶，重者可诱发吸入性肺炎。

●忌用香皂洗乳房，可能导致乳房炎症，最好用温开水清洗。

●忌着浓妆喂奶，可使宝宝情绪低落，食量下降。

●忌常穿化纤内衣。

●忌喂奶期间减肥。

●忌喂奶期间常吃素食、大量味精、麦乳精及喝啤酒。

● 本月关注 ●

关于营养素—DHA、ARA

人类80%以上脑组织的生长发育是在出生后第一年内完成的，早期的营养对大脑智能更好地发育会产生持久的影响。而二十二碳六烯酸DHA、花生四烯酸ARA是宝宝大脑与智力发育不可缺少的营养成分，对于提高宝宝的智力和视敏度大有裨益。

对于1～2个月的宝宝，妈妈应以母乳作为宝宝的主食，因为母乳中含有均衡且丰富的DHA和ARA，可以帮助宝宝最大程度地发育大脑。但如果妈妈因为种种原因无法进行母乳喂养而选择用婴儿配方奶粉哺喂宝宝时，应该选择含有适当比例DHA和ARA的奶粉，以便为小宝宝日后的健康成长做好最佳准备。

妈妈营养

宝宝满月后，妈妈的身体也已经基本恢复，但由于妈妈需要继续用母乳喂养宝宝，所以在饮食上仍然要注意营养的均衡，平时多摄取一些能促进乳汁分泌的食物，每天仍吃5餐，食物种类要尽量丰富、营养。不要吃刺激性太强的食物，以免影响乳汁的味道而使宝宝不愿进食母乳。

建议一日食谱 Menu

妈妈食谱>>

时间	食物类型
8：00～9：00	面包、牛奶、鸡蛋、小米粥
11：00～12：00	米饭、鸡汤、青菜、炒肉、凉拌黄瓜
14：00～15：00	馒头、蛋汤、猪蹄、黄豆芽、炖豆腐
18：00～19：00	饼、豆腐汤、鸡肉、炖菜
22：00～23：00	面、鸡蛋、动物肝脏、牛奶

备注：每餐之间可以吃适量的苹果、香蕉、西瓜等水果，饭量应因人而宜，以吃好吃饱为原则。

时间	食物类型
8：00～9：00	面包、牛奶、蛋汤、熟肉制品
11：00～12：00	手拉面（可加鸡蛋）、排骨汤、蔬菜类
14：00～15：00	米饭、鱼汤、牛肉
18：00～19：00	年糕、豆汤、咸鸭蛋、青菜
22：00～23：00	牛奶、粥（可加少许红糖）、虾、蟹

备注：每餐之间可适量食用桃子、柑橘、火龙果、荔枝等水果调节口味，增加食欲。

宝宝食谱>>

主要食物	母乳、配方奶粉等
辅助食物	蔬菜水或果汁
添加营养	鱼肝油，每天1次
用餐时间	每3小时1次，每次喂奶60～150毫升

酸酸甜甜的水果能增进妈妈的食欲。

为人工喂养的宝宝准备合适的奶瓶。

2～3个月婴儿的同步喂养方案

BABY. 大脑发育的黄金时期

宝宝发育特征 ▶▶▶

项目＼性别	男宝宝	女宝宝
身长	平均63.0厘米（58.4～67.6厘米）	平均61.6厘米（57.2～66.0厘米）
体重	平均6.9千克（5.4～8.5千克）	平均6.4千克（5.0～7.8千克）
头围	平均41.0厘米（38.4～43.6厘米）	平均40.1厘米（37.7～42.5厘米）
胸围	平均41.4厘米（37.4～45.3厘米）	平均39.6厘米（36.5～42.7厘米）
身体特征	能较长时间抬头；身体开始变直，腿能伸展开；会伸手去抓玩具，手里的玩具能握住一段时间；吸吮拇指或拳头；腿部力量增大，抱着站在妈妈的大腿上时跃跃欲试地想跳；能看清物体较细小的部分。	
智力特征	听到妈妈的声音时，会微笑着发出尖叫声和快乐的咯咯声；什么东西都想放进嘴里尝一下；对周围的关注越来越强烈。	

琪琪宝宝3个月时生长发育特别迅速，爸爸妈妈要注意养护。

喂养指导

　　这个月的宝宝不仅身体的生长发育特别迅速，而且大脑的发育也进入了第二个高峰期，宝宝大脑的发育与智力发育水平的高低有着密切的关系，因此一定要保证各种营养素的充足摄取。建议这个月仍然坚持母乳喂养。由于营养的好坏关系到宝宝日后的智力和体质，因此，母亲一定要注意饮食，以确保母乳的质和量。如果母乳实在不足，可以采用混合喂养方法。

　　3个月的宝宝体内帮助消化的淀粉酶分泌还不充足，不宜多喂米糊糊等含淀粉较多的代乳食品，这样对宝宝的消化系统不利。为了补充维生素和矿物质，可继续喂宝宝蔬菜水，也可以榨果汁在两顿奶之间哺喂，但注意一定要适量。

由于宝宝胃容量增加，每次的喂奶量增多，喂奶的时间间隔相对就延长了，大致由原来的3小时左右延长到此时的3.5～4小时，但全天总奶量不能超过1000毫升。

新手妈妈哺喂学堂

3个月的宝宝需要添加什么辅食?

3个月宝宝的辅食主要是果汁和蔬菜水，每次1～2匙，每天1～2次。也可以适量添加鱼肝油、钙片等营养物质。浓鱼肝油每天3次，每次2滴；钙片每天2～3次，每次2片。目前我国已有宝宝专用的维生素D和钙，宝宝专用维生素D为400国际单位（预防量）；钙片则以碳酸钙为最佳。若用的是配方奶粉则维生素D及钙均已强化在内。要根据吃奶量多少来补充维生素D和钙。

新手妈妈学做果汁

在制作果汁前，需要准备好各种用具和材料：水果刀1把，榨汁机1个，杯子1个，梨1个（可换成其他水果）。梨营养丰富，具有润肺、消炎、降火的功效，经常喂宝宝喝一点，对宝宝的身体很有益处。

做法
A. 将梨洗净，用水果刀削去果皮。
B. 将削好皮的梨切成小块。
C. 放入榨汁机中榨取果汁。
D. 将果汁盛入杯中，用适量凉开水将梨汁稀释，也可以加入适量的糖调制。

A

B

C

D

♥ 育儿专家连线

保证充足的饮水量

从这个月开始，妈妈要给宝宝多喂水，因为3个月的宝宝肾脏浓缩尿的能力差，当摄入食盐过多时，盐就会随尿排出，因此需水量就要增多。母乳中含盐量较低，但牛奶中含蛋白质和盐较多，故用牛奶喂养的宝宝需要多喂一些水，来补充代谢的需要。总之，宝宝月龄越小，水的需要量就相对要多。一般宝宝每日每千克体重需要100～150毫升水。

代乳品选择要适当

采用人工喂养的宝宝，要注意代乳品的选择。目前，市场上销售的鲜奶与配方奶粉的品牌较多，很多家长不知道该如何选择。其实无论哪种品牌的牛奶或配方奶粉，如果宝宝食用后体重增加的速度和大便都很正常，便是适合宝宝的食物，不宜频繁更换品牌，以免宝宝对某种牛奶产生过敏反应。

武姝含宝宝3个月时已经能在短时间内抓握物品了。

也有禁忌

在母乳不足的情况下，有些家长开始添加米粉来喂食宝宝，但3个月以内的宝宝是不宜添加米粉的。因为此时宝宝唾液中的淀粉酶尚未发育，而胰肠淀粉酶要在宝宝4个月时才能达到成人水平。

3个月以后的宝宝可以适量添加米粉，但不能完全用米粉代替母乳或配方奶粉。因为米粉的营养成分根本无法满足宝宝生长发育的需要。

市场上销售的米粉的主要原料是大米，其营养成分有：糖79％、蛋白质5.6％、脂肪与B族维生素5.1％。

如果只用米粉代替母乳或用其他奶制品长时间喂养宝宝，极有可能导致宝宝患蛋白质缺乏症。这样会严重影响宝宝的神经系统、血液系统及肌肉的发育，使宝宝的生长发育变得缓慢。另外，由于蛋白质的缺乏，宝宝体内的免疫球蛋白不足，宝宝容易患各种疾病。

本月关注

关于营养素——维生素C

3个月的宝宝要注意补充维生素C，维生素C能有效对抗宝宝体内的自由基，防止坏血病的发生。

维生素C主要来源于新鲜蔬菜和水果，因为宝宝不能直接食用蔬菜，所以容易造成维生素C的缺乏。一般每100毫升母乳含维生素C 2～6毫克，但牛奶中维生素C含量较少，经过加热煮沸，又被破坏了一部分，就所剩无几了。所以，要注意给孩子增加一些绿叶菜汁、西红柿汁、橘子汁和鲜水果泥等，这些食品中均含有较丰富的维生素C。

维生素C在接触氧、高温、碱或铜器时，容易被破坏，因而给孩子制作这些食品要用新鲜水果和蔬菜，现做现食，既要注意卫生，又要避免过多地破坏维生素C。

宝宝经常流口水，是不是生病了？

3个月的宝宝唾液分泌较多，有些宝宝开始流口水，一般要到1岁左右才会停止，这是正常的生理现象，宝宝并没有生病。这时妈妈可以给宝宝带一个柔软吸水有带子的围嘴，上边的带子围住脖子，但不要太紧，以免影响呼吸，下边的带子系在腰上使围嘴固定。围嘴要经常换洗，保持清洁和干燥。

妈妈营养

第3个月是宝宝脑发展的黄金时期，为了促进宝宝的大脑发育，不仅要保证母乳喂养的量，还要保证母乳的营养均衡，因此采用母乳喂养的妈妈一定要注意摄入食物的营养，多摄取补脑食品。常见的补脑食品有：动物肝脏、鱼肉、鸡蛋、牛奶、大豆及豆制品、核桃、芝麻、花生、橘子、香蕉、苹果、小米、玉米、红糖、金针菇、菠菜、胡萝卜等多种食品。另外，也要注意补钙，

平时有偏食习惯的妈妈要纠正自己的饮食习惯，多吃高钙食物，如海带、虾皮、豆制品、芝麻酱等，也可以直接吃钙片。

宝宝3个月时，妈妈不必每天再吃5餐，可以恢复到正常的3餐饮食，但仍然要坚持喝牛奶，每天大约500毫升，还要多晒太阳，以促进体内维生素D的合成。

核桃是极好的补脑食品，妈妈记得经常吃一些!

建议一日食谱

妈妈食谱＞＞

1

时间	食物类型
8：00～9：00	面包、鸡蛋、牛奶、熟肉制品
11：30～12：00	米饭、排骨粉丝汤、红烧鱼、凉拌金针菇
20：00～20：30	小米粥、馒头、炖鸡、沙锅豆腐

2

时间	食物类型
8：00～9：00	稀饭、鸡蛋、花生、苹果
11：30～12：00	馒头、胡萝卜炖鸡块、菠菜汤、西红柿炒蛋
20：00～20：30	鸡蛋、炖牛肉、凉拌豆腐

备注：除了三餐食物外，每天还应吃一定量的水果和干果，注意营养摄取要均衡，不要偏食，以免影响妈妈身体健康与宝宝的生长发育。

哺乳妈妈的营养早餐。

宝宝食谱＞＞

主要食物	母乳、配方奶粉等
辅助食物	蔬菜水或果汁
添加营养	鱼肝油，每天1次
用餐时间	每3小时1次，夜间可以减少1次，每次喂60～150毫升

为宝宝选择合适的配方奶粉。

3~4个月婴儿的同步喂养方案

BABY. 初尝辅食的生长期

宝宝发育特征 ▶▶▶

性别 项目	男宝宝	女宝宝
身长	平均65.1厘米（59.7~69.5厘米）	平均63.4厘米（58.6~68.2厘米）
体重	平均7.5千克（5.9~9.1千克）	平均7.0千克（5.5~8.5千克）
头围	平均42.1厘米（39.7~44.5厘米）	平均41.2厘米（38.8~43.6厘米）
胸围	平均42.3厘米（38.3~46.3厘米）	平均41.1厘米（37.3~44.9厘米）
身体特征	会左右转头寻找声音的来源；可以用上肢支撑起胸部和头部；能伸手抓住玩具；用眼睛看准物体，对距离作出判断后再伸手去抓；能看见4~7米远的物体；扶住坐着能挺起头部，但后腰部很软，上部较僵硬。	
智力特征	认识一些熟悉的物品，记得一些每日例行的事，看见母亲的乳房或奶瓶时会格外兴奋；会用不同的声音表达自己的情绪；伸出双手要妈妈抱；知道手是自己的，喜欢玩手。	

喂养指导

宝宝到了4个月后，消化器官及消化机能逐渐完善，而且活动量增加，消耗的热量也增多，因此就需要加牛奶或其他辅食了，尤其是对于此时不肯吃母乳的宝宝，如果不及时添加辅食，可能会使宝宝出现体重增加缓慢或停滞，从而导致营养不良。

这个阶段，宝宝的主食仍应以乳汁为主，而每一种辅食都要慢慢增加，以保证宝宝有适应的时间。

这个月的宝宝奶量差异很大，应根据自己宝宝的食量和消化能力来决定哺乳量的多少。如果宝宝吃不完规定的奶量，也不必担心，因为有些宝宝天生食量就不大。不妨试着增加半流质的食物，为以后吃固体食物做准备。这时宝宝的消化能力增强了，淀粉酶的分泌也比从前多，因此可喂些含淀粉的食物，如粥、米糊等，开始先从一匙、两匙喂起，视宝宝消化情况逐渐增加，可在每次喂奶前喂粥或米糊，能吃多少就算多少。

另外，在这个月里，还要注意补充宝宝体内的维生素C和矿物质，除了果汁和新鲜蔬菜以外，还可用菜泥来代替菜水，以锻炼宝宝的消化功能。

新手妈妈哺喂学堂

怎样喂宝宝蛋黄？

蛋黄中含有丰富的营养成分，能补充宝宝所需的铁质，而且较易消化吸收，因此，妈妈可以喂宝宝一些蛋黄，具体方法如下：

A.生鸡蛋洗净外壳，放入锅中煮熟后，取出冷却，剥去蛋壳。

B.用干净小匙弄破蛋白，取出蛋黄，将蛋黄用小匙切成4份或更多份。

C.取其中的一份蛋黄用开水或米汤调成糊状，用小匙取调好的蛋黄喂宝宝。宝宝吃后如果没有腹泻或其他不适感，可以逐渐增加蛋黄的量。

新手妈妈学做菜泥

白萝卜、菜花、圆白菜、白菜等淡色蔬菜由于没有特殊涩味，且容易煮成黏稠状，是宝宝最佳的营养辅食。应尽早让宝宝习惯当季的新鲜蔬菜。

材料：圆白菜心1个，玉米粉、水各适量

工具：煮水锅1个，研钵1个，汤匙1个

菜泥的烹调重点

A.将圆白菜叶片中心的硬脉部分切除，再切成不规则状，放入锅中，盖上锅盖，用少许冷水蒸煮至柔软为止。

B.取出圆白菜，仔细拧去水分后置于研钵内，用杵棒仔细捣烂。

C.将捣烂的圆白菜泥及煮汁搅匀，玉米粉调稀后加入其中，边搅边煮，调成黏稠状。

每当徐杨米多宝宝感觉舒适、幸福时，就会高兴地笑！

育儿专家连线

宝宝4～6个月大时，如果母乳不足而宝宝又不肯吃奶，就可以适当喂宝宝一些断奶食品，这样既能为宝宝补充营养，又可以为以后顺利断奶做好准备。

由于断奶的过程实际上就是使宝宝从习惯吮吸流质食品到习惯吃固体食物的过程，因此在给宝宝喂断奶食品时，应先从练习用小匙开始，切忌将固体食物用奶嘴喂宝宝吃。可以连续一段时间试着用小匙喂宝宝一些果汁、菜泥或蛋黄，如果宝宝能顺利吃下，就可以慢慢断奶了。由于蛋白质有可能会引起宝宝的过敏反应，所以在添加蛋白质来源时，应特别慎重，刚开始时一天1种且仅能摄取1匙，观察数日后再做决定。如无异样，可慢慢增加食品种类。

也有禁忌

在给宝宝喂蛋黄的时候，切不可连同蛋白一起给宝宝吃。因为4个月的宝宝胃肠功能还不健全，吃了蛋白后不易消化，容易导致腹泻，而且可能会对蛋白中的异种蛋白产生过敏反应，严重时会导致宝宝患湿疹或荨麻疹，因此，8个月前的宝宝不宜食用蛋白。

4个月的宝宝，虽然可以添加一些辅食，但宝宝的食物仍应以母乳或其他奶制品为主。很多妈妈母乳不足或缺乏，经常用炼乳喂食宝宝。炼乳是将新鲜牛奶加温蒸发到原来溶液的2/5，然后加40%的糖制成的。用炼乳喂养的孩子，起初生长较快，但不久则面色苍白、肌肉松软、抵抗力差、易生病。因此，炼乳不宜作为宝宝的主食，更不宜长期食用。

另外，由于炼乳中糖含量较高，难以恰当地稀释成符合宝宝所需要的比例。如果调配的太浓易使宝宝发生消化不良及腹泻等；过稀又会使宝宝摄取不到足够的热量和养分，致使宝宝营养不良，经常生病，影响生长发育。

● 本月关注

该给宝宝补铁了

妈妈怀孕后期，宝宝会从母体中得到足够的铁贮存于肝脏中，以供出生后4个月使用；4个月之后，宝宝体内的铁储备已消耗完，而母乳或牛奶中的铁又不能满足宝宝的营养需求，此时如果不添加含铁的食物，宝宝就容易患小球性贫血。

宝宝补铁刚开始可摄入富含铁的营养米粉及蛋黄，5个月左右可购买肝粉等铁营养剂食用，7～8个月时则可喂食肝泥、肉末、鸡血等富含血红素的食物。此外，在给宝宝补铁的同时，应适当给予富含维生素C的水果和蔬菜，维生素C能与铁结合为小分子可溶性单体，有利于肠黏膜上皮对铁的吸收。

妈妈营养

在这个月里，妈妈仍需要多吃一些能促进乳汁分泌的食品，还要尽量多摄取各种蔬菜、水果，以使奶水中含有宝宝需要的各种营养成分。有偏食、厌食倾向的妈妈要调整自己的饮食习惯，不要吃刺激性强的食物，以免奶水中带有异味使宝宝不喜欢吃。更不能为了恢复身材而节食。另外，为了促进宝宝的脑发育，使宝宝更聪明，妈妈仍应坚持多吃一些健脑食品。

为了保证宝宝营养均衡，哺乳妈妈要多吃水果。

建议一日食谱

宝宝食谱＞＞

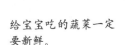

时间	食物类型
6：00	母乳喂食10～15分钟（或牛奶150毫升，糖适量）
9：30	母乳喂食10～15分钟（或牛奶150毫升，糖适量）
11：00	蔬菜汁或水果汁90毫升；小儿鱼肝油滴剂
13：00	母乳喂食10～15分钟（或牛奶150毫升，糖适量）
16：00	母乳喂食10～15分钟（或牛奶150毫升，糖适量）
17：30	新鲜水果泥或蔬菜汁20克
20：00	母乳喂食10～15分钟（或牛奶150毫升，糖适量）
00：00	母乳喂食10～15分钟（或牛奶150毫升，糖适量）

时间	食物类型
6：00	母乳喂食10～15分钟（或牛奶150毫升，糖适量）
8：30	鲜橙汁或西红柿汁80毫升
10：00	营养米粉10克，蛋黄5克，糖适量；小儿鱼肝油滴剂
12：00	新鲜蔬菜汁或水果泥80毫升
14：00	母乳喂食10～15分钟（或牛奶150毫升，糖适量）
17：30	新鲜水果泥或蔬菜汁20克
22：00	母乳喂食10～15分钟（或牛奶150毫升，糖适量）
2：00	母乳喂食10～15分钟（或牛奶150毫升，糖适量）

给宝宝吃的蔬菜一定要新鲜。

宝宝营养辅食

[西红柿水果泥]

　　西红柿是维生素A和维生素C的优质来源，还含有丰富的维生素D，可预防毛细血管出血症。这道营养辅食中含有丰富的铁、钙、镁等营养成分，有益于宝宝补血。

材料：西红柿1/4个，桃子少许

做法：1.西红柿去除皮和子后捣烂备用。2.少许桃子的果肉仔细捣烂，与西红柿泥拌匀即可。

4~5 个月婴儿的同步喂养方案

BABY. 宝宝断奶初准备

宝宝发育特征 ▶▶▶

项目 \ 性别	男宝宝	女宝宝
身长	平均67.0厘米（62.4～71.6厘米）	平均65.5厘米（60.9～70.1厘米）
体重	平均8.0千克（6.2～9.7千克）	平均7.5千克（5.9～9.0千克）
头围	平均43.0厘米（40.6～45.4厘米）	平均42.1厘米（39.7～44.5厘米）
胸围	平均43.0厘米（39.2～46.8厘米）	平均41.9厘米（38.1～45.7厘米）
身体特征	趴着时，可以长时间抬头；手脚有一定力量，能翻身了；会用两只手抓住东西，喜欢吃自己的脚；眼睛能看清细微的变化，能分辨妈妈不同的表情。	
智力特征	对陌生的环境表示害怕、厌烦和生气；能区别友善和生气的声音；有记忆力，听到妈妈的声音会表现出高兴；依赖爸爸妈妈或在爸爸妈妈面前撒娇。	

喂养指导

宝宝长到5个月以后，开始对乳汁以外的食物感兴趣了，即使5个月以前完全采用母乳喂养的宝宝，到了这个时候也会开始想吃母乳以外的食物了。比如，宝宝看到成人吃饭时会伸手去抓或嘴唇动、流口水，这时就可以考虑给宝宝添加一些辅食，为将来的断奶做准备了。

母乳是宝宝最理想、最适宜的天然食品，目前世界各国都在大力提倡哺喂母乳。但是，母乳也非万能食品，对5～6个月以后的宝宝来说，其所含的营养已不能完全满足宝宝生长发育的需要了，因此必须按时添加乳类食品以外的其他食物，逐步用体积小、热量高、富含各种维生素及矿物质的半固体和固体食物来代替部分母乳。另外，喂配方奶粉的宝宝，也应按时添加各种辅食，以满足宝宝健康成长的需要。

5个月大的宝宝，一般每4个小时喂奶一次，每天吃4～6餐，其中包括一次辅食。每次喂食的时间应控制在20分钟以内，在两次喂奶的中间要适量添加水分和果汁。这个月辅食的品种可以更加丰富，以便让宝宝适应各种辅食的味道。

新手妈妈哺喂学堂

妈妈需要知道的喂养事宜

无论是喂配方奶粉还是母乳的宝宝，都应按时添

5个月时，桂云龙和所有的宝宝一样，都爱啃自己的小脚丫。

加各种辅食，这是宝宝健康成长的需要，也是为宝宝断奶做准备。

● 用母乳喂养的宝宝，如果每天平均增加体重15克左右，或10天之内只增重120克左右，妈妈就应该每天给宝宝添加200毫升的牛奶。

● 用牛奶喂养的宝宝，要适当控制宝宝的饮奶量，防止宝宝长得过胖。控制的标准仍以体重的增长为依据，如果10天内增加体重保持在150~200克之间，就比较适宜，如果超出200克就一定要加以控制了。一般来说，每天牛奶总量不要超过600毫升，不足的部分用代乳食品来补充。

● 这个月龄的宝宝已经进入了断奶的准备期，并且已经准备长牙，因此可以通过咀嚼食物来训练宝宝的咀嚼能力。妈妈每天可以给宝宝吃一些鱼泥、蛋黄、肉泥、猪肝泥等食物，来补充宝宝所需的铁和动物蛋白；也可以给宝宝吃软烂的粥、软烂的面条等食物来为宝宝补充热量。如果宝宝对吃辅食很感兴趣，可以酌情减少一次奶量。

新手妈妈学做10倍稀粥

10倍稀粥软烂、细滑、容易吞咽，非常适合5个月的宝宝食用，同时也是由流质食物过渡到固体食物的理想食物。10倍稀粥不仅可以直接喂食宝宝，还可以作为食材用于制作其他的断奶餐。10倍稀粥的制作要领是要使米与水保持1:10的比例。

材料：大米100克，水1000克

做法

A. 准备好米和水，米洗净后放在网勺内沥水。

B. 将米倒入小锅中，加入10倍于米的水，用中火煮至沸腾，待水滚时将火调小，慢慢熬煮40分钟左右。

C. 煮熟后，盛出，用磨臼捣烂，也可用网勺过筛。

育儿专家连线

关于断奶餐

很多妈妈在宝宝刚进入断奶餐阶段，往往不知道该喂些什么食物，其实只要选择喂宝宝容易习惯的食物就可以，如过滤的果汁、蔬菜汤或米粥等，当然也可以选择一些婴儿食品。另外，在给宝宝添加食物时要由少到多，由一种到多种，一种食物添加后最好持续喂3~5天再更换另一种食物，宝宝患病时要停止添加新食物。

刚开始给宝宝吃的断奶食物，必须要制作得较为精细，食物要呈黏糊状，不能结块，而且不适合添加任何调料。

断奶餐的喂食时间最好在喝牛奶或母乳前，开始时一天一次。如果想让宝宝在轻松的气氛下进食，那么任何时段都可以，不过不可随意变动时段。

爱护宝宝的口腔与牙齿

一般情况下，这个月龄的宝宝还未长出乳牙，但已出现长牙前的征兆，如爱流口水、爱吐泡泡、由于牙根发痒而爱咬硬物等。虽然宝宝的乳牙还未长出来，但家长也要注意宝宝的口腔卫生，以防由于口腔不卫生而引起其他疾病及日后龋齿的发生。

宝宝长牙之前，妈妈可以在喂完奶之后，马上用干净无菌的纱布蘸水清洁宝宝的口腔，也可以在喂奶后让宝宝喝些水；宝宝睡觉时，不要让宝宝嘴里含着乳头或奶嘴，因为口腔内的细菌会以奶汁中的糖为原料，制造出大量的酸，腐蚀宝宝的牙床。如果宝宝嘴里不含着奶嘴就哭闹，妈妈可以给宝宝准备一款奶嘴形状的牙胶，这样既可以让宝宝安静下来，又能为即将到来的牙齿生长期做好准备。

妈妈给管文博宝宝准备了一个漂亮的牙胶，
每当宝宝咬住牙胶时就会停止哭闹。

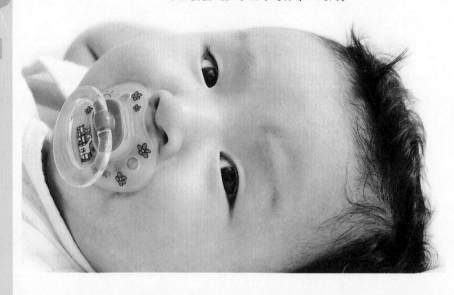

也有禁忌

喂奶的禁忌

采用人工喂养时，妈妈担心宝宝吃不饱，所以有时会强迫宝宝喝配方奶粉或牛奶。其实，这种做法并不科学，宝宝往往会由于妈妈的强迫而对吃奶产生厌烦情绪，从而导致食欲减退，消化能力也会减弱，时间长了还会造成宝宝营养不良，进而影响宝宝正常的生长发育。

此外，在给宝宝喂奶时，尽量将奶一次喂完，不要分两次喂食，因为这样不仅不卫生，还可能导致宝宝腹泻。吃完奶后，不要让宝宝叼着奶嘴玩，妈妈要将奶嘴拿走，清洗干净，以备下次再用。

茶的禁忌

茶是一种很大众化的饮料，具有提神、助消化和防癌等作用，对人体较有益处，但茶叶中含有鞣酸，易与食物中的钙结合成不溶解的物质，使食物中的钙不能被人体吸收利用，因此平时应少给宝宝喝茶水。另外，在宝宝患病服药期间，也尽量不要给宝宝喝茶水，特别是不能用茶水给宝宝喂药，因为茶水中的鞣酸遇到某些药物会发生化学反应，可能会改变药性或发生沉淀，影响药物的吸收，从而产生不良反应。

宝宝不宜喝茶！

不宜给宝宝吃的辅食

●不宜给宝宝吃颗粒状食品，如花生米、爆米花、大豆等，避免宝宝吸入气管，造成危险。

●不宜给宝宝吃带骨的肉、带刺的鱼，以防骨刺卡住宝宝的嗓子。

●不宜给宝宝吃不易消化吸收的食物，如：竹笋、生萝卜等。

●不宜给宝宝吃太咸、太油腻的食物。

●不宜给宝宝吃辛辣刺激的食物，如饮料、咖啡、浓茶、辣椒等。

● 本月关注 ●

为断奶做好准备

在3～12个月时，宝宝往往需要经历"流质食物—泥糊状食物—固体食物"这样一个喂养过程，特别是以出生后第4～6个月这个最关键的启动阶段，不能只用乳类喂养，必须按时、按量、按食物种类为宝宝及时添加辅助食品，同时也为随后而来的断奶期做好准备。

及时添加辅助食品对宝宝而言有着重要的意义。可以让宝宝能够从流质食物过渡到固体食物；补充4个月后母乳分泌量及营养成分的不足；满足快速生长发育的需要；锻炼咀嚼和吞咽功能的发育，帮助乳牙萌出，通过进食及接触多种食物，促进语言能力的发展，扩大味觉感受范围；防止发生佝偻病、贫血等疾病；防止日后挑食或偏食行为；以便断奶后建立均衡而多样化的良好饮食习惯。

辅食的营养标准

在给宝宝添加辅食的同时也要注意辅食的营养，以保证宝宝的饮食营养均衡，宝宝辅食的营养必须达到以下标准。

●必须含有维生素和矿物质群，特别是保持正常身体功能所需的维生素类及铁和钙等。这类辅助食材主要包括蔬菜、水果、菇类等。

●必须含有碳水化合物群，这是为身体提供热量的主要来源。这类辅助食材主要包括米、白面类等淀粉类及芋类食物。

●必须含有蛋白质群，特别是要含有身体成长所需的必需氨基酸。这类辅助食材主要包括肉、鱼、蛋、乳制品、大豆制品等。

妈妈营养

宝宝5个月了，可以渐渐添加一些辅食了，但妈妈最好继续坚持给宝宝喂食母乳，不要马上断奶，因此，妈妈的营养也不应忽视，不能减少对营养的补充，要注意膳食的合理搭配，这样才有利于妈妈自身的健康，才能保证乳汁的质量，从而使宝宝长得更强壮。而对于那些已上班的妈妈更是如此，由于工作会消耗较大的精力，因此妈妈必须补充足够的营养才能有更充沛的精力照顾好宝宝。

这个月，妈妈仍然要注意饮食调理。

建议一日食谱 Menu

妈妈食谱>>

1

餐次	食物类型
早餐	面包、牛奶、奶油、苹果
午餐	馒头、鸡汤、肉炒青菜、凉拌黄瓜
晚餐	米饭、牛肉炖土豆、凉拌西红柿

2

餐次	食物类型
早餐	牛奶、面包、奶油、橘子、苹果
午餐	馒头、鸡块、蛋花汤、凉拌青菜
晚餐	面条、熟肉食品、拌豆腐、花生米

水果富含维生素和矿物质，妈妈要适当吃一些。

宝宝食谱>>

时间	食物类型
6：00～6：30	母乳
8：00	菜泥
10：00～10：30	母乳
12：00	水果泥
14：00～14：30	牛奶＋蛋黄
16：00	白开水
18：00～18：30	母乳＋辅食
22：00～22：30	母乳

备注：每日喂鱼肝油1～2滴，添加一个熟蛋黄，适量喂食米糊或烂粥。

宝宝断奶餐

[什果汁]

　　此果汁可以补充母乳、牛奶内维生素的不足，增加抵抗力，促进生长发育，防治营养缺乏病，特别对预防坏血病有特效。

材料：橙子、西红柿、橘子（或其他水分多的水果）各适量

做法：1.先将水果外皮洗净，备用。2.橙子、橘子切成两半，取干净容器，将果汁挤于容器内，再加入等量的冷（温）开水。3.西红柿选择外皮完整而且熟透的，用热开水浸泡2分钟后，去皮，再用干净纱布包起，用汤匙挤压出汁。4.将橙子、橘子、西红柿汁兑在一起即成。如果孩子喜甜味，也可加入少许糖。

[牛奶蛋黄粥]

　　蛋黄富含铁质，较适合宝宝食用，但应注意每次不宜食用过多。

材料：大米10克，牛奶50克，蛋黄1/4个

做法：1.将大米淘洗干净，放入锅中，加入适量水，旺火煮沸；蛋黄用小汤匙背面磨碎。2.大米煮好后改小火再煮30分钟，再把牛奶和蛋黄加入粥中，再稍微煮片刻起锅即可。

[鱼汤粥]

　　鱼汤中含有丰富的营养素，特别是钙、磷等成分，经常食用，宝宝会越来越聪明！

材料：大米2小匙，鱼汤120毫升

做法：1.大米洗净后放在锅内泡30分钟。2.加入鱼汤煮沸，然后继续用小火煮40～50分钟即可。

[白萝卜粥]

　　白萝卜的维生素C含量极高，且能帮助消化，对小宝宝的健康十分有益。

材料：白萝卜泥3大匙，10倍稀粥4大匙

调料：高汤半杯

做法：1.将稀粥倒入磨臼内，加入高汤捣碎。2.将白萝卜泥倒入粥内，放入微波炉加热1分钟左右。3.取出后，上面洒些切成碎末的白萝卜叶，就是1碗可口的白萝卜粥。

[糖水樱桃]

　　樱桃含铁比苹果、橘子高20倍，居水果之首；含胡萝卜素也比苹果、橘子高4～5倍。另外，还含有钙、维生素B、维生素C等多种营养素。婴儿食用能补充钙、铁，有利于生长发育。

材料：成熟樱桃100克　　　　调料：白糖1小匙

做法：1.将樱桃洗净，去皮，去核，放入锅内，加入白糖及水50克，用小火煮15分钟左右。2.将锅中樱桃搅烂，倒入小杯内，晾凉后喂食。3.注意一定把樱桃核和皮去净。

34

5～6 个月婴儿的同步喂养方案

BABY.

嘴巴变"馋"的贪吃阶段

宝宝发育特征 ▶▶▶

项目＼性别	男宝宝	女宝宝
身长	平均68.6厘米（64.0～73.2厘米）	平均67.0厘米（62.4～71.6厘米）
体重	平均8.5千克（6.6～10.3千克）	平均7.8千克（6.2～9.5千克）
头围	平均44.1厘米（41.5～46.7厘米）	平均43.0厘米（40.4～45.6厘米）
胸围	平均43.9厘米（39.7～48.1厘米）	平均42.9厘米（38.9～46.9厘米）
身体特征	身体可以随意扭动，可以自己坐一会儿，能用手抓住东西，可以转动手腕；躺着时可以抬起头来看自己的脚趾；听力更加发达，听到不同的音乐有不同的反应；能用胳膊支撑起上半身，做出要爬的姿势；有的宝宝开始长乳牙。	
智力特征	喜欢照镜子，对镜子里的自己微笑；对陌生人有恐惧感；看着妈妈的脸笑或呀呀地喊叫；能模仿大人的动作。	

6个月的杨子涵是个"爱美"的宝宝，每次照镜子都非常开心。

喂养指导

这段时间，整体上应该减少哺乳，增加辅食，宝宝的正餐主要由"母乳或配方奶粉＋辅食"组成。妈妈可以每天有规律地哺乳4～5次，逐渐增加辅食的量，减少哺乳量，并在哺乳前喂辅食。如果宝宝已经开始乖乖地吃辅食，可以每天喂两次辅食，并略微增量；如果辅食吃得少，那么奶的比重可以相应增大。

6个月的宝宝不仅对母乳或牛奶以外的食品有了自然的需求，而且对食品口味的要求与以往也有所不同，开始对咸的食物感兴趣了。但由于这个阶段宝宝依然是以母乳和奶粉为主食，只是用辅食补充缺乏的营养成分，所以妈妈切不可急着给宝宝断奶，只给宝宝吃辅食，如果一味地喂食宝宝辅食，很可能会导致宝宝营养不全面。这个阶段可以采用多种材料制作食物，让宝宝品尝各种味道，但是绝不可以强制性地喂食。

由于大多数宝宝还未长牙，即使有少数宝宝长牙，也还不能咀嚼食物，所以还是应当选择柔软的、可以用舌头和牙床碾碎的食物。可以将豆腐、熟土豆、蒸蔬菜、面条捣碎或切细后喂宝宝。宝宝发育还离不开鱼、鸡肉、牛肉等蛋白质丰富的食物，这些也应该切碎，和蔬菜一同煮烂后喂宝宝。

新手妈妈哺喂学堂

6个月时妈妈应该知道的喂养事宜

●无论是吃母乳还是吃牛奶，此时宝宝的主食仍以乳类食品为主，代乳食品只能作为试喂品让宝宝练习吃。

●增加半固体的食物，如米粥或面条，一天只加一次。粥的营养价值与牛奶、人乳相比要低得多，100克15%的米粥只能产生约218千焦的热量，而100克的人乳能产生约285千焦的热量，100克加糖牛奶产生301千焦的热量。此外，米粥中还缺少宝宝生长所必需的动物蛋白，因此，粥或面条一天只能加一次，而且要制作成鸡蛋粥、鱼粥、肉糜粥、肝末粥等来给宝宝食用。

●要每隔10天给宝宝称一次体重，如果体重增加不理想，奶量就不能减少。体重正常增加，每天可以停喂一次母乳或牛奶。

辅食的喂法

在喂宝宝辅食时，妈妈要注意方法，避免出现喂食不当的情况发生。

很好吃哦！

A. 先将宝宝抱在妈妈的膝上，绑上围嘴。
B. 用卫生柔软的湿巾擦拭宝宝的嘴和手。
C. 告诉宝宝食物"很好吃哦"，并将左手押在宝宝的手腕上，餐具摆在宝宝嘴巴正下方。
D. 用餐具盛装食物，移到宝宝嘴巴正前方，当宝宝的嘴巴张开时，趁此机会用汤匙将食物放在宝宝舌上，再把食物黏在上颚上。
E. 吃完后，给宝宝擦擦嘴，让宝宝喝母乳或牛奶。
F. 抱起宝宝，轻轻拍拍宝宝的背部，让宝宝打嗝。

帮助宝宝做体操

宝宝6个月时，妈妈可以帮助宝宝做一些简单的体操。

注意事项

●做体操时，宝宝不能穿得太厚，要穿较薄的衣物，尽可能裸体做。

●室温不可低于20℃，并要保持良好的通风。

●做之前要在下面铺上垫子。

●是否应该做体操要根据宝宝的发育情况而定，不可勉强。

●皮肤有湿疹时需避免，如宝宝有心脏方面的疾病，则需先咨询医生后再决定是否该做。

●喂奶前后约半小时内避免进行体操。

●宝宝在做体操时，其脉搏呼吸数都会增加，如果回复到正常状态所需的时间在2分钟以上，那么在下一次体操开始时，就需缩短体操的时间了。

做法

A. 让宝宝平躺在垫子上，妈妈抓着宝宝的双手，反复使宝宝躺下坐起。

B. 让宝宝趴在垫子上，妈妈抓着宝宝的双手，使宝宝的上体轻轻弯曲。

C. 让宝宝站在妈妈的膝上，妈妈用手扶住宝宝的背部，摇一摇或让他上下跳跃，可让宝宝活动至身体发热。

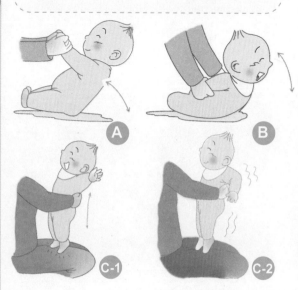

育儿专家连线

宝宝的辅食选择

这个月的辅食当中，蛋黄可增加至1个，如果宝宝排便正常，粥和菜泥可多加一些，并且可以用水果泥代替果汁，已长牙的宝宝可以吃些饼干，以锻炼咀嚼能力。喝牛奶的宝宝应喂些鱼泥、肝泥。鱼应选择刺少的，猪肝、鸡肝均可用来制作肝泥。

由于宝宝食量较小，单独为宝宝煮粥或做烂面条比较麻烦，不妨选用市售的各种适合此月龄宝宝食用的调味粥、营养粥等，既有营养又节省制作时间。

尽量避免喂宝宝致敏食物

未满周岁的宝宝比较容易出现食物过敏，因此妈妈在给宝宝增加新的辅食品种时，一定要把每种食物都分开添加，以免分辨不清导致宝宝过敏的原因。在添加每种新食物时，要注意观察宝宝有没有过敏反应，如腹泻、呕吐、皮疹等，一旦出现这些症状，要马上停止喂这种食物。

宝宝辅食要卫生

在给宝宝制作辅食时，要注意卫生。在制作前，妈妈要将手洗干净，在烹制食物的过程中也要注意器具与食材的严格消毒，以防宝宝发生消化不良或其他不适。

朱尚昱蕊宝宝对自己的小脚丫好像很感兴趣哦！

也有禁忌

宝宝的辅食忌咸

这个月，在宝宝的饮食中，辅食不可太咸。宝宝辅食中适当加点盐，可使其味道鲜美，并能刺激味觉，增进食欲。但由于宝宝肾功能尚未发育成熟，不能像成人那样浓缩尿液以排出大量溶质，若吃的辅食太咸，会使血液中溶质含量增加，肾脏为排出过多的溶质，需汇集体内大量水分来增加尿量，这样，不仅会加重肾脏负担，还会导致身体缺水。另外，宝宝长期吃过咸的辅食，体内钠的含量增加，会影响钾在体内的分布，致使机体内钠、钾比例失调，发生新陈代谢紊乱。因此，宝宝增添的辅食以清淡为宜，稍稍有些咸味即可。

宝宝不宜食用味精。

味精的禁忌

味精是从粮食中提取出来的一种调味品，添加到食物中，能使食物更加鲜香，但宝宝的食物中却不能添加这种鲜美的调料。因为味精的主要成分是谷氨酸钠，而且含量在85％以上，谷氨酸钠进入宝宝的体内，会与宝宝血液中的锌发生物理性结合，生成不能被机体吸收的谷氨酸锌，而后随尿液排出体外。锌是婴幼儿生长发育必需而且十分重要的营养素，锌的损失会导致婴幼儿缺锌，出现厌食、生长发育迟缓、智力减退及性晚熟等状况。所以宝宝的饮食中不宜添加味精。

本月关注

关于断奶

6个月的宝宝可以渐渐开始断奶了，断奶并不是指完全停止给宝宝吃母乳，而是指在与以前一样吃母乳或牛奶的同时，让宝宝渐渐学会吃大人的食物，从而使吃母乳的量自然减少。在这个过程中，妈妈要做多种尝试，从中选择出宝宝最喜欢吃的食物。

继续补铁

由于宝宝体内的铁在逐渐消耗，大概到6个月时就会出现贫血。因此，为了预防贫血，这个月的宝宝仍应像前两个月一样继续补充铁，特别是出生时体重在2.5千克以下的婴儿。可以在原来母乳量不变的情况下，给宝宝添加一些含铁量高的食物，如蛋黄、鱼肉等。

牙齿与钙

宝宝牙齿与骨骼的发育离不开钙的参与，而这个阶段的宝宝牙齿逐渐萌出，所以补钙就显得尤为重要。

6个月宝宝的胃容量逐渐增加，可以进食一些辅食，因此妈妈可以给宝宝添加一些含钙量高的食物，如牛奶、面食等。另外，在给宝宝补钙、铁等矿物质时，可以同时食用富含维生素C的食物，因为维生素C能帮助钙与铁的吸收。

妈妈营养

　　由于宝宝还未完全断奶，有些妈妈还需要用母乳喂养宝宝，所以妈妈的饮食营养仍然不能忽视，尽量保证摄取充足的营养以满足宝宝的生长发育所需。除此之外，在照顾宝宝的过程中，妈妈的作用更为关键，所以一定要保持旺盛的精力和充足的营养。

建议一日食谱 Menu

宝宝食谱>>

时间	食物类型
6：00～6：30	母乳
8：00	菜泥
10：00～10：30	母乳＋辅食
12：00	水果泥
14：00～14：30	牛奶＋蛋黄
16：00	温开水
18：00～18：30	母乳＋辅食
22：00～22：30	母乳

宝宝辅食食谱>>

时间	食物类型
10：00～10：30	羹＋辅食
14：00～14：30	羹＋鱼泥（或豆腐）／麦粥＋猪肉松
18：00～18：30	母乳＋辅食（逐渐以辅食为主）

宝宝断奶餐

[鱼菜米糊]

这道断奶餐能提供动物和植物蛋白、碳水化合物、B族维生素以及维生素A、维生素C、维生素D等多种营养成分，是一道不可多得的断奶食品。

材料：米粉、鱼肉、青菜各20克，水适量

做法：1.将米粉加水浸软，搅成糊，入锅，旺火烧沸约8分钟。2.将青菜、鱼肉洗净后，分别剁成泥，一起加入锅中，继续煮至鱼肉熟透即可。如果宝宝不喜欢吃，可以放一点点盐调味。

[鸡肉胡萝卜泥]

鸡肉中丰富的优质蛋白质、牛奶中的钙质以及胡萝卜中的胡萝卜素等营养成分都是宝宝生长发育不可或缺的元素。这道断奶餐将多种营养素汇集在一起，对宝宝的身体健康大有益处。

材料：鸡肉50克，牛奶150毫升，胡萝卜末20克

做法：1.把鸡肉切成碎末；洗净胡萝卜，切成碎末备用。2.把鸡肉末和鸡汤混合拌匀放入锅内，再加入少量的牛奶和胡萝卜末一起煮开，煮至糊状出锅即可食用。

[蛋花豆腐羹]

这道断奶餐含有维生素A、维生素E，还含有丰富的钙和铁等矿物质，有利于宝宝的生长发育，尤其适合宝宝牙齿发育时食用。

材料：蛋黄1个，豆腐20克，小葱末适量　　调料：骨汤半碗，水适量

做法：1.蛋黄打散，豆腐捣碎，骨汤煮开，放入豆腐用小火煮。2.适当进行调味，并搅入蛋花，最后点缀小葱末。

[沙丁鱼粥]

此粥含丰富的蛋白质、脂肪、碳水化合物和维生素C等多种营养素，特别是沙丁鱼中所含的DHA，对婴儿的大脑发育极为有益，建议至少每周食用一次。

材料：10倍稀粥适量，沙丁鱼1小匙，小黄瓜少许

做法：1.小黄瓜切碎煮熟。2.沙丁鱼用热水迅速烫过，沥净水分，煮烂。3.将所有材料放在一起捣烂后加热即可食用。

[蛋黄粥]

此粥黏稠，有浓醇的米香味，富含婴儿发育所需的铁，适宜6个月婴儿食用。制作中，米要煮烂，熬至黏稠，蛋黄研碎后再放入粥内同煮。

材料：大米1大匙，熟蛋黄1个

做法：1.将大米淘洗干净，放入锅内，加入清水，用旺火煮开，转微火熬至黏稠。

2.将蛋黄放入碗内，研碎后加入粥锅内，同煮几分钟即成。

6～7个月婴儿的同步喂养方案

独立进餐的初步培养阶段

宝宝发育特征 ▶▶▶

项目 　　性别	男宝宝	女宝宝
身长	平均70.1厘米（65.5～74.7厘米）	平均68.4厘米（63.6～73.2厘米）
体重	平均8.6千克（6.9～10.7千克）	平均8.2千克（6.4～10.1千克）
头围	平均45.0厘米（42.4～47.6厘米）	平均44.2厘米（42.2～46.3厘米）
胸围	平均44.9厘米（40.7～49.1厘米）	平均43.7厘米（39.7～47.7厘米）
身体特征	可以自由地翻滚运动；可以用手抓东西吃，还可以自己拿着奶瓶喝奶；抱起来放在膝盖上，能一蹦一蹦地跳起来，而且比以前更有劲。	
智力特征	见到熟人会露出微笑；不高兴时会噘嘴。	

7个月的陈奕涵宝宝俯卧时已经能自由地抬起头了。

喂养指导

　　宝宝7个月时，妈妈的乳汁逐渐稀薄，各种营养成分的含量逐渐减少，如果不及时添加辅食，会发生宝宝营养不足、生长速度减慢的现象。所以宝宝7个月以后一定要添加辅食，使他慢慢适应吃半固体食物，让宝宝逐渐适应断奶。

　　哺喂母乳的宝宝，可在喂奶前先吃点辅食，如米糊、稠粥或烂面条等食品，刚开始不要太多，不足的部分再用母乳补充，等宝宝习惯后，可逐渐用一餐代乳食物完全代替一次母乳。食欲好的宝宝，可每天喂两顿辅食，包括1个鸡蛋、适量的蔬菜及鱼泥或肝泥。注意蔬菜要切得比较碎。可让宝宝咬嚼些稍硬的食物，如较酥脆的饼干等，以促进牙齿的萌出及额骨的发育。

新手妈妈哺喂学堂

训练宝宝自己吃东西

这一时期的宝宝能吃的辅食种类较多，但由于宝宝的协调性还不够，不能自己拿着餐具吃东西，所以妈妈通常会喂宝宝吃，但为了锻炼宝宝自己吃东西的能力，妈妈最好提供一些宝宝可以自己用手抓着吃的食物，协助宝宝发展所需的技巧和协调能力。

喂养宝宝的小技巧

宝宝能吃辅食后，妈妈在喂宝宝喝果汁时，尽量用杯子装果汁给宝宝喝，而不要用奶瓶，以帮助宝宝学习使用杯子。如果想锻炼宝宝自己拿着杯子喝水，可以给宝宝买一只防溢的宝宝杯，这种杯子的杯盖是安全固定的，即使宝宝将杯子打翻或掉落，杯子盖也不会掉下来。

另外，妈妈要为宝宝准备一个汤匙，匙身要覆有一层橡胶或厚塑料，这样的汤匙特别适合正在长牙的宝宝使用，因为宝宝用它吃东西既容易又舒服。

宝宝体操

宝宝从上个月开始就可以在妈妈的帮助下做体操了，这个月可以在原有动作的基础上增加适量的难度，以使宝宝的身体可以更灵活地运动。

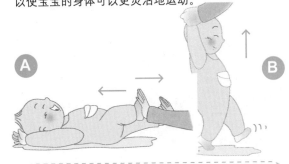

做法

A. 让宝宝平躺在垫子上，妈妈用手推宝宝的脚底。宝宝会突然用力反踢，所以要放松力量，让他将你的手踢回到原位。像这样反复地做。

B. 让宝宝平躺在垫子上，妈妈抓着宝宝的双手将宝宝慢慢拉起，然后慢慢地吊高，让宝宝的脚踢动。

选择有营养的宝宝辅食

这一时期的宝宝免疫功能尚未发育成熟，抵抗力差，容易引起消化系统的感染，进而影响铁和其他营养成分的吸收，所以要保证辅食添加的多样化，以平衡宝宝的营养。另外，在烹制宝宝辅食时，需事先准备一些常用的工具。

● 动物性食物所含的铁质易于吸收，所以应该多给宝宝吃这类食物，如动物血、肝泥、鱼泥、蛋黄等。

● 蛋白质是宝宝生长发育中不可缺少的营养物质，平时可以多给宝宝吃蛋类、鸡肉、豆腐、豆类等。

● 蔬菜和果汁有助于宝宝消化吸收，所以妈妈也要给宝宝添加，如萝卜、胡萝卜、黄瓜、南瓜、西红柿、茄子、柿子椒、洋葱、苹果、蜜橘、梨、桃等，都可以给宝宝吃。

● 在合理膳食中，粗粮也是不可或缺的，它有助于宝宝的身体健康。妈妈可以为宝宝准备些玉米面、小米等粗粮做的粥，也可以将面、薯类、通心粉、麦片加工成宝宝可以食用的食品。

● 别忘了为已经长牙的宝宝准备一些烤馒头片、饼干等稍微有些干硬的食物。

● 可以给宝宝吃些植物油和海藻类食物。

烹调宝宝辅食前需要准备的工具

附切刀片的擦泥板

迷你磨臼

搅拌机或果汁机

万用过滤网

育儿专家连线

预防宝宝缺铁性贫血

铁是人体造血的原料，婴幼儿贫血多是由缺铁引起的。贫血的宝宝往往有以下症状：面色苍白、唇及眼睑色淡、抵抗力低下、生长发育迟缓，如果长期铁摄入不足，宝宝的生长发育就会停滞，并可能影响到智力的发育。

缺铁性贫血重在预防，而人体的铁主要来源于食物，所以为了预防宝宝贫血，在喂养时要注意以下几点：

●要及时给宝宝添加辅食。母乳喂养的宝宝从母体中获取的铁到6个月时已经用尽，而牛奶中的铁含量较低，远不能满足宝宝生长发育的需求，因此必须及时为宝宝补铁。

●应该多给宝宝吃一些含铁丰富、铁吸收率高的食物，如牛羊肉、猪肝、黑木耳及海带等。

●患有胃肠类疾病会影响人体对铁的吸收，如果宝宝患有腹泻等疾病，家长要使宝宝的疾病得到彻底的治疗，以免造成铁吸收不良。

也有禁忌

宝宝不宜多吃甜食

7个月大的宝宝已经开始吃断奶食品，妈妈有时会给宝宝吃一些含糖较多的食物，但这个月宝宝的乳牙渐渐萌出，有的宝宝乳牙已经长出来了，如果此时再给宝宝喂过甜的食物，宝宝容易上瘾，时间久了，可能会造成龋齿。另外，摄入的糖过多也可能导致宝宝肥胖。因此最好少给宝宝吃含糖量高的食物，需要时可用水果代替含糖的点心。

宝宝用具的消毒禁忌

宝宝的奶瓶、餐具及制作宝宝断奶餐的炊具、案板及刀等用完后都要及时消毒，但尽量不要用消毒剂等化工产品清洗、消毒，可以采用开水煮烫的办法进行消毒。

妈妈营养

7个月的宝宝虽然不再只依赖母乳的喂食，但此时彻底断奶仍然为时过早，要让宝宝逐渐适应断奶食物后再彻底断奶。因此在这个月里，妈妈还是应该注意饮食的营养，要适量摄入含铁、钙、蛋白质、维生素等多种养分的食物，不宜吃生冷、辛辣的食物。

本月关注

关于维生素K

维生素K对于大多数宝宝来说并不缺乏，一般说来有以下两种情况的宝宝易缺乏维生素K。

单纯的母乳喂养、未添加辅食的宝宝

由于母乳喂养，宝宝肠道内细菌合成维生素K的量比较少，仅仅为牛奶的四分之一。在这种情况下，如果单纯用母乳喂养，没有及时给宝宝添加辅食就会导致维生素K的不足。根据这种情况，妈妈一定要在母乳喂养的同时适当地给宝宝添加辅食。

反复感染而患病的宝宝

反复感染疾病的宝宝需要长期食用抗生素和磺胺类药物，这些药物会抑制维生素K的合成。这样因服用药物导致缺乏维生素K的，应每月注射维生素K。

实际上，通过饮食来补充维生素K是最简易的方法，因为很多食物中都含有丰富的维生素K，如菠菜、白菜等。

建议一日食谱

Menu

宝宝食谱 >>

时间	食物类型
6：00	母乳
7：00	牛奶 200～300 毫升
9：00～10：00	奶糕 1/2～1 块，蛋黄 2/3～1 个
12：00	母乳
15：00	香蕉半根，饼干 2 块
17：00	牛奶 200～300 毫升
18：00	烂粥 2/3～1 小碗，加肝泥、菜泥
20：00	母乳
22：00	母乳或牛奶 150 毫升

备注：每日喂鱼肝油 1～2 滴。肉类、肝类要弄成泥状，水果切碎。每天保证一个蛋黄。

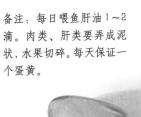

宝宝断奶餐

[山楂水]

山楂水酸甜可口，具有生津止渴、消食健胃的作用，还能增进宝宝的食欲。

材料：山楂片 500 克，白糖适量

做法：1.将山楂片用凉水快速洗净，除去浮灰，放入盆内。2.将开水沏入盆内，盖上盖，至水温下降到微温时，把山楂水盛入杯中，加入白糖，搅至白糖溶解，即可饮用。

[奶油菜花]

菜花营养丰富，含有蛋白质、脂肪、糖及较多的维生素A、维生素B、维生素C和较丰富的钙、磷、铁等矿物质。人体摄入足量的维生素C后，不但能增强肝脏的解毒能力，促进生长发育，而且有提高机体免疫力的作用，能够防止感冒、坏血病等的发生。

材料：菜花半朵，牛奶半杯，西红柿泥、菠菜泥各少许

做法：1.将菜花及牛奶放入容器内，用小火熬软。2.连同煮汁一起倒入磨臼内捣烂，上面还可以放一些西红柿泥和菠菜泥。

7～8个月婴儿的同步喂养方案

BABY. 宝宝乳牙初长成

宝宝发育特征 ▶▶▶

项目 \ 性别	男宝宝	女宝宝
身长	平均71.5厘米（66.5～76.5厘米）	平均70.0厘米（65.4～74.6厘米）
体重	平均9.1千克（7.1～11.0千克）	平均8.5千克（6.7～10.4千克）
头围	平均45.1厘米（42.5～47.7厘米）	平均44.1厘米（41.5～46.7厘米）
胸围	平均45.2厘米（41.0～49.4厘米）	平均44.1厘米（40.1～48.1厘米）
身体特征	会自己坐着；会用四肢爬行；拇指和食指灵活，能准确地抓住物体；能用双手同时各抓住一个物体，能在双手之间传递物品；大人扶着能站立；会寻找自己手里掉下的物品；坐着时，会用一手支撑上半身，用另一只手去抓东西；多数宝宝开始长牙。	
智力特征	记忆力发展较快，可以听出熟悉的歌曲；知道自己的名字；开始知道一些大人说话的意思；大脑开始分析见过的事物；模仿能力加强；有些孩子较怕见生人；性格特征很鲜明。	

喂养指导

一般认为，8～12个月是宝宝断奶的最佳时期。宝宝断奶并不是不吃奶，而是在饮食上以饭菜为主，以奶制品为辅。8个月的宝宝一天可以添加三次辅食。宝宝每天的辅食应包括蛋、豆、鱼、肉、五谷、蔬菜及水果等，以达到营养平衡的目的。尽量使宝宝从一日三餐的辅食中摄取2/3的营养，其余1/3从奶中补充。辅食应以柔嫩、半流质食物为主，最好做得清淡些。

这一时期的宝宝每天可以只吃两次母乳，时间可安排在早晨6：00起床后和晚上9：00睡觉前。母乳充足的妈妈可以喂三次，但必须保证让宝宝从辅食中获取至少2/3左右的营养，以后逐月减少母乳量，让宝宝循序进入正式的断奶期。

这一时期的宝宝还应保证一定量的牛奶，每次吃完辅食后，最好给宝宝喝100～150毫升左右的鲜奶或奶粉，而且全天总奶量（包括母乳）不得少于600毫升。

新手妈妈哺喂学堂

宝宝的食物形态

这个阶段，应为宝宝添加柔嫩、半流质的辅食，如碎菜、鸡蛋、粥、面条、鱼、肉末等。在为宝宝制作米粥时，应以米加7倍的水熬制而成。但有的宝宝在此时

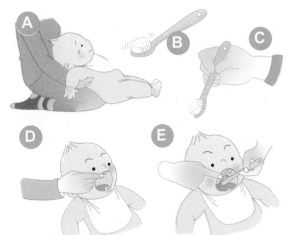

并不喜欢吃粥，而对成人吃的米饭却较感兴趣，这时，妈妈也可以喂宝宝吃一些米饭，如果宝宝有消化不良的迹象发生，以后可以喂一些软烂的米饭。

宝宝长牙的时期与顺序

宝宝牙齿的发育存在着一些个体差异，有些宝宝长牙较早，在6、7个月时就已经开始长牙，有些宝宝则牙齿发育较晚，到8个月时仍未长出牙来。一般情况下，宝宝到8个月时开始长牙，具体的长牙时间与顺序如下：

7~8个月	1岁
8~9个月	1岁5个月
10个月	1岁6个月

●在给宝宝刷牙时，切忌用成人的牙膏，以免宝宝将牙膏吞咽下去致使摄入过多的氟。

桂云龙宝宝8个月时已经开始长牙了，这时他很喜欢吮自己的手指。

教妈妈为宝宝清理牙齿

8个月的宝宝长牙了，在吃食物时就难免将食物残留在口腔与牙齿间，有时还会堵在牙缝中，为了避免宝宝出现龋齿，妈妈要及时为宝宝清理口腔与牙齿，具体做法如下。

A. 先让宝宝躺在妈妈的膝盖上。
B. 妈妈准备一只婴儿用的软毛弹性牙刷。
C. 用大拇指和食指夹住牙刷，用其他手指扶住牙刷。
D. 让宝宝把嘴巴张大，用一只手的食指压住宝宝的嘴唇。
E. 用另一只手拿着牙刷在宝宝的牙齿和牙龈间的小缝处上下或左右移动，确认是否塞着东西。

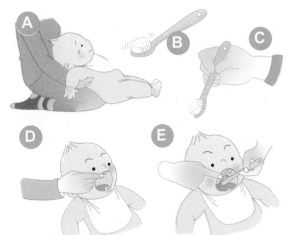

育儿专家连线

宝宝饮食中的盐要适量

在前几个月中，宝宝的辅食不能太咸，不可以加过多的盐，以防给宝宝的肾脏与心脏带来压力。但宝宝的饮食中又不能缺乏盐，因为适量的盐对维护人体健康起着重要的生理作用，能为人体提供重要的矿物质和氯，还能维护人体的酸碱平衡及渗透性平衡。盐是合成胃酸的重要物质，可促进胃液、唾液的分泌，增强唾液淀粉酶的活性，增进食欲。所以宝宝的饮食中不可缺盐。

让宝宝尽情享受美食

在这个月里，宝宝的辅食开始增多，给宝宝添加辅食的整个过程对他来说就像游戏一样，宝宝经常会在用完餐前把食物抹得满脸都是，从中他能学到：感觉、捣碎、涂抹及品尝食物。所以，不要剥夺宝宝的这种乐趣。在宝宝吃东西时，妈妈可以给宝宝围上大围嘴或是干脆脱掉宝宝的衣服（仅剩下尿布），吃完后再冲洗，同时可以用旧报纸或塑胶垫放在高脚椅下面以保护地板。

值得注意的是，这时的宝宝对于任何不同的方式都有极大的情绪反应，在宝宝练习自己抓取食物时，妈妈不要将他独自留在那里自己离开，以免宝宝出现不良情绪，同时妈妈在身边也可以避免在宝宝躺着时嘴里含着食物而卡到喉咙或呛到。

关于零食

8个月的宝宝非常好动，整天活动会消耗掉大量的热能。因此，每天在正餐之间恰当补充一些零食，能更好地满足新陈代谢的需求。研究表明，宝宝恰当吃一些零食营养会更平衡，这是摄取多种营养的一条重要途径。

爱吃零食并不是坏习惯，关键要把握一个科学的尺度。首先，吃零食时间要恰当，最好安排在两餐之间，不要在餐前半小时至1小时吃。其次，零食量要适度，不能影响正餐。另外，要选择清淡、易消化、有营养、不损害牙齿的小食品，如新鲜水果、果干、坚果、牛奶、纯果汁、奶制品等，不宜选太甜、太油腻的零食。

经过一整天的活动，郭泽宇宝宝很快就入睡了。

也有禁忌

牛奶的禁忌

宝宝7个月后，对食物的需求量逐渐增加，但并不是所有的宝宝都喜欢吃断奶食品。有的宝宝只爱喝牛奶，不吃其他食品，而且牛奶的摄入量也逐渐增加，家长们看到这种情况往往会很高兴，因为他们认为宝宝喝的牛奶越多就越有营养，事实上，这种观点并不正确，这是一种营养误区。

牛奶中的乳糖含量较多，如果宝宝摄入过量乳糖将会影响消化吸收，甚至导致腹泻；牛奶中的磷含量也很高，如果摄入过多的磷，会"排挤"体内的钙元素，引发低血钙抽筋；牛奶中的铁含量并不十分丰富，人体的吸收也较差，仅为母乳的20％，而喂牛奶过多会致使铁不足而发生贫血。

因此，牛奶并非摄入的越多就越有营养，合理掌握宝宝牛奶的摄入量十分重要，一般牛奶总量一天不要超过600毫升。

宝宝喝牛奶也要有限度。

鸡蛋的禁忌

鸡蛋营养丰富，含有优良的蛋白质，于是很多家长认为宝宝吃鸡蛋越多越好，其实恰恰相反，鸡蛋摄取过多反而对身体有害。这是因为：

● 过多地食用鸡蛋，会增加宝宝消化道的负担。

● 体内蛋白质含量过高会使蛋白质在肠道中造成异常分解，使血氮增高。

● 未完全消化的蛋白质可能会在肠道中腐败，产生有毒物质，造成腹部胀闷、头晕目眩、四肢无力等蛋白质中毒综合征。

● 鸡蛋的蛋白中含有抗生素蛋白，在肠道中可以直接与生物素结合，从而阻止了人体对生物素的吸收，导致宝宝患生物素缺乏症以及消化不良、腹泻、皮疹等症。

十大婴儿不宜吃的食品

● 汽水　● 汉堡包　● 热狗　● 全脂牛奶　● 油，特别是动物油　● 肥肉　● 红肠　● 比萨饼　● 巧克力　● 冰淇淋

这些食品不宜给宝宝食用！

● 本月关注 ●

本月焦点营养素——核苷酸

核苷酸是存在于一切细胞和母乳中的分子，它是构成遗传基因RNA和DNA的基本物质，是维持细胞正常生理功能不可或缺的物质；它也参与蛋白质、脂肪、碳水化合物及核酸的代谢。研究报告显示，核苷酸在婴儿营养中扮演着重要的角色。

可利用核苷酸总量(TPAN)是指母乳中含有可被宝宝消化、吸收和生物利用的核苷酸总和。最近医学报告揭开了母乳能增强婴儿免疫力的奥秘，指出核苷酸是母乳中增强婴儿免疫力的最重要的物质。

经过儿科专家对婴儿的临床对比研究，用含核苷酸奶粉喂养的婴儿对B型流感疫苗表现出了更高的抗体免疫反应水平，而且婴儿腹泻的几率只有15％。用不含核苷酸奶粉喂养的婴儿腹泻发生率高达41％，母乳喂养的婴儿腹泻发生率为22％。

妈妈营养

这个月，宝宝还未完全断奶，虽然妈妈的乳汁日渐稀薄，但宝宝还应继续进食母乳。所以，妈妈仍应一如既往地注意饮食的营养均衡。由于8个月的宝宝已经不是乖乖躺着的小宝宝了，可以自己坐起来，还能用四肢爬行，更需要妈妈精心的照料，因此妈妈也要注意补充营养以保证有充沛的体力与精力来照顾宝宝。

建议一日食谱 Menu

宝宝食谱>>

时间	食物类型
6：00~6：30	母乳
8：00	点心＋蔬菜汁
10：00~10：30	奶糕1块、蛋黄1个，牛奶200毫升
12：00	水果（香蕉1根）＋白开水
14：00~14：30	牛奶200~300毫升、粥、馒头片
16：00	白开水
18：00~18：30	粥、肝泥或鱼泥、菜泥
21：00~21：30	母乳

备注：每日喂鱼肝油1~2滴。14：00~14：30辅食量要逐渐增多，直到第9个月。每天保证1~2瓶牛奶或豆浆，点心可吃两块，粥可吃一小碗，有牛奶就吃半小碗。辅食可根据这一时期宝宝可吃的辅食类型调换。

时间	食物类型
6：00~6：30	母乳
8：00	馒头片＋蔬菜汁
10：00~10：30	饼干2~3个，蛋黄1个、牛奶
12：00	牛奶或豆浆，水果
14：00~14：30	牛奶＋辅食
16：00	白开水
18：00~18：30	粥、肝泥或鱼泥、菜泥、动物血
21：00~21：30	母乳

适合8个月宝宝吃的食物。

备注：每日喂鱼肝油1~2滴。14：00~14：30辅食量要逐渐增多，直到第9个月。每天保证1~2瓶牛奶或豆浆，点心可用食品代替。粥可吃一小碗，有牛奶就吃半小碗。水果可吃薄片，结合现阶段宝宝可吃的辅食经常调换。

宝宝断奶餐

[面糊汤]

这道断奶餐含有丰富的蛋白质、脂肪、碳水化合物、钙、磷、锌及维生素A、维生素B、维生素C、维生素D等多种营养素。制作中，牛奶不要等煮至滚开，就要撒入面粉，防止面粉调不匀而有小疙瘩。

材料：牛奶250毫升，面粉半大匙　　　　**调料**：黄油、盐、肉蔻各少许

做法：1.将牛奶倒入锅内，用微火煮开，撒入面粉，调匀，加入少许盐和碎肉蔻，再煮一下，并不停地搅和。2.加入黄油，盛出，晾凉后喂食。

[面包布丁]

此布丁软嫩滑爽，含有丰富的蛋白质、脂肪、碳水化合物及维生素A、维生素B、维生素E等多种维生素，以及钙、磷、锌等矿物质，很适宜宝宝食用。制作中，要用中火蒸，火不宜过大。

材料：面包15克，鸡蛋半个，牛奶125克　　　　**调料**：蜂蜜2小匙，植物油少许

做法：1.将鸡蛋磕入碗内调匀，面包切成小块后与蜂蜜、牛奶混合均匀。2.在碗内涂上植物油，再把上述混合物倒入碗内，放入蒸锅内，用中火蒸7~8分钟即成。

[肉末菜粥]

此粥色美、酥烂、稀稠适度，含有丰富的蛋白质、碳水化合物、钙、磷、铁及维生素B_1、维生素B_2等多种营养素，能提供宝宝生长发育所需的营养，非常适合宝宝断奶期间食用。

材料：大米（或小米）50克，肉末30克，青菜50克，葱姜末少许　　　　**调料**：植物油、酱油、盐各少许

做法：1.将米淘洗干净，放入锅内，加入水500克，用旺火烧开后，转微火熬成粥。2.将青菜切碎，然后将油倒入锅内，下入肉末炒散，加入葱姜末、酱油、盐炒匀，放入切碎的青菜炒几下，加入米粥内，尝好味，再熬煮一下即成。

[红薯粥]

红薯中含有人体所需的多种营养物质，已经被营养学家冠以"营养最均衡食品"的美称，是小宝宝最合适的初期断奶食品。

材料：红薯半个，油菜叶尖100克，10倍稀粥2小匙

做法：1.红薯去皮后煮烂，取1匙备用。2.油菜叶尖部分烫熟，滤出汁液后取半小匙备用。3.将粥及红薯泥放入磨臼中捣烂，添加过筛好的油菜汁。

8~9个月婴儿的同步喂养方案

BABY

自然断奶更适宜

宝宝发育特征 ▶▶▶

项目 性别	男宝宝	女宝宝
身长	平均72.7厘米（67.9~77.5厘米）	平均71.3厘米（66.5~76.1厘米）
体重	平均9.3千克（7.3~11.4千克）	平均8.8千克（6.8~10.7千克）
头围	平均45.5厘米（43.0~48.0厘米）	平均44.5厘米（42.1~46.9厘米）
胸围	平均45.6厘米（41.6~49.6厘米）	平均44.4厘米（40.4~48.4厘米）
身体特征	可以一只手拿着东西爬，懂得转方向；坐在椅子上可以坐得很稳，可以坐着转90度；可以用大拇指和食指捡起小东西；会在胸前拍手或拿着两样东西相互击打；会用食指指东西和方向；会自己吃饼干，会拿杯子、瓶子，可能会用杯子喝水或牛奶。	
智力特征	会模仿大人咳嗽；能听懂简单的指示；能分辨镜中的妈妈和自己；会等待妈妈来喂奶；在家人面前表演，受到鼓励时会重复；会对别人的游戏感兴趣；看到别的宝宝哭，自己也会哭；对重复的事感觉厌烦，可能记得前一天玩的游戏；害怕高的地方；也许会拒绝被人打断注意力，也许会开始显示毅力和耐心；喜欢看配有大图案的图画书。	

9个月时，潘予涵宝宝已经会用手抓取食物了。

喂养指导

　　这个阶段的宝宝，一般开始考虑增加辅食了，因为这时宝宝的胃肠道消化能力已逐渐增强，需要的营养也不断增加，单靠母乳已不能满足宝宝生长发育的需要，因此应该用食物来取代部分母乳。但由于每个宝宝的身体状况和喂养情况都不尽相同，增加辅食量也因宝宝而异。

　　这个月可以给宝宝断奶了，但宜用自然断奶法，即通过逐步增加哺喂辅食的次数和数量，慢慢减少哺喂母乳的次数，在1~2个月的时间内使宝宝断奶。在断奶的过程中，应让宝宝有一个适应的过程。开始时每天先少喂1次母乳，再代之以其他的食品，在之后的几周内慢慢减少喂奶次数，并相应增加辅食，逐渐将辅食变成主食，直至最后断掉母乳。

刚开始断奶时，宝宝可能会不习惯，若无特殊情况，一定要耐心加喂辅食，坚持按期断奶。

新手妈妈哺喂学堂

宝宝稀粥与大人米饭同做的方法

稀粥能顺利吞咽，所以非常适合吞咽期的宝宝食用。在本月的初期可用7倍稀粥喂食宝宝，等宝宝习惯后再逐渐减少水分，用5倍稀粥喂食宝宝。宝宝吃的稀粥可与大人吃的米饭一起做，具体做法如下。

7倍稀粥

A. 先将大人用的米洗好倒入锅中，再把宝宝的煮粥杯置于锅中央，煮粥杯内米与水的比例为1:7。也可用白饭熬煮，2大匙白饭约需搭配半杯多的水。

B. 像平常一样按下开关。锅开后，杯外是大人的米饭，杯内是宝宝用的稀粥。

C. 本月初刚用7倍稀粥喂宝宝时，如果宝宝的喉咙特别敏感，可先将稀粥压烂后再喂食。

5倍稀粥

A. 同样，先将大人用的米洗好倒入锅中，再把宝宝的煮粥杯置于锅中央，杯内米与水的比例应为1:5。1大匙米约需搭配1/3杯多的水，如用白饭熬煮，则2大匙白饭需搭配1/3杯多的水。

B. 5倍稀粥熬煮好后，如果宝宝喉咙较敏感，也可先将稀粥压烂后再喂食。

每当妈妈为桂云龙宝宝准备美味的辅食时，他就会用期待的目光看着妈妈。

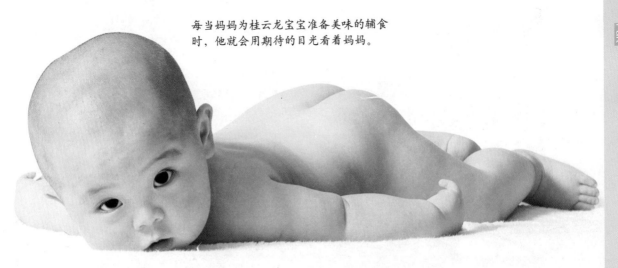

豆豆很喜欢看图画书，每次看都十分认真。

♥ 育儿专家连线

宝宝断奶的注意事项

9个月的宝宝可以断奶了，但在断奶时，家长要注意下面一些事项：

●断奶时间不宜选在夏季，夏天气候炎热，宝宝胃肠道功能减弱，断奶后改吃奶品以外的食物容易引起消化不良，而且夏天细菌繁殖快，食物容易腐败，稍有不慎，就可能引起胃肠道疾病。

●宝宝生病期间不要断奶，因为生病时往往食欲减退，消化功能降低，这时完全断奶改用其他饮食，会使宝宝难以适应，不利于宝宝康复。

●切忌强行断奶。有的家庭为了尽快给宝宝断奶，采取在乳头上抹辣椒、黄连，甚至强迫母子分离一段时间，这样只会使宝宝产生恐惧，影响其身心健康发展，是不可取的。

也有禁忌

辅食禁忌

宝宝辅食的选择要谨慎，家长应该给宝宝选择有营养、对身体无害的食物，而带有刺激性及油腻、无营养的食物切忌给宝宝吃，以免因饮食不当影响宝宝正常的生长发育。

●避免让宝宝饮用咖啡、浓茶、可乐等刺激性比较强的饮料，以免影响宝宝神经系统的正常发育。

●糯米制品（如元宵、粽子）、水泡饭、花生米、瓜子、炒豆等不易消化而且易误入气管的食品，不要给宝宝吃。

●不宜给宝宝吃太甜、太咸、油腻、辛辣刺激的食物，如肥肉、巧克力等。

●尽量少给宝宝吃冷饮，因为冷饮含糖高，并含食用色素，易降低宝宝食欲引起消化不良。

宝宝咳嗽时的饮食禁忌

忌食寒凉食物

中医认为"形寒饮冷则伤肺"，就是说身体一旦受了寒，饮入寒凉之品，均可伤及人体的肺脏。而咳嗽多因肺部疾患引发的肺气不宣、肺气上逆所致。此时如饮食仍过凉，就容易造成肺气闭塞，症状加重，日久不愈。不论是宝宝还是成人，咳嗽多会伴有痰，痰的多少又跟脾有关。脾是后天之本，主管人体的饮食消化与吸收，如过多进食寒凉食物，就会伤及脾胃，造成脾的功能下降，聚湿生痰。

忌食肥甘厚味食物

中医认为咳嗽多为肺热引起，宝宝尤其如此。日常饮食中，多吃肥甘厚味的食物可产生内热，加重咳嗽，且痰多黏稠，不易咳出。对于哮喘的患儿，过食肥甘可致痰热互结，阻塞呼吸道，加重哮喘，使疾病难以痊愈，所以宝宝在咳嗽期间应吃一些清淡的食物。

禁食橘子

许多人认为橘子是止咳化痰的，于是让患咳嗽的宝宝多吃橘子。实际上，橘皮确实有止咳化痰的功效，但橘肉反而生热生痰，而一般的宝宝不可能不吃橘肉只吃橘皮，所以在宝宝咳嗽时不宜给宝宝吃橘子。

当宝宝咳嗽时，不要给宝宝吃这些食物。

本月关注

宝宝断奶了

这个月的宝宝已经逐渐适应了吃辅食，可以断奶了。在正式断奶时，妈妈不能因宝宝哭闹而一时心软再给宝宝喂食母乳，这样不但会妨碍断奶，还会影响宝宝的胃肠消化功能。

在给宝宝吃奶品以外的食物时，宝宝常常想自己动手吃饭，妈妈在宝宝吃食物前应先将宝宝的手洗净，然后要给宝宝准备一套可爱的餐具，并训练宝宝自己使用杯、碗、匙等进食。当宝宝自己进食时，开始应少给些食物，并多加善意的指导，不要怕宝宝把食物、餐具或衣物等搞乱或弄脏。

给宝宝准备的餐具。

本月焦点营养素——DHA

DHA，学名二十二碳六烯酸，俗称脑黄金，属于长链不饱和脂肪酸的一种，在人体各种组织中占有重要的地位。DHA最初被发现大量存在于人体大脑皮质及视网膜中，而后更进一步被证实为胎儿及婴儿脑部和视觉功能发育所必需的营养元素。

婴儿从出生时脑的重量为400克增加到成人时的1400克，所增加的是联接神经细胞的网络。这些网络主要是由脂质构成，其中DHA的量可达10%。也就是说，DHA对脑神经传导和突触的生长发育有着极其重要的作用。

出生后的宝宝会从母乳或配方奶粉中获得充足的DHA，以维持脑与智力的发育。但宝宝断奶后就开始吃奶品以外的辅食，所以妈妈应注意给宝宝选择含DHA的食物，如深海鱼类、肉类、鸡蛋及猪肝等。但DHA的摄入并不是越多越好，什么事都是过犹不及，还是应该遵循比例接近母乳的原则，才可以使婴儿充足和安全地摄入DHA。

妈妈营养

在这个月里，由于宝宝开始断奶，喂养母乳的次数与哺乳量逐渐减少，因此妈妈在饮食上也可以稍微自由一些。

建议一日食谱

Menu

宝宝食谱>>

时间	食物类型
6：00～6：30	母乳
8：00	蛋糕或饼干2块
10：00～10：30	鸡蛋1/2～1个，粥1/2～1小碗
12：00	牛奶200～300毫升，水果60克左右
14：00～14：30	粥加藕粉1小碗，鱼肉末或肝末30克
16：00	白开水适量，水果30～60克
18：00～18：30	面条1小碗，蔬菜40克
21：00～21：30	母乳＋牛奶共200毫升左右

1

备注：每日喂鱼肝油1～2滴；平时只要宝宝想吃，就要多喂水果，21：00～21：30，喂牛奶应逐渐增加，直至第10个月完全代替母乳；辅食品种应注意搭配。

时间	食物类型
6：00～6：30	母乳300毫升
8：00	牛奶200毫升，饼干或馒头2～3块
10：00～10：30	鸡蛋1/2～1个，粥1/2～1小碗
12：00	牛奶200毫升，水果60克
14：00～14：30	粥1小碗，肉末或肝末30克
16：00	白开水适量，豆浆200毫升
18：00～18：30	粥1小碗，蔬菜40克
21：00～21：30	母乳＋牛奶共200毫升

2

适合宝宝吃的食物。

备注：每日喂鱼肝油1～2滴；只要宝宝想喝，应多给宝宝喝水；21：00～21：30喝牛奶渐增，直至第10个月完全代替母乳。

推荐断奶食谱>>

时间	食物类型
7：00	牛奶200毫升，饼干适量
11：00	粥100克，蔬菜末30克，鸡蛋1/3个，汤适量
15：00	牛奶200毫升，水果适量
18：00	粥80克，鱼肉末或肉末30克，豆腐40克，汤适量
21：00	牛奶200毫升

宝宝断奶餐

[鲔鱼西红柿粥]

这道粥品含热量403.9千焦、蛋白质4.1克、脂肪3克、糖类13克，可以满足宝宝的营养需求。鱼肉含丰富的钙、蛋白质，对宝宝骨骼及脑部发育极有益处。这道粥带有微微的果酸和鱼香，既营养又可口，是宝宝断奶餐中的美味！

材料：鲔鱼罐头40克，西红柿20克，7倍稀粥半碗

做法：1.鲔鱼去油渍，剁碎或压碎。2.西红柿放入热水中汆烫，去皮，去子，切碎。3.将鲔鱼末、西红柿末、7倍稀粥一同放入锅中用小火煮片刻，便可盛出。

[胡萝卜水果]

胡萝卜含丰富的维生素A、维生素B₁、维生素B₂以及β-胡萝卜素等，可增强视力，安定神经，抗病毒；猕猴桃的维生素C含量是水果中的佼佼者，可整肠、增进食欲。这道断奶餐营养既丰富又全面，含热量216.4千焦、蛋白质20克、脂肪3.1克、糖类4.2克，而且甜中带酸、清爽可口，宝宝吃了一定回味无穷！

材料：胡萝卜20克，猕猴桃20克，蛋黄半个

做法：1.胡萝卜煮熟，磨成泥状。2.猕猴桃去皮，去心，压碎；蛋黄压成泥。3.将胡萝卜泥、猕猴桃泥、蛋黄泥装盘，食用时再和匀。

[圆白菜豆腐泥]

豆腐的含钙量很高，又是植物性食物中含蛋白质比较高的，含有8种人体必需的氨基酸，还含有不饱和脂肪酸、卵磷脂等。常给宝宝吃豆腐可以促进机体代谢，增强免疫力。

材料：圆白菜1/4个，豆腐、青菜各少许，高汤1杯

做法：1.将切成细丝的圆白菜及豆腐捣烂。2.放入高汤内煮软。3.将少许烫软的青菜切碎放入汤内略煮，与其他材料一起煮烂后即可。

[鲜奶南瓜汤]

南瓜含有丰富的维生素A，多吃可预防感冒，因为维生素A可促进黏膜的更新，防止喉咙和鼻腔因干燥而被细菌附着引发的炎症。挑选南瓜时，以外皮金黄、重量轻、完整无损者为好南瓜，质地干松甜度高。糖分可随个人口感调整，也可以改用鸡汤代替鲜奶做成咸口味的南瓜汤。如果没有果汁机，可蒸久一点使其熟烂度更透，再趁热以搅拌器搅碎即可。

材料：南瓜200克，鲜奶1杯

做法：1.南瓜去皮，洗净后切片，放入锅中，外锅加水3杯蒸熟取出。2.稍凉时倒入果汁机，加鲜奶打匀。3.倒入锅内小火煮溶即可熄火，盛出食用。

9～10个月婴儿的同步喂养方案

四肢渐趋灵活的爬行期

宝宝发育特征 ▶▶▶

性别 项目	男宝宝	女宝宝
身长	平均73.9厘米（68.9～78.9厘米）	平均72.5厘米（67.7～77.3厘米）
体重	平均9.5千克（7.5～11.5千克）	平均8.9千克（7.0～10.9千克）
头围	平均45.8厘米（43.2～48.4厘米）	平均44.8厘米（42.4～47.2厘米）
胸围	平均45.9厘米（41.9～49.9厘米）	平均44.7厘米（40.7～48.7厘米）
身体特征	四肢爬行灵活，能攀附着家具站立起来；一只手可以同时拿起两件东西，但放开时有些不灵活；宝宝的双脚可以支撑体重，但不能掌握平衡，如果扶住宝宝的腋下，宝宝能站立起来，并做出迈步的动作；坐起趴下或趴下坐起，宝宝能够自由变换姿势。	
智力特征	喜欢到处爬行探索周围世界，爱寻找并触摸新的东西；常表现出偏执和任性，遇到不高兴的事情马上拒绝或躺在地上哭闹；记忆力增强；能理解几个词和很短、很简单的句子；注意力增强，能较长时间摆弄一件玩具，再仔细观察它。	

喂养指导

10个月的宝宝一般都能吃饭了，而且最愿意和爸爸妈妈一起吃饭，因此可以逐渐固定每日早、中、晚三餐，而主要营养的摄取已由奶制品为主转为以辅食为主。由于宝宝的食物构成逐渐发生变化，所以选择食物要得当、烹调食物要尽量做到色、香、味俱全，以适应宝宝的消化能力，并增进宝宝的食欲。这时宝宝的消化能力已有所增强，各种肉类只要切碎煮烂就可以吃；能吃的蔬菜种类更多了，各种豆制品也可以食用；鱼肉和动物内脏也应经常吃一些。

这个月宝宝每天的主食包括：粥、面条、面包（或馒头）等，但每天不可超过50克。

宝宝每天的辅食包括：蛋黄1个，鱼肉50克（或瘦肉末50克，豆腐70克，或各种肉松、鱼松适量），蔬菜100克，水果50～100克。

宝宝生长发育所需要的蛋白质还是要靠牛奶供应。因而，周岁前的宝宝平均每天仍需500～600毫升的牛奶。在宝宝吃奶时还可以吃几块饼干当点心，并可以训练宝宝用杯子喝奶了。注意各种食品要轮换给宝宝吃。

新手妈妈哺喂学堂

这个月的宝宝食物更加丰富，可以适当给宝宝吃些面食。面食的主要营养成分是碳水化合物，能够提供宝宝每天活动与生长所需的能量，同时还含有蛋白质，可以促进宝宝身体组织的生长。而对于活动量大、消化吸收能力强的宝宝在上个月里就可以添加面食。宝宝吃的面食与成人食物在处理上要有所区别，具体处理方法如下。

熟面食的处理法
A. 煮熟的面条隔着保鲜膜，用擀面杖由上而下不断地压滚。
B. 将面压烂后，拿走擀面杖，揭开保鲜膜，适合咬嚼期的宝宝食用的面食就处理好了。

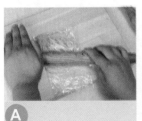

干面食的处理法
A. 在面条干燥时，将面条折断。这样比煮熟后再切要轻松多了。
B. 将折好的面条放入干燥的空玻璃瓶内保存，用前直接拿出即可煮食。

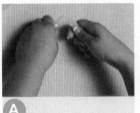

10个月的宝宝情绪变化比较明显，刘馨乐宝宝遇到不高兴的事情也会哭闹。

♥ 育儿专家连线

适当控制肥胖宝宝的饮食

对于体重严重超重的宝宝，一定要适当控制饮食，可以根据体重正常的宝宝的饮食进行调整。每天的牛奶量要减少，每顿饭可多加些蔬菜，尽量减少脂肪多的食物，饼干、点心等甜食要少给，可以用水果代替。同时要增加宝宝的活动量，多带宝宝到户外做运动。

让宝宝平静地度过危险的断奶期

断奶对宝宝来说是一个重要的时期，也是一个危险的时期。因为断奶是让宝宝由吃母乳或奶品到适应吃其他食物的过程，如果在这个过程中出现喂养不当或添加的辅食出现问题，都会给宝宝的健康带来严重的影响。如：宝宝的断奶食物制作不卫生，容易导致宝宝腹泻；辅食添加不当或各种营养摄入不足，容易导致宝宝营养不良；如果家长在未给宝宝及时添加辅食的情况下突然断奶，则对宝宝的健康影响就更大。所以在宝宝断奶过程中，家长一定要合理添加断奶食品，让宝宝平静地度过这个危险的时期。

也有禁忌

发烧时的食物禁忌——鸡蛋

当宝宝发烧时，家长为了给虚弱的宝宝补充营养，使他尽快康复，就会让他吃一些营养丰富的饭菜，饮食中可能会增加鸡蛋数量。其实，这样做不仅不利于身体的恢复，反而有损身体健康。我们经常会有这样的感觉，饭后体温相对于饭前略有升高。食物在体内氧化分解时，除了食物本身放出热能外，食物还刺激人体产生一些额外的热量，这种作用在医学上叫做食物的特殊动力作用。人体所需的三种生热营养素的特殊动力作用是不同的，如脂肪可增加基础代谢的3%～4%，碳水化合物可增加5%～6%，蛋白质则高达15%～30%。所以，当发热时食用大量含蛋白质的鸡蛋，不但不能降低体温，反而会使体内热量增加，促使宝宝的体温升高更多，因此不利于患儿早日康复。正确护理方法是鼓励宝宝多饮温开水，多吃水果、蔬菜及含蛋白质低的食物，最好不吃鸡蛋。

西瓜的禁忌

西瓜具有消暑解热的作用，当炎热的夏天到来时，给宝宝适当吃些西瓜对宝宝的健康较有益处，但如果喂食不当或摄取过多，则会影响宝宝的健康。因为在短时间内，宝宝如果进食较多的西瓜，会稀释胃液，而且宝宝的消化功能还未发育完全，极有可能出现严重的胃肠功能紊乱，从而引起宝宝呕吐、腹泻，甚至脱水、酸中毒等症状，严重时会危及生命，而腹泻的宝宝更不可喂食西瓜。

妈妈营养

在宝宝10个月时，妈妈的饮食相对上个月而言就更加自由一些了，可以选择自己心爱的食品了。因为此时母乳已不是宝宝摄取营养的主要来源，妈妈的乳汁只是宝宝食物中的一小部分，甚至可以完全断掉，妈妈的饮食对宝宝的身体健康情况没有太大的影响了。但是，妈妈也要注意不要太贪吃，应该注意自己身材的恢复。

本月关注

宝宝的发育变慢了

在这个月里，很多爸爸妈妈发现宝宝的身长、体重的增长没有前几个月快了，宝宝的食欲也好像有所下降，于是家长们开始担心宝宝是不是生病了，是不是出现了生长发育障碍。其实，这种变化是正常现象。因为，宝宝发育的规律是年龄越小，增长速度越快。宝宝出生后6个月内增长最迅速，以后逐渐减慢，10个月时较为明显，到2周岁后又以比较恒定的速度增长至青春期。所以，在这个月里，如果发现宝宝的食欲下降，也不必担忧，吃饭时不要强喂硬塞，不要严格规定宝宝每顿的饭量，只要一日摄入的总量不明显减少，体重继续增加即可。

本月焦点营养素——脂肪酸

脂肪作为人体的三大供能营养素之一，对人体有许多重要的生理作用，其主要成分是脂肪酸。油脂中90%以上是脂肪酸，在注意膳食脂肪合理摄入量的同时，必须考虑各种脂肪酸的搭配。摄入适宜比例的脂肪酸，能降低患肥胖、心血管疾病的危险性，并促进胎儿、婴幼儿大脑和视觉的发育。

人类的大脑发育如果错过了胎儿期、婴幼儿时期，以后无论补充多少营养物质，都不能使大脑得到明显发育。在婴幼儿大脑发育速度最快时，要及时补充各种脂肪酸，这样才能养育出聪明的宝宝。

建议一日食谱

Menu

宝宝食谱>>

时间	食物类型 ①
6：00～6：30	母乳＋牛奶200毫升
8：00～8：30	米粥，鸡蛋羹1/2～1碗，面包
10：00～10：30	白开水100毫升，饼干2块
12：00	软饭1/2～1碗，鸡蛋1个，蔬菜2～3大匙
15：00～15：30	牛奶150～200毫升，小点心1块，水果适量（50～80克）
18：00～18：30	排骨汤面，鱼肉，蔬菜1小碗
21：00～21：30	牛奶100毫升

时间	食物类型 ②
6：00～6：30	牛奶＋母乳150～200毫升
8：00～8：30	面条半小碗，鸡蛋1/2～1个
10：00～10：30	白开水或鲜果汁100毫升，小点心
12：00	软饭，碎肉，鱼肝，蔬菜1/2～1小碗
15：00～15：30	白开水或鲜果汁、水果、牛奶或豆浆100毫升
18：00～18：30	稀饭1小碗，蔬菜3～4匙
21：00～21：30	牛奶100～150毫升

9～10 个月

宝宝断奶餐

[烤香蕉] ①

香蕉含丰富的钾，可维持宝宝心脏机能正常，并提供优质的糖分及热量。烤熟的香蕉，香甜可口、软嫩多汁，风味独特，非常好吃。

材料：香蕉1根

做法：1.香蕉整条排入烤盘，入烤箱以180℃烤约8分钟，至表皮变黑褐色，汤汁有点溢出时取出。2.用小刀划开香蕉皮，用铁汤匙取出果肉食用。

[青菜粥] ②

此粥黏稠适口，含有宝宝发育需要的蛋白质、碳水化合物、钙、磷、铁和维生素C、维生素E等多种营养素。制作中，粥要煮烂，菜要煮软、切碎。

材料：大米300克，青菜少许

做法：1.将青菜（菠菜、油菜、小白菜的叶）洗净，放入开水锅内煮软，切碎备用。2.将大米洗净，用水泡1～2小时，放入锅内，煮30～40分钟，在停火之前加入切碎的青菜，再煮10分钟即成。

10~11个月婴儿的同步喂养方案

餐桌上多了个新成员

宝宝发育特征 ▶▶▶

性别 项目	男宝宝	女宝宝
身长	平均75.3厘米（70.1~80.5厘米）	平均74.0厘米（68.8~79.2厘米）
体重	平均9.8千克（7.7~11.9千克）	平均9.2千克（7.2~11.2千克）
头围	平均46.3厘米（43.7~48.9厘米）	45.2厘米（42.6~47.8厘米）
胸围	平均46.2厘米（42.2~50.2厘米）	平均45.1厘米（41.1~49.1厘米）
身体特征	可以独立站立；可由蹲姿站立；站立时，身体可以转90度；大人拉着一只手或双手走路，会爬楼梯、会蹲、会弯腰；会连续性地使用双手。	
智力特征	语言含混不清，会叫"爸"、"妈"；懂得语言为物品的象征，如：小鸟，就指向天空；喜欢和家人依恋在一起玩游戏，看书画，听故事；喜欢摆弄喜欢的玩具；伸手去触摸镜中物品的影像；拒绝强迫性的教导；做错事会显露罪恶感，可能会用逗笑来试验大人的容忍程度。	

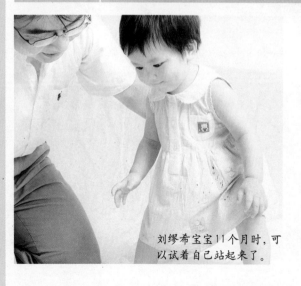

刘缪希宝宝11个月时，可以试着自己站起来了。

喂养指导

　　这个月宝宝的断奶已接近完成期，母乳哺喂应尽量减少，或者干脆断掉。这个月如果不及时给宝宝断奶，可能会影响宝宝的食欲。断奶后，可以让宝宝和大人一样在早、午、晚按时进食，并让宝宝养成在固定时间进食牛奶、饼干、水果等食物的习惯，可以在宝宝吃完辅食之后喂牛奶，一次喂100~200毫升左右，每天的总奶量应控制在250~600毫升之间。为了避免造成宝宝偏食，应尽可能让宝宝品尝到各种食物。另外，还要注意宝宝的营养均衡，应尽量使宝宝的饮食含有优质蛋白质、足够的钙和维生素C等营养成分。

　　由于这个月宝宝营养的重心从牛奶转换为普通食物，所以辅食的量也在增加，应当按照宝宝的实际情况增加咀嚼的强度，并调入咸味，但不要添加太硬或刺激性的食物。除此之外，还要尽量避免不易消化、过咸或过甜、调料偏重的食物。

　　对于宝宝断奶后的饮食，家长不可勉强，只要能确定宝宝喜欢吃什么就可以了。宝宝的食物量也不可硬性地增加，可以根据宝宝的喜好程度逐渐增加食物的量。

新手妈妈哺喂学堂

让宝宝和大人一起用餐

　　这个月里，宝宝的进餐已经接近规律，每日三餐可以和大人的进餐时间安排在一起。当宝宝看到大人吃饭的样子时，宝宝的嚼食动作也会有所进步！

　　当宝宝和大人一同进餐时，吃饭时间要以宝宝为中心，如果有家庭成员回家较晚也不要再等了，应按原定时间吃饭，以便养成宝宝规律进餐的习惯。在吃饭时，妈妈要先喂宝宝，然后自己再吃。

吃饭时，妈妈要先喂宝宝。

　　有时宝宝会想吃大人的食物，但是不要给他，因为大人的食物对宝宝来说又硬又咸。另外，家长也不要把自己咀嚼过的食物给宝宝吃，以免把大人口中的细菌带进宝宝的体内而引发各种疾病。

不行

不要让宝宝吃大人的食物。

关于宝宝腹泻

　　当宝宝腹泻时，为了配合治疗而适量限制宝宝的饮食量，可使消化道充分休息，减少腹泻次数。但长时间控制饮食，会使宝宝食量变得过小，胃肠功能减弱，如再稍增加乳量，也会引起腹泻，这种腹泻被称为饥饿性腹泻。此时患儿大便多呈黏液便，不成形。虽然次数多，但每次量少，化验无异常，大便培养呈阴性。这说明这种腹泻是非感染性的，不需要用药，只要逐渐加强营养，改善喂养方法，增加辅食即可好转，绝不可滥用抗生素与反复限制饮食。

宝宝怎么还没有长牙？

　　一般情况下，这个月的宝宝应该长出2～6颗乳牙。但由于不同的婴儿之间存在着个体差异，所以乳牙萌出的早晚也会有所不同。婴儿的乳牙萌出情况是其骨成熟的粗指标之一。如果婴儿在10～12个月时仍未长出1颗乳牙，那么这种情况属于乳牙晚萌。其原因主要有重度营养不良、佝偻病及先天愚症等。牙齿的发育往往与蛋白质、钙、磷、铁、维生素C、维生素D和一定的甲状腺素有较大的关系。如果上述营养素缺乏，会导致宝宝出牙较晚。因此，为了防治宝宝乳牙晚萌，家长要多给宝宝吃一些含蛋白质、钙、磷、铁、维生素C、维生素D及甲状腺素的食物，如：豆腐、蛋类、鱼类、西红柿、菠菜等。

这些食物有助于宝宝的牙齿发育。

也有禁忌

奶嘴的禁忌

有些宝宝对于断奶不太适应，所以有时会哭闹。家长为了哄宝宝不哭，经常在宝宝哭闹时或在宝宝临睡前让宝宝喝奶嘴。实际上，让宝宝喝奶嘴是个坏习惯，因为这样会使宝宝将大量的空气吸入胃中，从而引起宝宝的腹部不适，甚至呕吐、腹泻。另外，如果养成这个习惯，长期下去，还会影响宝宝的牙齿发育，使宝宝的牙齿不整齐。

● 本月关注 ●

本月焦点营养素——钙和磷

钙、磷能促进人体骨骼与牙齿的生长发育，在这个月里，宝宝正处在长牙期，所以在饮食上要注意钙与磷的摄入。宝宝体内的钙约占体重的0.8%，至成年时为1.5%，宝宝每日所需的钙、磷比例是1：1较为相宜，并关系到它们的利用程度。钙与磷过高或过低，都会影响其吸收利用。宝宝缺乏钙、磷，可患佝偻病及牙齿发育不良、心律不齐和手足抽搐、血凝不正常、易流血不止等症。因此，在给宝宝添加辅食时应多选用大豆制品、奶粉、蛋类、虾皮、绿叶蔬菜等。

建议一日食谱

Menu

宝宝食谱>>

1

时间	食物类型
6：00～6：30	牛奶250毫升
8：00～8：30	鲜豆浆，粥1/2～1小碗，咸蛋1/4个，馒头片2片
10：00～10：30	豆浆或牛奶100～150毫升，点心或饼干2～3块
12：00	烂饭1碗，红烧牛肉末4小匙
15：00～15：30	果酱小面包1个，四季水果2大匙
18：00～18：30	鸡汤煮饺子2大匙，碎蔬菜1碗
21：00～21：30	牛奶适量

备注：每日喂鱼肝油1～2滴。3顿正餐前半小时不要喂宝宝东西。21：00～21：30的牛奶，喂给量逐渐减少。睡前如宝宝需要，应加1～2片面包。应适量给宝宝喝白开水。

2

时间	食物类型
6：00～6：30	牛奶250毫升
8：00～8：30	粥1小碗，肉饼或面包1块
10：00～10：30	白水、豆浆200毫升，饼干、馒头片2～3块
12：00	米饭25克，肉末25克，蔬菜25克
15：00～15：30	牛奶100毫升，豆沙小包1个，水果50～80克
18：00～18：30	软饭1小碗，鱼、蛋1～2匙，蔬菜1～2大匙
21：00～21：30	水果（苹果、香蕉等）适量

备注：每日喂鱼肝油1～2滴。3顿正餐前半小时不要喂宝宝任何东西。只要宝宝需要，应多吃水果，多喝白开水。

宝宝断奶餐

[煮挂面]

此面色艳、味美，含有丰富的蛋白质、碳水化合物、钙、磷、铁、锌及维生素等多种婴儿发育所必需的营养素。制作中，要将所用原料切碎、煮烂。

材料：挂面50克，肝、虾肉、菠菜各适量，鸡蛋1个　　调料：鸡汤、酱油各少许

做法：1.将肝、虾肉、菠菜分别切成碎末。2.挂面切成短段，放入锅内，加入鸡汤、酱油一起煮软。3.再将肝、虾肉、菠菜放入锅内，把鸡蛋磕开调好，将1/4蛋液甩入锅内，煮熟即成。

[三色粥]

鲑鱼含丰富的DHA，有助于婴幼儿的脑部发育，同时钙、铁含量丰富，可避免贫血发生，其ω-3脂肪酸为优质的油脂来源。粥配上红色的鲑鱼、黄色的蛋黄、绿色的蔬菜，营养丰富，色彩缤纷。

材料：7倍稀粥3/4碗，鲑鱼肉泥1大匙，蛋黄泥半个，菠菜泥1小匙　　调料：盐少许

做法：1.菠菜叶氽烫后剁成泥状，鲑鱼煮熟压碎，蛋黄压碎。2.7倍稀粥煮滚后加入鲑鱼肉泥、蛋黄泥、菠菜泥拌匀，加入少许的盐调味，即可食用。

[美味豆腐]

营养丰富的豆腐，用不同的烹调方法变换口味，可促进宝宝的食欲。火腿有淡淡的香味，可以为这道断奶餐的美味加分。

材料：嫩豆腐40克，菠菜15克，火腿末1小匙　　调料：高汤5大匙，淀粉半小匙

做法：1.豆腐切大丁，入滚水中煮片刻。2.菠菜氽烫后切碎、火腿切细末，入高汤煮软，用淀粉勾薄芡，淋在豆腐上。

[水果藕粉]

此羹味香甜，易于消化吸收，含有丰富的碳水化合物、钙、磷、铁和维生素，营养价值极高，是宝宝良好的健身食品。要把水果洗净切碎，最好用汤匙刮成泥，以利于宝宝消化吸收。

材料：藕粉1大匙，水果(桃、杨梅、香蕉均可)适量

做法：1.将藕粉加适量水调匀。2.水果去皮，切成极细末。3.将锅置火上，加水烧开，倒入调匀的藕粉，用微火慢慢熬煮，边熬边搅动，熬至透明为止。4.最后加入切碎的水果，稍煮即成。

11~12个月婴儿的同步喂养方案

BABY. 进入断奶的完成期

宝宝发育特征 ▶▶▶

项目 \ 性别	男宝宝	女宝宝
身长	平均77.3厘米（71.9～82.7厘米）	平均75.9厘米（70.3～81.5厘米）
体重	平均10.1千克（8.0～12.2千克）	平均9.5千克（7.4～11.6千克）
头围	平均46.5厘米（43.9～49.1厘米）	平均45.4厘米（43.0～47.8厘米）
胸围	平均46.5厘米（42.5～50.5厘米）	平均45.4厘米（41.4～49.4厘米）
身体特征	大人手牵着时，会跌跌撞撞地走路，扶着家具能像螃蟹一样横着走，少数宝宝已经会走路了；抓握动作接近成人，能将拇指和食指并拢；平衡能力增强，扭过身去抓背后的玩具也不会摇晃。	
智力特征	喜欢拍打能发出声音的玩具，喜欢欣赏自己发出的声音；能够学会捉迷藏之类的简单游戏；想讨人喜欢，会一遍一遍地重复让人发笑的事情；当给宝宝脱衣服时，宝宝会自己举起胳膊协助大人，记忆力更加发达，趁宝宝不注意时把他的玩具藏起来，他会拼命去找。	

王佳妮宝宝1周岁时，就能牢牢地抓起整个的梨吃了。

喂养指导

　　近周岁宝宝的饮食已初具一日三餐的布局了。除三餐外，早晚还要各吃一次牛奶。想喂母乳可以在早晚各喂一次，不想再喂母乳可以完全断掉，或用牛奶代替母乳，切不可让宝宝依赖母乳。这个月里，宝宝能吃的饭菜种类很多，基本上和大人吃一样的食物，如面条、面包等，但由于宝宝的臼齿还未长出，不能把食物咀嚼得很细。因此，饭菜要做得细软一些，以便于消化。

　　这个月，宝宝可以吃的主食有：粥、软米饭、面条、饺子、包子、小花卷、面包等；辅食有：蛋、肉、鸡、鱼、豆制品、各种应时蔬菜、海带、紫菜等。宝宝每日膳食应含有碳水化合物、脂肪、蛋白质、维生素、矿物质和水等营养素。另外，应避免饮食单一化，多种食物合理搭配才能满足宝宝生长发育的需要。

新手妈妈哺喂学堂

土豆处理法

土豆质地细软，是此阶段宝宝不可或缺的辅食。土豆有地下苹果之称，富含糖类、较多的蛋白质和少量脂肪，也含有粗纤维、钙、铁、磷，还含有维生素C、维生素B_1、维生素B_2以及分解产生维生素A的胡萝卜素。土豆是断奶婴儿的优良食品。

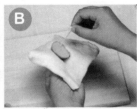

土豆的烹调重点
A. 土豆表面含有多余的淀粉及涩味，烹调时，应切好后放入水中浸泡5分钟左右。
B. 洗净后无需拭去水分，连皮直接包好，放入微波炉中加热至竹签可轻易插穿为止。

育儿专家连线

在这个阶段里，要尽量帮助宝宝养成良好的饮食习惯。如：在日常生活中，经常可以见到宝宝一边拿着玩具一边吃饭或者妈妈拿着饭碗追着宝宝吃饭的情景。宝宝的饮食习惯变得混乱极不利于宝宝的身体健康，因此，妈妈要在宝宝断奶开始就培养宝宝良好的饮食习惯。

也有禁忌

饮食卫生的禁忌

从这个月开始，宝宝的一日三餐可以跟爸爸妈妈一起吃了，但爸爸妈妈一定要注意宝宝用餐时的卫生。

● 宝宝的餐具要避免混用。家长要为宝宝准备一套单独的餐具，如小碗、小汤匙、小杯等，而且要单独清洗。使用前，要将奶具和餐具用开水烫过清洗消毒，并定期煮沸消毒，用后要洗净放在橱柜内或用纱罩盖好。

● 家长不可将饭嚼后喂宝宝，也不可将宝宝的食物先放在自己嘴里试温度。有的家长担心宝宝嚼不烂，便将食物嚼后喂给宝宝吃，认为这样有利于宝宝消化。其实这是一种极不卫生的喂养习惯，对宝宝的健康危害很大。即使是健康人，体内及口腔中也可能存在许多病菌或病毒。成年人因抵抗力较强，所以未表现出受感染的症状。但婴幼儿的免疫机能较差，抵抗力弱，成人唾液中携带的病毒或病菌在嚼食喂的过程中可能传给宝宝，使宝宝感染疾病。另外，宝宝常吃成人嚼碎的食物，咀嚼肌得不到应有的锻炼，牙齿（或牙床）也得不到应有的摩擦，从而影响其口腔消化液分泌功能。因此，家长切忌嚼饭喂食宝宝，如果担心宝宝自己嚼不烂，可以将宝宝的食物做得软嫩一些，也可以给宝宝吃些软点儿的饭，如米饭、小包子、小饺子之类的食物。

● 当家里大人生病时，谨防宝宝感染病毒。如：大人患有感冒，要先戴上口罩再喂宝宝；大人患肠道感染，必须反复用肥皂洗手再接触宝宝，最好换人喂饭。

陈可容宝宝学着大人的样子用自己的奶瓶喂爸爸喝水，可是爸爸接触宝宝的奶嘴后就不卫生了。

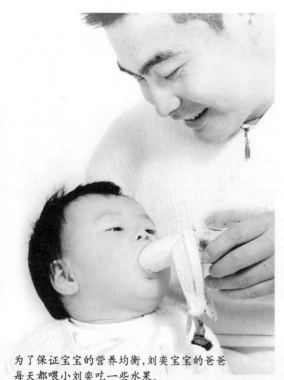

为了保证宝宝的营养均衡，刘奕宝宝的爸爸每天都喂小刘奕吃一些水果。

本月关注

本月宝宝营养要点

这个月宝宝的饮食以母乳以外的辅食为主，妈妈要注意宝宝的辅食营养，在具体烹制的过程中，应注意以下要点：

- 要保证宝宝一日三餐定时进餐。
- 妈妈要注意提高烹调质量，注意宝宝食物的色、香、味。
- 尽可能选择多种食物。
- 注意食物的均衡搭配。
- 多给宝宝吃一些粗纤维含量丰富的食品。
- 谷物与蔬菜的加工要做到细、软、烂。
- 培养宝宝良好的饮食习惯。
- 纠正偏食、挑食等不良的饮食习惯。
- 适量、按时给宝宝添加一些零食。
- 定期向专家进行营养咨询。

建议一日食谱

Menu

宝宝食谱>>

1

时间	食物类型
6：00～6：30	牛奶200～300毫升
8：00～8：30	面包1～2小片，奶酪5克，稀粥1/2～1小碗
12：00～12：30	意大利面半碗，鸡蛋1个，香肠或肉30克，蔬菜2匙
18：00～18：30	米饭1小碗，蔬菜2匙，豆腐1/4块
21：00～21：30	牛奶200～300毫升

备注：每日喂鱼肝油1～2滴。正餐之间给宝宝多喝些白开水，吃水果、牛奶、点心，但不可过多，以免影响正餐食欲。每日保证供奶400～600毫升。

2

时间	食物类型
6：00～6：30	牛奶200～300毫升
8：00～8：30	粥1小碗，肉饼或面包1块，苹果半个
12：00～12：30	米饭半碗，鱼半块，肉或肝30克，蔬菜30～50克
18：00～18：30	稀饭1小碗，鸡蛋1个，蔬菜30～50克，动物血20克
21：00～21：30	牛奶200～300毫升

备注：每日喂鱼肝油1～2滴。米饭要软一些，菜要淡一些。正餐之间要喂适量的水果、牛奶、点心，但不宜过多。每日保证供奶400～600毫升。

宝宝断奶餐

[豆腐丸子烩青菜]　**1**

豆腐营养价值高，又易消化，配上红绿的蔬菜泥，用淀粉勾薄芡，口感香滑软嫩，更加美味滑溜。这道断奶餐的热量较高，约为446.2千焦，还含有蛋白质4.3克、脂肪1.7克、糖类26.4克，经常食用会让小宝宝活力倍增！

材料：A：豆腐泥3大匙，淀粉1大匙，高汤1杯　B：胡萝卜泥1大匙，菠菜泥1大匙，高汤5大匙，盐少许，淀粉半小匙

做法：1.豆腐泥用纱布袋挤干水分，与淀粉拌匀，做成三个小圆球，加入高汤中煮熟后，取出置于盘中。2.将B料中的前二项材料用高汤煮软，用少许盐调味后，用淀粉勾薄芡，淋在豆腐丸子上即可。

[南瓜菠菜面]　**2**

香甜的南瓜搭配营养的菠菜，无疑是最适宜的宝宝餐。

材料：干细面条30克，南瓜40克，菠菜20克，蛋半个　　调料：高汤1杯，酱油少许

做法：1.将干细面条对折成一半，煮软后用冷水洗净，再倒入筛子上沥去水分。2.南瓜切薄片。3.菠菜洗净，去根，放入锅中加水煮过后泡冷水，捞出，将水分挤掉后切碎。4.将高汤和南瓜倒入锅内，加热，煮软。5.南瓜煮软后，加1和3进去再煮一次，沸腾后用少许酱油调味，再倒入打匀的蛋，煮至半熟状态即可。

[彩色甜椒]　**3**

甜椒含丰富的维生素C及硅元素，具有活化细胞、促进新陈代谢、增强人体免疫力的功能。将甜椒外皮去除可增加其甜度及软嫩。这道断奶餐色彩缤纷，口味清新，能增进宝宝的食欲。

材料：红、黄、青三色甜椒各10克

做法：1.红、黄、青三色甜椒用削皮刀轻轻剥除外皮，切小丁。2.将切小丁的三色甜椒放入锅中蒸软。3.出锅后再用少许油炒过，装盘即可。

[三色煨面]　**4**

宝宝的面条要做得软烂一些，鱼肉最好选择白鱼肉，因为白鱼肉既易处理又有营养，非常适合制作宝宝的断奶餐。

材料：鱼肉200克，西红柿半个，毛豆仁2大匙，面条100克
调料：鸡汤2杯，盐少许

做法：1.鱼肉切片，拌入少许盐略腌；西红柿洗净，切片；毛豆仁先用开水烫熟，捞出后冲凉。2.将调料烧开，放入毛豆仁和西红柿先煮，另外烧半锅水煮面条，一熟即捞出，再把面条放入鸡汤里面同煮。3.面条软烂后放入鱼肉煮熟即可。

1岁1~3个月幼儿的同步喂养方案

BABY. 养成饮食、排便的好习惯

宝宝发育特征 ▶▶▶

身体特征	已经会走路，但步子不稳且大小不一，没有方向感；能用手握住蜡笔在纸上画；不用大人扶着就能屈膝弯腰去捡地上的东西。
智力特征	喜欢妈妈的亲吻；理解能力增强，能根据一些字的含义和妈妈的辅助动作或表情理解一句话的意思；注意力和观察力增强；开始叨咕一些别人听不懂的话，这是开始说话的征兆；喜欢玩水；独立性开始萌发，对爸爸妈妈的依赖减少。

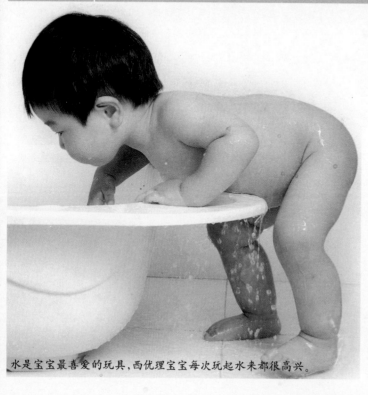

水是宝宝最喜爱的玩具，西优理宝宝每次玩起水来都很高兴。

喂养指导

1~2岁时，宝宝的体格和脑的发育速度虽然较0~1岁时减慢，但是仍然很迅速：体重约增加2.5千克，身长增加10厘米，大脑的重量已经达到成人的75%。这时期宝宝脑的发育，将为以后的智力与行为的发展奠定基础。因此，为了宝宝的身体健康与正常的生长发育，必须要注意避免宝宝营养不良或营养过剩，并培养宝宝良好的饮食习惯。

宝宝1岁后，出于生长的需要，除了每日三次正餐外，每天还要吃些点心、零食，但要适量，尤其是甜食不能吃得太多，且不能影响正餐。宝宝的饮食要讲究营养的搭配和平衡，不能以吃饱为目的，不要硬性规定宝宝的食量，以免宝宝产生厌食情绪。

新手妈妈哺喂学堂

蔬菜的营养与处理法

蔬菜是除水果外饮食中维生素C的唯一来源，也是胡萝卜素、叶酸、维生素B₁、维生素B₂的重要来源。经常吃绿叶蔬菜可摄入大量维生素C，维生素C能提高免疫力，并具有很强的抗氧化作用，有益于宝宝的身体健康。同时，从绿色蔬菜中还可以获得足量享有"超级保健元素"称号的叶酸，能起到防治心脏病的效果。蔬菜中的维生素及膳食纤维能帮助宝宝的身体免受感染，还能抵抗疾病。

菠菜、油菜、西红柿、菜花、胡萝卜、南瓜等黄绿色蔬菜都适合宝宝食用。这些蔬菜营养丰富，最好让宝宝经常摄取。

对于南瓜、土豆等容易处理的食物，可以先蒸熟再用汤匙碾碎，然后将每次使用量分妥，用保鲜膜包好后放入冰箱冷藏保存。使用以前用微波炉解冻即可。而深色带叶蔬菜处理起来，稍微有些麻烦，妈妈可以根据下面的步骤进行操作。

> **蔬菜的处理法**
> A. 先将蔬菜用热水烫软，再放入冷水中浸泡。
> B. 蔬菜叶子上的纤维较多，需要仔细纵向及横向切细。

育儿专家连线

家长的影响

在生活中，家长的生活习惯对宝宝的影响很大，特别是对于初具模仿能力的宝宝。如：爸爸妈妈吃饭时精力不集中，或边看电视边吃饭，宝宝也会模仿家长，爱边吃边玩，这样极不利于宝宝的消化吸收。因此为了培养宝宝规律的饮食习惯，家长要尽量给宝宝以正面的影响。

规律的排便习惯

1岁左右的宝宝逐渐形成了规律的排便习惯。但在宝宝能够意识到自己的大小便时，并不等于宝宝能够完全自我控制，宝宝也会随地便溺。为了尽快培养宝宝规律的排便习惯，家长可以给宝宝准备一个小马桶，在"情况不妙"时，以便宝宝排便。但要注意在宝宝排便时，不要让宝宝看他感兴趣的读物或摆弄玩具，这样不仅可能引起宝宝排便不畅，还不易养成宝宝良好的排便习惯。

为了宝宝规律排便，妈妈让林佳荧宝宝养成了良好的排便习惯。

也有禁忌

1～2岁的宝宝开始对不同食物表现出自己的喜好，会变得偏食或挑食。其实只要食物的种类齐全，宝宝自己选择食物就能达到营养均衡，这时宝宝偏食或挑食对其饮食并没有太大的影响。因此家长在安排宝宝的饮食时，需要有一定的灵活性，只要做宝宝喜欢吃的食物就行了，切不可根据大人的口味给宝宝挑选食物，更不要强迫宝宝吃不喜欢吃的食物，或想方设法把宝宝不喜欢吃的东西伪装起来给宝宝吃，那样只会招致宝宝的反感和厌食。如果宝宝不喜欢吃某种食物，可以挑选另一种宝宝喜欢吃、又含有类似营养成分的食品。另外，可以在宝宝饥饿时给宝宝一些新食物。

妈妈总是给李嘉禾宝宝吃他喜欢吃的食物。

● 本阶段关注 ●

锌是人体必需的矿物质之一。人体内，约有1000多种以上的酵素，有些酵素必须与特定金属合作才能产生特定作用，而"锌"酵素就是其中一种。

如果人体内缺乏锌，锌酵素就无法作用，而细胞会无法依照DNA或RNA的指令，将氨基酸合成蛋白质。

因此，宝宝缺锌，将无法增生骨骼细胞，引起生长发育的障碍，甚至引发某些疾病。要预防宝宝缺锌，在日常饮食中就要多摄取含锌的食物，如：瘦肉、肝、蛋、奶、乳制品、莲子、花生、芝麻、核桃、海带、虾、海鱼、紫菜、栗子、杏仁、红豆等，都含有锌；此外，动物性食物含锌量一般比植物性食物高。

在宝宝发烧、腹泻时间较长时，也要注意补充富含锌的食品。若怀疑宝宝缺锌，一定要去医院检查，确诊为缺锌时，才可以服药治疗；一旦症状改善，就应该停止服用，切不可以将含锌药物当成补品给宝宝吃，以防锌中毒。

建议一日食谱　　Menu

宝宝食谱>>

1

时间	食物类型
7：00～7：30	牛奶250毫升，饼干，鱼松粥
11：00～11：30	软米饭，炒青菜，丝瓜肉丝
15：00～16：00	水果
18：00～18：30	包子，玉米粥，香蕉
20：30～21：00	牛奶

2

时间	食物类型
7：00～7：30	牛奶250毫升，小点心几块
10：00～10：30	鱼肝油1滴，水果适量
11：00～11：30	西兰花，鸡肉，芹菜
15：00～16：00	水果适量
18：00～18：30	海带丝炒肉丝，蛋黄粥
20：30～21：00	牛奶半杯

宝宝断奶餐

[菠菜小鱼羹]

菠菜整棵烫软再切碎，可防止营养流失；将菠菜用盐水汆烫再冲凉可以保持菠菜的翠绿。营养的银鱼搭配翠绿的菠菜，美味挡不住！

材料：菠菜 3 棵，银鱼 100 克　　　调料：盐少许，高汤 2 杯，水淀粉少许

做法：1.菠菜洗净，摘除根部，水半锅烧开，加 1 小匙盐，再放入菠菜烫软捞出，冲凉后挤干水分，切碎。2.高汤放锅内烧开，再放入盐调味，然后加入银鱼煮滚，最后放菠菜，加入水淀粉煮至黏稠时熄火，盛出食用。

[青菜鸡肉牛奶汤]

这道断奶餐含有丰富的蛋白质、多种维生素等营养成分，能满足宝宝的生长所需。此餐甜美的滋味会让宝宝食欲大增。

材料：鸡肉 20 克，菠菜或油菜 20 克，奶油玉米（罐装）1 大匙，牛奶半杯　　　调料：油、淀粉各少许

做法：1.鸡肉洗净，切成小块；菠菜或油菜洗净，撕成小块。2.起锅热油，放入鸡肉、青菜炒一下。3.将奶油玉米、牛奶放入锅中煮沸，加少许淀粉勾芡即可。

[牛肉萝卜汤]

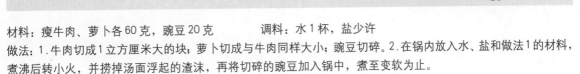

萝卜容易引起小儿腹胀，所以给宝宝食用萝卜要适量，而且一定要煮熟再吃！

材料：瘦牛肉、萝卜各 60 克，豌豆 20 克　　　调料：水 1 杯，盐少许

做法：1.牛肉切成 1 立方厘米大的块；萝卜切成与牛肉同样大小；豌豆切碎。2.在锅内放入水、盐和做法 1 的材料，煮沸后转小火，并捞掉汤面浮起的渣沫，再将切碎的豌豆加入锅中，煮至变软为止。

[水果蛋奶羹]

此蛋奶羹色泽美观，软嫩，鲜美，营养全面。它含有宝宝生长发育需要的优质蛋白质、脂肪、钙、磷、铁、锌及维生素 A、维生素 B_1、维生素 B_2、维生素 C、维生素 D、维生素 E 等多种营养素。

材料：玉米粉少许，蛋黄半个，温牛奶 2 大匙，菠菜叶及橘子瓣少许

做法：1.将少许玉米粉放入小锅内，加入蛋黄搅拌匀匀。2.将温牛奶慢慢倒入锅内，边倒边搅，用小火熬煮至黏稠状。3.将去皮煮熟的橘子瓣捣烂，菠菜叶煮软后切碎置于蛋奶上。

1岁4～6个月幼儿的同步喂养方案

BABY.

"美食"不再是诱惑

宝宝发育特征 ▶▶▶

身体特征	走路时，脚抬得较高，不平稳，但很少因失去平衡而跌倒；自己会脱袜子；能两步一级地爬楼梯。
智力特征	语言发展较快，会说简单的用语；认识书上画的常见的动物；认识自己的五官，如眼睛、鼻子等；大人吩咐的事很愿意去做；喜欢模仿大人说话和动作；会自己动脑想办法解决一些问题。

为了锻炼刘缪希宝宝的咀嚼能力，妈妈常常给她吃一些较硬的小饼干。

喂养指导

这个阶段的宝宝，生长速度明显慢于1岁以前，对食物的需求量也相对减少，所以对饭菜也不像以前那么感兴趣。这时，宝宝可能不喜欢吃正餐和主食，特别是米饭，因此家长不要强迫宝宝进食，但为了保证蛋白质的摄入量，可以在宝宝的饮食中多添加一些牛奶和鸡蛋。另外，可以多给宝宝吃一些较硬的食物，如：饼干、面包干、烤馒头片等，以锻炼并增强宝宝的咀嚼能力。

也有禁忌

宝宝忌吃补品

补品中含有的激素或激素类物质会引起婴幼儿骨骼提前闭合、缩短骨骼生长期，而导致个头矮小，还会干扰生长系统发育，导致宝宝出现性早熟的症状。因此，5岁以内的婴幼儿，不宜服用补品。

宝宝进餐时不宜饮水

吃饭时喝水对食物的消化和吸收十分不利。因为进餐时，消化系统分泌的各种消化液容易被水稀释，胃蛋白酶活性也极容易减弱，进而会影响食物的消化和吸收。

宝宝饭后不宜马上喝碳酸饮料

饭后，不宜马上给宝宝喝碳酸饮料，因为碳酸饮料产生的大量的二氧化碳会引起腹部胀痛。

育儿专家连线

糖类对于宝宝的生长发育来说是必不可少的，但是糖的摄取也不可过量。这是因为：

● 摄入过多的糖容易使食欲下降，导致体内其他营养素摄入量过少，造成营养不良。长期食欲不振，还容易使胃酸分泌过多，使胃受刺激而患胃炎。

● 空腹吃糖会使胃肠的酸度增加，引起腹胀，大量消耗人体中的B族维生素，当B族维生素缺乏时，会使唾液和消化液分泌减少，使消化功能减弱。

● 过多的糖在体内会转化为脂肪，导致小儿肥胖症，成为心血管疾病的潜在诱因。

● 糖滞留在口腔中容易产生酸，使牙齿脱钙，为口腔内的细菌提供有利的活动条件，诱发蛀牙和口臭。

建议一日食谱 Menu

时间	食物类型
7：00～7：30	蛋炒饭50克，肉松菠菜汤50克
9：00～10：00	牛奶1杯
12：00～12：30	米饭50克，肉炒豆腐40克，荔枝爆丝瓜50克
15：30～16：00	葡萄50克
18：00～18：30	馒头40克，猪肝青椒50克，炒黄豆芽30克
20：30～21：00	梨1个，小甜点20克

● 本阶段关注 ●

谨防肥胖症

这个阶段，要防止宝宝患肥胖症。一般说来，根据孩子的年龄、性别，体重如果超过标准体重的20%，就属于肥胖症。家长可以在家中备一个体重秤，以方便掌握并控制宝宝的体重。

小儿肥胖主要是吃得过多、活动又过少引起的。家长要帮患肥胖症的宝宝节制饮食，尤其是甜食，但含蛋白质的食物不能减少，以免影响生长发育。在饮食上，可以多吃蔬菜，少吃油多的食物。另外，让宝宝多活动，可以帮助宝宝做体操、跳绳、慢跑、游泳等。

妈妈随时都会给张炜晨宝宝称一称体重，以防止宝宝过于肥胖。

宝宝断奶餐

[小饼干]

饼干是宝宝最好的点心，从长牙开始就可以食用，除了训练咀嚼能力外，还可以让出牙中的小宝宝自己磨牙。

材料：低筋面粉1杯，蛋黄1个

调料：糖2大匙，奶油1大匙，盐少许

做法：1.将奶油加入调料中打匀，再拌入蛋黄。2.加入低筋面粉揉成面团，然后擀开成片状，用模型扣出小圆片，面上用牙签扎洞后，放入烤箱用150℃火力烤15分钟，取出放凉即成。3.食用时可抹上少许花生酱，并以葡萄干和樱桃作为图案点缀。

1岁7~9个月幼儿的同步喂养方案

BABY. 添加"硬食"的咀嚼期

宝宝发育特征 ▶▶▶

身体特征	弯腰捡地上的东西时，能维持平衡，不会跌倒；手指灵活性增强，能拧开瓶盖；会跑，但突然停下来时易摔倒。
智力特征	语言的理解与表达能力迅速增强，能听懂一些简单的问话并能回答；会想办法吸引大人的注意，让大人去看他感兴趣的东西；想像力丰富，会把动物玩具当成朋友，并"照顾"这些朋友。

陈浩然宝宝的牙齿发育得很好，已经能嚼碎黄瓜了。

喂养指导

这个阶段，宝宝的饮食和前一段时间没有太大的差别，但宝宝的食量却会受季节变化的影响。这个阶段的宝宝，已经能接受稍硬的食物了，咀嚼较硬的食物能促使宝宝的牙齿、舌头、颌骨的发育。另外，这时需要多给宝宝吃一些高钙食物，可以满足宝宝骨骼与牙齿发育的需要；还要适当地摄入富含微量元素的食物，并注意饮食卫生，这样可以预防小儿不良症状疾病的发生。但是由于宝宝的消化系统功能还不完全，所以食物还应做得清淡一些。

也有禁忌

宝宝营养餐的制作禁忌

为了保证宝宝尽可能多地摄取营养，妈妈在烹制食物时要注意避免营养的流失，特别是谷类食物。

●洗米时，不要用力搓，时间也不宜过长，一般淘洗2次即可；不要在流水下冲洗；不宜浸泡太久；不宜用热水淘洗，以免使大量维生素随水流失。

●烹煮米饭时，最好采用蒸饭或焖饭的方式，尽量避免炒饭。

●熬粥时，最好不要加盐，以防止维生素被破坏。

建议一日食谱 Menu

时间	食物类型
7：30～8：00	小米，玉米面糊，小肉卷
11：00～11：30	软米饭，三色肉丸，黄瓜沙拉
14：30～15：00	水果，饼干
18：00～18：30	馒头，肉炒青椒，虾仁，蛋汤
21：00～21：30	牛奶

宝宝断奶餐

[肉酱通心粉]

意大利通心粉是宝宝非常喜欢的食物，可加入些蔬菜，以增加这道营养餐矿物质和维生素的含量。劲道的通心粉会带给宝宝无限的奇思妙想，经常食用会让宝宝的想像力不断迸发！

材料：意大利通心粉1/3碗，牛肉末1大匙，蘑菇末半大匙，洋葱末、小黄瓜丝各2大匙

调料：橄榄油2小匙，番茄酱2大匙

做法：1.意大利通心粉加水，用中火煮熟备用。2.橄榄油入锅，先爆香肉末和洋葱、蘑菇末，然后拌入番茄酱，焖熟备用。3.小黄瓜洗净切短丝，略汆烫后捞出沥干。4.将做法1、2、3拌匀即可。

育儿专家连线

异食癖与矿物质——锌

异食癖是指婴幼儿在摄食过程中逐渐出现的一种特殊的嗜好，对通常不应食用的异物进行难以控制的咀嚼与吞食，如：泥土、火柴头、墙皮等。发病年龄多在1～2岁或更早。目前，一些医学界人士认为：患有异食癖的宝宝主要是由于体内缺乏一种非常重要的微量元素——锌。

锌是人体内不可或缺的微量元素之一，宝宝缺锌，会造成食欲不振、营养不良，严重时可能会患异食癖。当家长发现宝宝有这种饮食倾向时，应尽快带孩子到医院查一下体内含锌的确切量，然后根据医生的建议，按年龄补充锌制剂，症状就能得到缓解。另外，在日常生活中，家长要多关心孩子，尽量调制可口的饮食，以保证宝宝的营养均衡。

● 本阶段关注 ●

预防蛔虫病

这个阶段的宝宝，活动范围逐渐扩大，能够自己吃东西、喝水，但还未养成良好的卫生习惯，所以很容易由于饮食不卫生而感染蛔虫病。蛔虫病是幼儿最常见的肠道寄生虫病，一般情况下，只要注意宝宝饮食的卫生习惯和粪便管理就可以预防蛔虫病。如果一旦发现宝宝患有蛔虫病，就要在医生的指导下让宝宝服用驱虫药。

为了预防宝宝患蛔虫病，家长要注意以下事宜：

●要让宝宝养成饭前便后洗净手的好习惯，避免养成吮手指的坏习惯。

●要经常给宝宝剪指甲。

●宝宝吃的瓜果蔬菜要洗净、去皮。

●不要让宝宝喝生水。

●帮助宝宝养成规律的排便习惯，不要让宝宝随地大小便。

1岁10个月～2岁幼儿的同步喂养方案

BABY

从多样的饮食中摄取均衡的营养

宝宝发育特征 ▶▶▶

身体特征	能自己上下楼梯，但双脚要处于同一级台阶上才能保持平衡；手变得灵活，能够转物体；有节奏感，会做类似于跳舞的动作。
智力特征	能模仿写字的动作；喜欢"冒险"，爱走坑洼不平的地方；想像力更加丰富；对可怕的事情或黑暗会产生害怕的感觉；能简单描述熟悉事物的特征。

赵宸宝宝对蔬菜也很感兴趣。

喂养指导

这个阶段，要重视培养宝宝良好的饮食习惯。宝宝的食品要多样化，不能只吃某一类食物。如果有对某一类食物的偏食现象，要努力加以纠正。在选购和烹调食物时，要注意选择有益于健康的食物和烹调方法，多吃有益于心脏的食物，少吃高脂肪食物，以防止宝宝肥胖，同时也能降低孩子成年后心血管疾病发生的危险性。

宝宝的饮食要尽量做得清淡，菜不要太咸，动物蛋白与蔬菜的比例要适当，不能只一味地吃肉，应适当添加蔬菜和豆制品等，以保证宝宝的营养均衡。

也有禁忌

葡萄糖的营养价值较高，但如果长期大量服用可能会引发宝宝厌食，并造成宝宝胃肠消化酶素的分泌下降、消化功能减退，同时也会影响其他营养素的吸收，导致贫血、维生素缺乏、抵抗力减弱等问题的出现。因此，葡萄糖等营养品要慎用。

育儿专家连线

宝宝的零食是指正餐以外的一切小吃。正确选择零食可以对正餐进行补充。但是零食选择不当或吃太多，也会破坏正常进餐、扰乱消化活动的正常规律、引起消化系统疾病和营养失衡，影响宝宝的身体健康。家长在给宝宝吃零食时要注意以下事项：

● 掌握吃零食的时间。可以在每天的中、晚饭之间，给宝宝一些点心或水果，但量不要过多，约占总热量的10%～15%。

● 坚持正餐为主、零食为辅的原则。餐前1小时内，不要让宝宝吃零食，以免影响正常进食。睡前也不要让宝宝吃零食，尤其是甜食，以免形成蛀牙。

● 选择零食要适当。宝宝的零食可以选择各类水果、全麦饼干、面包等，但是每次要量少质精，并经常变换花样。太甜或太油的糕点、糖果、水果罐头、巧克力等含糖量高且油脂多的食物不适合宝宝经常食用，因为这样的食物不仅不容易被消化，而且经常食用容易引起肥胖。

● 可以有针对性地选择一些强化食品。可以针对宝宝的生长发育情况，选择强化食品作为孩子的零食。如：对于缺钙的宝宝可以选择钙质饼干；缺铁的宝宝可以添加补铁剂；缺锌、缺铜的宝宝则可选用锌、铜含量高的食品。但是对强化食品的选择要慎重，最好在医生的指导下进行，否则短时间内大量进食某种强化食品，可能会引起中毒。

● 本阶段关注 ●

很多家长担心宝宝缺钙，于是就大量地给宝宝补钙。事实上，宝宝吸收钙离子的能力有限，而且对于外源性钙质身体不容易吸收，会造成大量钙质从肠道中排出。通常，日常饮食中的营养已经足够，没有必要再额外为宝宝补充含钙的营养品。

建议一日食谱 Menu

时间	食物类型
7：30～8：00	小米鸡肉粥，面包片
10：00～10：30	苹果1个或果汁1杯
12：00～12：30	软米饭1碗，鱼片豆腐，炒青菜
15：00～15：30	橘子或香蕉1个，牛奶100毫升
18：00～18：30	肉丝炒面，豆沙包，菠菜汤1碗

宝宝断奶餐

[蔬菜烤麸] 1

麦麸含有丰富的非可溶性纤维，可帮助宝宝正常通便。这道营养餐可作为小零食供宝宝食用。

材料：麦麸5个，胡萝卜、土豆、西兰花各适量，肉末1大匙

调料：奶油、白色酱汁（做法见第二章维生素A小节）、乳酪粉各少许

做法：1.麦麸放入牛奶中浸泡；胡萝卜、土豆、西兰花切成可入口大小，烫软；肉末送入微波炉内加热。2.耐热容器涂奶油，将做法1的材料排好，淋1/4杯白色酱汁，撒上肉末和乳酪粉后，送入烤箱内烤10分钟即可。

[清蒸鳕鱼] 2

鳕鱼刺少、肉嫩，易消化，含有大量蛋白质。这道营养餐在制作时放在锅内与饭同蒸，会更加方便快捷。

材料：鳕鱼1小片（约200克），葱半根

调料：料酒、酱油各半大匙，豆豉适量，糖、盐各少许

做法：1.鳕鱼洗净，放蒸盘内；豆豉洗净，用2大匙水略微泡软，加入调料调匀；葱洗净，切碎。2.将调好的豆豉浇在鳕鱼上，入锅蒸10分钟。3.取出后撒入葱花即可食用。

2岁 1~3 个月幼儿的同步喂养方案

BABY.

让均衡的饮食伴随宝宝成长

宝宝发育特征 ▶▶▶

身体特征	能较灵活地上下楼梯；已学会自己刷牙；会自己穿简单的衣服。
智力特征	能说出自己的名字；知道冷、饿、渴、困时该怎么办；开始关注事物的细节。

喂养指导

　　此时，宝宝的骨骼牙齿发育较快，要注意营养均衡，补充维生素和钙。随着宝宝活动量的日益增多，对各类营养的需求量也明显加大。要多给宝宝吃肉、鱼、蛋、牛奶、豆制品、蔬菜、水果、米饭、馒头等食物，以保证生长发育所必需的维生素、矿物质。

　　另外，宝宝的饮食要注意合理搭配，如：粗、细粮的搭配，咸、甜搭配，干、稀搭配等。每天要让宝宝喝1～2杯牛奶。此外，还要培养宝宝良好的饮食习惯。

● 本阶段关注 ●

呵护宝宝的乳牙

　　宝宝乳牙萌出后，家长要引导宝宝养成良好的刷牙习惯。要给宝宝准备一把专用的牙刷。牙刷头的长度以相当于4颗门牙的宽度为宜；软硬度以不刷痛宝宝的牙肉为原则。还要准备一管宝宝用的牙膏，先训练宝宝学会不吞咽漱口水，再给宝宝用牙刷。在给宝宝刷牙时，每个区域最好刷15～20次。

♥ 育儿专家连线

　　在给宝宝选择餐具时，尽量不要选择色彩鲜艳、图案漂亮的餐具，因为这些餐具的材料中含有铅，会影响宝宝的身体健康。因此，餐具要选择材料无毒害的，符合国家规定的卫生标准，最好选用无色或浅色的餐具，即使有图案或花纹，也在餐具的外层或边缘。

宝宝断奶餐

[磨牙烤馒头]

　　可以给长了牙的宝宝吃一些酥脆的食品，烤馒头的味道实在很诱人！

材料：馒头 1个
做法：馒头切片，1片约20克，用干净平底锅或烤面包机烤约20秒至略金黄色即可。

2岁4~6个月幼儿的同步喂养方案

满足宝宝进一步的营养需求

宝宝发育特征 ▶▶▶

身体特征	能从台阶上跳上跳下，但双脚同时跳较困难；自己穿衣服时，可以扣上大的、简单的扣子；乳牙出齐，共20颗，能自己刷牙。
智力特征	不再总是顺从家长的意愿，经常会出现反抗的情况；男孩会注意到自己的性器官突出体外；喜欢穿漂亮的衣服；学习的积极性很高。

墨墨宝宝学习的积极性很高。

喂养指导

　　这个阶段，应给孩子添加鸡、鸭、鱼、虾、牛奶、鸡蛋、豆类、肉类等富含蛋白质、卵磷脂、必需氨基酸的食物，以利于幼儿的大脑发育和身体成长。此外，还应该多吃些新鲜蔬菜、水果、动物肝脏等富含维生素、钙、磷、铁的食物，以利于幼儿的新陈代谢和骨骼发育。

育儿专家连线

　　宝宝不宜过量食用果冻，因为果冻的营养价值不高，长期食用可能会扰乱消化系统，打乱定时进食的各种反射，使食欲减退，导致体内营养素的失衡，使孩子出现好动、易怒、思维和判断能力降低、注意力不集中等症状。另外，果冻质地较软，易误吸入气管内而造成窒息死亡。因此，家长要合理控制孩子吃果冻的数量。

宝宝断奶餐

[三明治及沙拉]

　　沙拉营养均衡，口味酸甜爽口，还可以让宝宝自己动手拿着三明治吃，能增加宝宝的进食兴趣！

材料：土司面包3片，土豆、胡萝卜、小黄瓜各2片
调料：乳酪、肝酱泥、奶油、草莓果酱各少许
做法：1.准备三明治用的土司面包，每片对切后，准备3片。2.分别涂上乳酪、肝酱泥、草莓果酱。3.将烫熟且切成小块状的土豆、胡萝卜及小黄瓜用奶油拌匀，连同面包端上桌。

2岁7～9个月幼儿的同步喂养方案

BABY. 食物不宜再精细

宝宝发育特征 ▶▶▶

身体特征	双脚能同时跳动；随着音乐节拍跳动。
智力特征	爱提问题；有方位概念，知道上、下、前、后的区别；能够说较复杂的句子。

2岁多的宝宝已经能够像大人一样进餐了，张佳仪宝宝吃着妈妈做的面条可以体会到咀嚼的乐趣。

喂养指导

这个阶段的宝宝正餐基本上可以和大人吃一样的食物了，辅餐可以根据实际需要再进行制作。注意补钙，可以在饮食中添加鱼、虾皮、鸡肉及软骨等食物。还要多晒太阳，促进体内维生素D的合成，以利于钙的吸收。

● 本阶段关注 ●

这个阶段的宝宝多数乳牙已经长齐，妈妈应注意制作能锻炼宝宝咀嚼能力的食物，食物的烹制不能过于精细，要尽快训练宝宝接受块状食物。

育儿专家连线

有些宝宝对某些食物会有过敏反应。当发生过敏时，应立即让宝宝停止食用这些食物。等宝宝稍大一些，逐渐脱敏时，再给宝宝少量添加，如果不再出现过敏反应，便可正常进食。

宝宝断奶餐

[番茄蛋花汤]

这碗营养的汤水可促进宝宝肠胃消化和吸收。

材料：鸡蛋2个，盒装豆腐半盒，西红柿1个，葱花少许
调料：盐、香油各少许
做法：1.蛋打散；豆腐切小块；西红柿洗净切片。2.起油锅爆香葱花，加入西红柿、豆腐、4碗水，用大火煮滚后改成小火，将蛋液轻轻淋入，边淋边用汤勺搅拌，放入盐等调料，等汤再沸时，滴少许香油关火盛起。

2岁10个月～3岁幼儿的同步喂养方案

BABY. 让宝宝享受用乳牙咀嚼的乐趣

宝宝发育特征 ▶▶▶

身体特征	会跳简单的舞蹈；可以自己用剪刀剪纸；能自己穿较复杂的衣服。
智力特征	能按用途对物品进行分类，如知道盘子与椅子的区别，知道职业和工作之间的联系，如，警察是抓坏人的；记忆力增强，能讲述以前的事情。

● 本阶段关注 ●

3岁以下的幼儿是患肠胃病的高危险人群。肠胃病毒的传播方式主要是唾液和接触，很容易在公共场所、幼儿园、小区等地快速传染开来。所以，家长要注意孩子的卫生习惯，并保证孩子的饮食均衡，才能增强孩子抵抗病毒的能力。

喂养指导

这个时期的幼儿喜欢吃偏干的食物。家长应根据孩子的喜好适当调整饮食，同时也要控制饮食的量。可以适当让孩子尝尝有些刺激的辣味，如：葱、蒜、辣椒等。很多资料表明：辣味食品有健脑的作用。但辣味食品切不可过量食用，以免使孩子味觉细胞的辣味能力降低，食欲下降，导致偏食。

育儿专家连线

3岁以内的幼儿，全身各个器官都处于一个幼稚、娇嫩的阶段，尤其是消化系统器官，而且幼儿的活动能力有限，所以，每餐不宜让孩子吃得过饱，以免加重消化器官的负担，引起消化不良。

宝宝断奶餐

[银鱼煎蛋]

这道营养餐含丰富的钙质，能巩固幼儿骨骼的发育，非常适合成长发育中的孩子吃。

材料：银鱼50克，鸡蛋（打散）2个

调料：酱油、胡椒粉各适量

做法：1.洗净银鱼，沥干水分，用2汤匙油将银鱼炒至金黄色；倒入鸡蛋煎成大饼状。2.盛起，淋入酱油和胡椒粉调味即可。

PART 2

婴幼儿最需要的

明星营养素

搭 建 生 命

🔵 方天爱宝宝

的材料中，绝不可缺少我们的明星营养素。因为它们有维持生命、保证

健康、促进生长、增强抵抗力、调节生理机能等至关重要的作用。

Baby

蛋白质 | Protein

构筑宝宝生命的支柱营养

功能备忘录 ◆有助于宝宝新组织的生长和受损细胞的修复。◆能增强宝宝对病菌的抵抗能力。◆促进宝宝体内的新陈代谢。◆补充宝宝体内的热能。

解读蛋白质

蛋白质是一切生命活动的物质基础。它在宝宝成长过程中扮演着不可或缺的角色，是宝宝代谢反应不可缺少的酶素、调节机能的肽激素、神经传递质、基因、血液成分、免疫力抗体，同时也是热量来源。宝宝的肌肉、脏器、皮肤、头发和指甲，全都是由蛋白质构成的。

蛋白质是结合氨基酸形成的物质，由20多种氨基酸组成，其中有8种氨基酸是婴幼儿成长过程中所必需的氨基酸，即"必需氨基酸"。目前世界上有一种最先进的蛋白质来源，叫做乳清蛋白，能强化宝宝的免疫机能、抵抗沙门氏杆菌等的感染，还能增加细胞内的抗氧化物质——谷胱甘肽。此外，还可以预防宝宝患大肠癌。

蛋白质有动物性蛋白质和植物性蛋白质两种，而动物性及植物性蛋白质各摄取一半是最理想的。母乳喂养的宝宝每天每千克体重的蛋白质需要量为2克，牛奶喂养的宝宝每天每千克体重的蛋白质需要量为3.5克。

营养缺乏症状

●生长发育缓慢。●智力发育缓慢，大脑变得迟钝。●活动明显减少。●精神倦怠。●抵抗力下降，易患感染性疾病，如感冒等。●食欲丧失，常出现偏食、厌食、呕吐现象。●伤口不易愈合。●贫血。●身体水肿。

含量丰富的食物来源

优质动物性蛋白质食物来源：牛奶、奶酪、禽蛋、猪牛羊瘦肉、鱼肉等。

优质植物性蛋白质食物来源：大豆、全谷类、面食、坚果、水果、蔬菜等。

大豆除含硫氨基酸较少外，其所含的大量优良的植物性蛋白质几乎全部是必需氨基酸。大豆蛋白质在宝宝的生长发育中也担任着重要的角色，它能维持人体的免疫功能，还能降低血液中的胆固醇含量，并预防动脉硬化。

富含蛋白质的食物。

过量危害

很多人认为蛋白质不会让人发胖，于是经常给宝宝喂高蛋白的食物，实际上，这是一种营养误区，因为体内多余的蛋白质会被转换为体脂肪储存起来，这不但会让人发胖，还有可能会对肾脏造成负担。另外，也不要突然让宝宝大量摄取蛋白质，这可能会造成宝宝消化吸收障碍，从而导致蛋白质中毒。所以，给宝宝补充蛋白质一定要适量、适度。

黄金搭档

日常生活中，妈妈要注意宝宝每天的饮食搭配，如果食物搭配科学、合理，就能使宝宝摄取优质的蛋白质。较好的搭配有：谷类与乳品的搭配，如燕麦与牛奶；豆类、坚果类与小麦的搭配，如花生酱与全麦面包；小麦与乳制品的搭配，如通心粉与乳酪等。

专家连线

营养素的补充也要参照季节的变化。当炎炎夏日到来时，人体内的蛋白质代谢加快，汗液带走了很多营养素，使人体的抵抗力降低，所以家长应给宝宝多补充含蛋白质丰富的食物。同时，也要注意食物的色、香、味，尽量在烹调技巧上下功夫，使孩子增加食欲，可以给宝宝吃一些凉拌菜、禽蛋、豆制品、蔬菜和水果等。

蛋白质

宝宝营养餐

① [凉拌鸡肉]

鸡肉是优质动物性蛋白质的食物来源，与清新的黄瓜、蛋黄搭配在一起，不仅营养丰富，而且口味清爽、多汁，非常适合宝宝食用，妈妈赶快动手做一下吧，它会带给宝宝惊喜！

材料：鸡胸肉1条，小黄瓜末1小匙，蛋黄泥1大匙
调料：沙拉酱1小匙，盐少许
做法：1.锅置火上，加水烧热，将鸡胸肉、盐放入热水中煮熟。2.捞出，切碎装盘。3.将小黄瓜末、蛋黄泥撒在鸡肉上，挤入沙拉酱拌匀即可。

② [奶油豆腐]

这道菜营养丰富，口感嫩滑，吞食期的宝宝绝对不会拒绝它！

材料：豆腐3大匙，奶油2大匙
做法：1.豆腐用热水迅速烫过，备用。2.将豆腐放入小锅中压烂，加奶油和水略煮即可。

脂肪

脂肪

Fat
生长中的高效能源

功能备忘录

◆供给并储存宝宝身体必需的能量。◆供应宝宝皮肤生长、健康和平滑所需的脂肪酸。◆使宝宝的身体不受外界温度变化的影响，维持宝宝的体内热度。◆运送并帮助吸收脂溶性维生素A、维生素D、维生素E和维生素K。◆间接帮助身体组织运用钙，有助于宝宝骨骼和牙齿的发育。

解读脂肪

在人们的印象中，脂肪绝对是个"坏蛋"。但实际上，脂肪却是构成细胞膜、血液等的成分，是宝宝身体必不可少的营养素，同时也是非常重要而又高效的热量来源。

脂肪的主要成分是脂肪酸，脂肪酸约有40多种，分为饱和脂肪酸和不饱和脂肪酸两种。其中，饱和脂肪酸可以在人体内合成，大多数不饱和脂肪酸必须通过食物来摄取。不饱和脂肪酸起着促进正常发育，维持血液、动脉和神经健康的作用。在不饱和脂肪酸中有一种人体无法合成的必需脂肪酸，叫做α-亚麻油酸，能使人体的血液清爽畅通，防止动脉硬化的发生，并能抑制过敏反应；另一种必需脂肪酸叫做花生四烯酸，简称ARA，与宝宝脑部的发育有着密切的关系，能提高宝宝记忆力、学习及认知应答能力。

营养学家建议，脂肪提供的热量应占总热量的25%～30%，而婴儿所需的必需不饱和脂肪酸，应占总热量的3%。

营养缺乏症状

●缺乏脂肪会导致脂溶性维生素的摄取不足。●缺乏脂肪酸会造成湿疹等皮肤病。●极度缺乏时会导致严重的发育迟滞。

含量丰富的食物来源

奶油、乳酪、禽蛋、腊肉、猪肉、鱼、杏仁、花生、椰子、橄榄、葵花子、红花子油、芝麻、玉米、棉花籽等都是脂肪含量丰富的食物来源。

鳘鱼肝油、红花子油和玉米油是不饱和脂肪酸的最佳来源，能补充人体无法合成的必需不饱和脂肪酸。

合理摄入脂肪有利于宝宝成长。

脂肪

过量危害

脂肪虽然是人体必需的营养素，但也不可以让宝宝过量摄取脂肪。如果饮食中脂肪过多，会使体重不正常地增加，从而导致过度肥胖、动脉硬化，甚至心脏和循环系统的疾病。同时，也会使消化和吸收的速度异常缓慢，引起消化不良。

另外，如果饮食中缺乏糖类和水，或者人体的肾脏功能衰竭，脂肪就会无法完全代谢，进而引起中毒。所以在给宝宝补充营养素时一定要遵守适量的原则，切记"过犹不及"！

黄金搭档

脂肪与磷结合所形成的物质，是构成身体完整结构（特别是神经和脑组织）所必需的成分。

脂肪与维生素E同服，可以防止体内的必需不饱和脂肪酸被破坏，从而使宝宝获得必需不饱和脂肪酸的全部益处，确保最佳的吸收。

♥ 专家连线

食物中的不饱和脂肪酸极易与氧发生反应，形成自由基，这些自由基将严重损害宝宝体内的多种蛋白质。如果宝宝的饮食中同时也含有一些抗氧化剂，如胡萝卜素、维生素C、维生素E、锌和硒等，就可以避免氧和不饱和脂肪酸在体内进行交互作用，阻止有害物质的生成。所以，宝宝的日常饮食一定要营养均衡。

宝宝营养餐

[什锦猪肉菜末]

此菜色泽鲜艳，味美可口，无论在什么季节，都应尽可能给婴儿食用新鲜蔬菜。因为新鲜蔬菜富含营养，味美且经济。

材料：猪肉适量，西红柿、胡萝卜、葱头、柿子椒各少许

调料：盐、肉汤各适量

做法：1.将猪肉、西红柿、胡萝卜、葱头、柿子椒分别切成碎末。2.将猪肉末、胡萝卜末，葱头末、柿子椒末一起放入锅内，加肉汤煮软，再加入西红柿末略煮，加入少许盐，使其具有淡淡的咸味。

[鱼泥]

该菜中含有丰富的蛋白质、不饱和脂肪酸及维生素，能强健身体并满足宝宝成长发育的需求。这道菜口感软滑，非常适合宝宝食用，让宝宝尝尝看，说不定你的宝宝会爱上它！

材料：鱼1条（只取一段用）

调料：白糖、盐各少许

做法：1.将收拾干净的鱼放入开水中。2.煮后剥去鱼皮，除去鱼骨刺后把鱼肉研碎，然后用干净的布包起来，挤去水分。3.将鱼肉放入锅内，加入白糖、盐搅匀，再加入100毫升开水，直至将鱼肉煮软即成。

α-乳清蛋白 | α-whey protein

培养宝宝不易生病的体质

功能备忘录　◆强化宝宝免疫功能，帮助提高抵抗能力。◆能延长生命体的寿命。◆对预防沙门氏杆菌、肺炎链球菌等引起的感染症有不错的效果。◆增加所有细胞内存在的抗氧化物质——谷胱甘肽。

α
—
乳
清
蛋
白

解读 α-乳清蛋白

　　α-乳清蛋白是一种能完善人体免疫系统的蛋白质，属于必需氨基酸的一种。α-乳清蛋白是母乳的主要成分，许多配方奶粉中都添加了这种营养成分。

　　乳清蛋白是牛奶被制造成奶酪时产生的一种无法凝固的蛋白质，占牛奶中蛋白质的20%。而α-乳清蛋白是分离乳清蛋白所含有的一种生物活性化合物。α-乳清蛋白的主要成分有乳球蛋白、乳白蛋白及乳铁蛋白。α-乳清蛋白能强化婴幼儿的免疫机能，增加细胞内的抗氧化物质。而乳清蛋白中所含的乳铁蛋白是重要的免疫抗休因子，有助于人体对铁离子的吸收和抑制体内细菌的增长，并能清除肠内的坏菌，防止宝宝患肠道疾病。

含量丰富的食物来源

　　母乳、配方奶粉、奶酪及其他奶制品。

　　母乳是α-乳清蛋白的主要来源，营养极其丰富，所以最好用母乳喂养宝宝。

营养缺乏症状

●免疫功能降低，抵抗能力下降。

●易患肠道疾病。

●不利于铁的吸收，可能导致铁的缺乏。

宝宝营养餐

[香蕉果蔬糊]

　　牛奶、奶酪中含有丰富的钙和α-乳清蛋白；香蕉中含碳水化合物及多种维生素。这道宝宝餐不仅营养丰富，而且滑嫩易食，非常适合断奶初期的宝宝食用，经常食用有利于宝宝骨骼的生长发育！

材料：香蕉半根，天然乳酪1大匙，鸡蛋1个，牛奶适量，胡萝卜少许

做法：1.鸡蛋连壳煮熟，放入冷水中浸一会儿，去壳，取出1/4个蛋黄，压成泥状。2.香蕉去皮，用勺子压成泥状。3.胡萝卜去皮，用滚水烫熟，磨成胡萝卜泥。4.把蛋黄泥、香蕉泥、胡萝卜泥混合，再加入牛奶和奶酪调成浓度适当的糊，放在锅内煮开后再煮一小会儿即成。

DHA、ARA

DHA、ARA

提升宝宝智力的珍贵元素

功能备忘录 ◆使宝宝体内的血液流通顺畅、防止动脉硬化。◆能振奋精神，改善忧郁情绪。◆有助于宝宝眼睛与大脑的发育。◆提升婴幼儿智力的发育及学习能力、记忆力。

解读 DHA、ARA

　　人体大脑发育必需的不饱和脂肪酸共有三种，其中包括DHA、ARA（还有一种叫做EPA）。

　　DHA学名为二十二碳六烯酸，是一种多元不饱和脂肪酸，对人脑细胞分裂、神经传导、智力发育及免疫功能起着十分重要的作用。DHA是人体视网膜和大脑的主要构成成分，其中大脑中DHA占磷脂组织的20%，视网膜中DHA含量高达50%，所以，DHA对智力和视力发育起着非常重要的作用。

　　ARA学名花生四烯酸，是构成制造细胞膜的磷脂质中的一种脂肪酸，与DHA一样，存在脑部、皮肤及血液等处，特别与脑部关系密切，能提高学习、及认知应答能力。它是婴儿发育不可缺少的营养素。

含量丰富的食物来源

　　鸡蛋、猪肝、肉类、鲑鱼、大比目鱼、大青花鱼、鲈鱼、沙丁鱼和鲭鱼等。

　　鸡蛋、猪肝及肉类是ARA的主要食物来源。鲑鱼等深海鱼类、海里的浮游植物及陆地上的亚麻子都含有丰富的DHA成分。

富含DHA、ARA的食物。

♥ 专家连线

　　DHA易氧化，最好与维生素C、维生素E及β−胡萝卜素等有抗氧化作用的成分一同摄取，另外，保健食品在保存时也要注意氧化问题。

营养缺乏症状

●生长发育迟缓。●皮肤异常。●失明。●智力障碍。

宝宝营养餐

[土豆鲑鱼]

　　鲑鱼中富含DHA、烟酸等营养物质，能协助碳水化合物、脂肪、蛋白质中能量的释放。鲑鱼与土豆一起调成黏稠状，极易宝宝食用。

材料：鲑鱼1块，土豆半个，青菜叶少许

做法：1.鲑鱼烫软后去皮及鱼刺，切成细末状后，准备2小匙备用。2.将切碎的土豆及切碎的青菜叶煮软，沥去水分捣烂。3.所有材料混合在一起捣烂，最后用青菜煮汁调稀。

亚油酸、α－亚麻油酸

Linoleic acid
婴幼儿的饮食搭档

功能备忘录 ◆维持皮肤和头发的健康。◆将钙输送到细胞中，有助于生长发育。◆提供保护来对抗X光的伤害。◆燃烧一些饱和脂肪，帮助减轻体重。◆防止血栓的生成。◆抑制各种疾病，如过敏等。

解读亚油酸、α－亚麻油酸

亚油酸是脂肪酸中的多不饱和脂肪酸，是人体内无法合成的必需脂肪酸之一，必须从日常的食物中摄取。亚油酸能帮助身体代谢蛋白质，具有降低血液中胆固醇的作用，还可以减少体脂肪，增加肌肉，能抑制动脉硬化，预防糖尿病，同时还具有提升人体免疫力的作用。

α—亚麻油酸也是多元不饱和脂肪酸，与亚油酸同样都是必需脂肪酸，都无法在人体内合成，只能从食品中摄取。α—亚麻油酸在人体内代谢之后会变成EPA、DHA，因此也和这些脂肪酸具有相同的效用。

营养学家认为人们从饮食中摄取的总热量至少应该包括百分之一的不饱和脂肪酸。而亚油酸与α—亚麻油酸作为两种不饱和脂肪酸，只有均衡地摄取，才是科学合理的摄取方法。亚油酸与α—亚麻油酸以4：1的比例来摄取最为理想。当饮食中的α—亚麻油酸与亚油酸比上升时，就可以抑制因为过剩摄取亚油酸而引起的各种疾病。

营养缺乏症状

● 头发易断，头皮屑多。
● 皮肤容易干燥。
● 指甲易断裂。

含量丰富的食物来源

亚麻子、葵花子、红花、大豆、花生、麦芽等制得的油以及花生、葵花子、核桃、山核桃、鳄梨和杏仁等都是亚油酸、α—亚麻油酸极好的食物来源。另外，在紫苏油、芝麻油、亚麻仁油中，α—亚麻油酸的含量比较丰富。

富含亚油酸、α—亚麻油酸的食物。

过量危害

亚油酸容易氧化，在体内制造过氧化脂肪，这就是它的缺点。由亚油酸合成的物质，会促进血小板凝集，形成过敏症状以及诱发癌症。肺癌、大肠癌等急增的原因，可能就是因为亚油酸摄取过多所致。所以含有较多亚油酸的油不宜过量食用。

专家连线

在日常饮食中，如果注意烹调方式和技巧的运用就可以合理控制亚油酸的摄入量。比如：炒菜锅要先加热，再倒入油，锅吸收油之后再放入食材，这样就可以减少油的用量；油炸食物时，裹上浆炸比直接炸的吸油率更高，所以最好直接炸；此外，像茄子等水分较多的蔬菜容易吸油，所以也要避免油炸。

只要每天稍微下点工夫，就可以减少亚油酸的摄取量，从而防止各种疾病的产生。

宝宝营养餐

[花生奶露]

花生酱可自己买，也可将花生炒香后用磨碎机磨成粉末再调制，或直接用花生粉煮。花生酱要用原味的，若已加糖调味，则煮好后糖的分量要酌量加，以免太甜，但不要用咸花生酱，否则小宝宝就要罢食了。

材料：花生酱4大匙，鲜奶2杯，玉米粉4大匙
调料：糖适量
做法：1.花生酱放锅内，慢慢加入鲜奶调匀使其溶解后，移至炉火上小火烧开。2.加糖调味，另将玉米粉加水半杯溶解后勾芡至稠状即可熄火，盛出食用。

①

[红豆芝麻露]

这道红豆芝麻露非常适合断奶期的宝宝食用，甜美、可口又有营养！

材料：红豆、芝麻各适量
调料：白糖适量
做法：1.红豆、芝麻洗净，用水浸泡1小时后沥干。2.红豆加水煮约40分钟，加入芝麻煮滚，然后改成小火煮10分钟，熄火，焖10分钟，加糖调味。

②

碳水化合物

碳水化合物

Carbohydrate
不可或缺的成长能源

功能备忘录

◆为宝宝的身体提供能量。
◆帮助宝宝吸收和消化所有食物。
◆提供身体所需的纤维素。

解读碳水化合物

碳水化合物有一个很通俗的名字——糖类，普遍存在于所有的动物、植物、微生物的体内。很多人认为碳水化合物不是个好"东西"，但事实上它却是人体活动最主要也最经济的能量来源。当然，它对于婴幼儿的生长发育也是必不可少的。宝宝一切内脏器官、神经、四肢以及肌肉等内外部器官的发育与活动都必须得到碳水化合物的大力支持。

碳水化合物不仅是营养物质，而且有些还具有特殊的生理活性。例如：肝脏中的肝素有抗凝血作用；血型中的糖与免疫活性有关。

碳水化合物可分为三种：单糖，如葡萄糖、果糖等；双糖，如蔗糖、麦芽糖和乳糖等；多糖，如淀粉和糖原、纤维素和果胶等。在这些糖类中，宝宝无法吸收纤维素和果胶，同时对蔗糖的消化能力也比较差。

婴幼儿对碳水化合物的需求量较大。专家认为，母乳喂养的新生儿，碳水化合物的摄入量应占总热能的50％；婴幼儿时期碳水化合物的摄入量应占总热能的50％～55％。

营养缺乏症状

●全身无力，精神不振。
●体温下降。
●生长发育迟缓，体重减轻。
●可能伴有便秘的症状。

含量丰富的食物来源

小麦、黑麦、大麦、全谷面包、糙米、蜂蜜、蔬菜、水果，这些都是碳水化合物很好的食物来源。含有碳水化合物最多的食物是所有谷类和薯类。

富含碳水化合物的食物。

过量危害

如果过量食用碳水化合物，会影响蛋白质与脂肪的摄入，导致宝宝身体虚胖和免疫力低下，容易患各种传染性疾病。另外，吃糖太多会损害牙齿，产生龋齿，甚至影响食欲，进而可能影响宝宝的生长发育。

碳水化合物

也有禁忌

宝宝大脑能量的主要来源就是葡萄糖，在宝宝不需要能量的时候，摄入的碳水化合物会被当作葡萄糖储存在肝脏中备用。但是，肝脏的承受力有限，过量的葡萄糖就会被转化成身体中的脂肪。当身体需要更多燃料时，脂肪会再次被重新转化为葡萄糖来供给宝宝的身体。但是，如果宝宝体内的葡萄糖过多，就需要维生素B来帮助燃烧。所以，如果碳水化合物摄入过量就有可能造成维生素B的缺乏。所以在给宝宝吃含有碳水化合物的食物时，也最好给宝宝补充维生素B。

♥ 专家连线

为了确保婴幼儿的饮食均衡，摄取适量的纤维素、维生素和矿物质，在宝宝食物的选择上，应当合理膳食，粮食的比例要适当，并要多吃些新鲜的蔬菜和水果，但是不宜给宝宝多食高糖食品和饮料。

宝宝营养餐

[青豆土豆泥]

这道营养餐含有丰富的碳水化合物、蛋白质和各种矿物质，而且色彩明艳、口感软嫩，会给宝宝带来视觉上的享受。

材料：土豆半个，青豆1大匙

调料：清汤2大匙

做法：1.土豆去皮煮熟压成泥状。2.青豆煮熟，剥皮，压成泥状。3.将青豆泥、土豆泥搅拌均匀。

[丝瓜虾仁糙米粥]

糙米富含碳水化合物，能为宝宝补充能量。如果妈妈担心糙米煮不烂，可以在清洗后加水浸泡约60分钟，宝宝就能吃到软滑的糙米粥了！

材料：丝瓜1大匙，虾皮1小匙，糙米2大匙

调料：盐适量

做法：1.将糙米清洗3次，虾皮洗净，两者一同放入锅中。2.加入2碗水，用中火煮15分钟成粥状。3.丝瓜洗净，加到已煮好的粥内，煮一会儿，最后加盐调味即可。

维生素 A | Vitamin A
宝宝体内的免疫调节剂

功能备忘录 ◆促进骨骼与牙齿的发育，有助于血液的形成。◆维持神经系统，使神经系统不易受刺激。◆辅助治疗婴幼儿的眼部不适，并有助于弱视与夜盲症的治疗。◆帮助宝宝发育生长，修补受损组织，协助维护皮肤表面的光滑柔软。◆帮助蛋白质消化分解，保护消化系统、肾脏、膀胱的柔软组织。

解读维生素 A

维生素A是一种脂溶性维生素，可以贮藏在婴幼儿的体内，主要贮藏在肝脏中，少量贮藏在脂肪组织中。

维生素A共有两种形式：一种是最初的维生素A的形态，又叫视黄醇，只存在于动物性食品中；另一种是维生素A原，又称β-胡萝卜素，可在人体内转变为维生素A，是补充维生素A的最佳形式，在植物类和动物类食品中都存在。

专家认为，婴幼儿每天维生素A的摄入量应为400微克。为了使维生素A能在消化道中被很好地吸收，同时也应该让宝宝摄取足够的脂肪和矿物质。

鱼肝油中含有丰富的维生素A。

关于胡萝卜素

胡萝卜素，因在胡萝卜中含量丰富而得名，是一种脂溶性物质，广泛存在于黄绿色植物性食物中。胡萝卜素本身并不是维生素，但它在人体内可以转化成维生素A。如果身体功能失常，就无法利用胡萝卜素，从而造成维生素A的缺乏。

胡萝卜素的种类繁多，大约有五十多种，其中最为大家熟知的是"β-胡萝卜素"，它也是胡萝卜素中最有效的成分。胡萝卜素必须转化成维生素A，才能被身体利用。

胡萝卜素的食物来源

甜菜、菠菜、西兰花、甘蓝、莴苣、水田芥、荷兰芹、青椒、豌豆、蚕豆等黄绿色蔬菜，杏、桃、香瓜等橘黄色水果以及黄色的甜玉米等。

甜菜、菠菜和西兰花等绿色蔬菜中的胡萝卜素含量很高。

黄绿色蔬菜的颜色越深，所含的胡萝卜素就越多。但是，黄绿色植物一旦开花、结果后，胡萝卜素的含量就会开始下降。

富含胡萝卜素的食物。

含量丰富的食物来源

　　黄绿色蔬菜，如胡萝卜、茼蒿、菠菜、芥菜、青椒、芹菜、韭菜等；水果，如蜜柑、杏、柿、枇杷等；动物内脏，如猪肝、牛肝、鸡肝等；海产品，如鳝鱼、鱿鱼、生海胆等；还有蛋类、牛奶、牛油等。

　　鱼肝油和黄绿色蔬菜都含有大量的维生素A，能满足宝宝对维生素A的需求。但某些蔬菜干燥时会失去颜色，同时也会造成维生素A的流失，所以一定要给宝宝吃用新鲜的蔬菜制作的营养餐。

富含维生素A的食物。

陈奕涵宝宝用明亮的眼神告诉妈妈，他一点也不缺乏维生素A！

维生素A

营养缺乏症状

●皮肤粗糙、角质化。●眼睛干涩，易患影响视力的眼部疾病。●严重缺乏时会患夜盲症。●食欲下降，疲倦，腹泻。●骨骼、牙齿软化。●生长迟缓，甚至出现肌肉与内脏器官萎缩现象。●导致维生素C的缺乏。●易患各种疾病，如溃疡性结肠炎、肝硬化、肺炎、慢性肾脏炎、猩红热等。

过量危害

　　过量摄入维生素A会破坏身体系统的正常运作，可能会导致婴儿呕吐、皮肤干裂、腕部及膝盖肿大等现象的出现，甚至会造成中毒。而当饮食恢复正常后，这些症状就渐渐消失了。妈妈们可以参照下面的文字查看一下自己的宝宝是否摄入了过量的维生素A。

●皮肤粗糙，皮肤发痒。

●神经易受刺激，过度兴奋。

●头发干枯而易脱落。

●厌食，腹泻，体重减轻。

●四肢疼痛。

●成长过程中骨骼变形，骨头容易折断。

●肝脏、脾脏肿大。

同步育儿营养全书（0～3岁）

维生素A

Part 2 婴幼儿最需要的明星营养素

♥ 专家连线

补充维生素A通常有两种方式，一种是从天然的鱼油中获取；另外一种是通过摄取β-胡萝卜素来实现。β-胡萝卜素不具有潜在的毒性，可以预防癌症，并且有助于降低胆固醇。所以，建议家长尽量给宝宝多吃些含有β-胡萝卜素的食物。

胡萝卜素被人体的利用率不太稳定，要想使胡萝卜素被婴幼儿很好地吸收并在体内转化成维生素A，最好用油烹制含胡萝卜素的食物，食用后，还可以带着宝宝晒晒太阳。如果不用油进行烹调，要在食用后吃一些含有油脂的食品，只要在胃里胡萝卜素与油脂溶和在一起，一样能够摄取到维生素A。食物的种类和摄取方式会影响身体对胡萝卜素的利用。将蔬菜烹煮或捣碎，更易于宝宝吸收胡萝卜素。

黄金搭档

补充维生素A时，与复合维生素B、维生素D、维生素E、钙、磷和锌同时使用效果最佳。另外，维生素A有助于防止维生素C的氧化，所以维生素A与维生素C也是一对好搭档。但维生素A不宜与矿物油同时使用。

也有禁忌

在食用含有维生素A或胡萝卜素的食物后4小时内，不要让宝宝做太剧烈的运动，更不要食用矿物油和补充过量的铁，这些都会影响宝宝对维生素A和胡萝卜素的吸收。

另外，天气寒冷也会影响宝宝体内的胡萝卜素和维生素A的运送和新陈代谢。如果宝宝患有糖尿病，则更是无法将胡萝卜素转化成维生素A。

宝宝营养餐

[白色酱汁]

牛奶中含有丰富的维生素A，是宝宝生长发育过程中不可或缺的食物。如果能让牛奶与其他材料合理搭配起来，不但能使宝宝摄取更多的营养，而且也会使宝宝的营养餐更加可口。

做法：

A.准备牛初乳半杯、奶油1大匙、面粉1匙半。B.平底锅加热，溶开奶油，慢慢倒入面粉轻炒，不要炒焦。C.慢慢加入牛奶，边煮边搅至稠状，注意不要结块。转成小火，快速搅拌。

[西红柿拌蛋]

这道西红柿拌蛋含有丰富的维生素A、维生素C等营养素，既能对抗自由基，又能防癌抗癌；同时又具有酸甜香美的口感，一定会让宝宝大饱口福！

材料：蛋黄半个，西红柿适量
做法：1.蛋黄磨成泥。2.西红柿氽烫，去皮，去子，捣成泥，加入蛋黄泥中调匀。

[胡萝卜土豆泥]

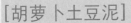

这道营养餐中含有丰富的胡萝卜素，而且具有淡淡的香甜气味，特别适合宝宝食用。

材料：胡萝卜、土豆各适量
做法：1.将胡萝卜、土豆洗净，用保鲜膜覆盖，放进锅中蒸两次到熟烂。2.将蒸好的材料放入碗中用汤匙压碎成泥状即可。可根据口味适当添加一些调料。

[蔬菜泥]

这道营养餐中含有丰富的维生素A，有助于婴幼儿身体的生长、造血、通便，并保护皮肤黏膜。注意制作时，必须将菜煮烂。宝宝4个月可开始喂食，每次只给一种蔬菜泥，从1小匙开始逐渐增加到6～8大匙，宝宝就会长得越来越壮！

材料：绿色蔬菜、胡萝卜、土豆、豌豆各少许
做法：1.绿色蔬菜洗净、切碎，加盐及少许水，加盖煮熟待凉，加在粥里。2.胡萝卜、土豆、豌豆等洗净后，用少量的水煮熟，用汤匙刮取或压碎成泥，也可切碎，与菜泥一起混在粥里喂食。

[干贝冬瓜泥]

这道营养餐含有丰富的维生素A，能满足宝宝的营养需求。若汤汁太稀可加少许水淀粉勾芡。蟹腿肉很嫩，而且可以提鲜。妈妈在烹制时也可以将蟹腿换成虾仁或鱼肉。

材料：冬瓜1片（约100克），胡萝卜半根，干贝2粒，蟹腿肉1杯
调料：高汤3杯，盐少许
做法：1.冬瓜去皮，切片，蒸熟后趁热碾碎。2.胡萝卜去皮、刨丝；干贝洗净，泡软，蒸烂后撕成细丝，蟹腿肉用开水加1大匙酒氽烫过捞出。3.调料烧开，放入所有材料煮滚，熄火，盛出食用。

维生素C | Vitamin C

防止宝宝血液"叛变"的卫兵

功能备忘录

◆降低慢性疾病的发生几率。◆减轻感冒症状。◆减少日晒对皮肤的影响。◆治疗伤口、结疤和骨折，强化血管。◆改善铁、钙及叶酸的吸收与利用。◆防治宝宝患坏血病。◆保护宝宝骨骼和牙齿的健康。◆降低过敏物质对宝宝身体的影响。◆降低胆固醇与三酸甘油脂。

解读维生素C

维生素C又叫抗坏血酸，是一种水溶性维生素，顾名思义，它是一种能对抗坏血病的物质。维生素C不容易被保存在体内，通常2～3个小时就会排出体外。维生素C多存在于蔬菜和水果中，尤其是深绿色蔬菜含量最丰富，平均每100克中含50～70毫克维生素C；其次为柑橘类水果，每100克中含40～50毫克维生素C；而维生素C含量最高的食物是番石榴。

维生素C是一种强抗氧化剂，能有效对抗人体内的自由基，防止脑和脊髓被自由基破坏，同时也能帮助预防血脂肪变酸败，从而防止动脉血管硬化及冠状动脉等疾病发生；维生素C在胶原质的形成上扮演极其重要的角色，而胶原质关系着人体组织细胞、血管、牙龈、牙齿、骨骼的成长与修复，若胶原质不足，细胞组织就容易被病毒或细菌侵袭，人体较容易患癌症，维生素C能使致癌物失去作用，避免细胞产生癌病变；维生素C能

促进氨基酸中赖氨酸和蛋氨酸的代谢，使蛋白质细胞互相牢聚；此外，维生素C还能帮助铁、钙及叶酸的吸收。

婴幼儿需要的维生素C必须从食物中获取。新生儿体内并不缺乏维生素C，如果喂食母乳，宝宝就可以从母亲身上获取维生素C，但是当婴儿出生几个星期之后，体内的维生素C逐渐排出体外，所以此时最好喂食宝宝一些新鲜的柳橙汁以补充维生素C。婴儿每日所需的维生素C为40～50毫克，幼儿每日则需要60～70毫克。有关研究人员表明：婴幼儿服用的维生素C增加50%，可使智商提高3.6，但前提是不可过量。

含量丰富的食物来源

蔬菜：甘蓝、青椒、白菜、花生、豌豆、生菜、西红柿等。

水果：苹果、柠檬、柿子、柳橙、柑橘、葡萄柚、草莓、猕猴桃、桃、梨等。

富含维生素C的食物。

其中，柳橙、柠檬、葡萄柚、柑橘是维生素C最丰富的食物来源；豆类食物本身缺乏维生素C，不过，一旦种子发芽之后，新芽中就含有丰富的维生素C，如豌豆等。

营养缺乏症状

●毛囊角质化，皮肤表面毛囊旁边出现点性出血或呈黑色斑记。●口腔与牙龈容易出血，牙龈红肿，牙齿松动。●皮肤触觉过敏，有触痛，容易受伤、擦伤，易流鼻血。●手足感觉疼痛，关节疼痛。●体重减轻，缺乏食欲，消化不良。●身体虚弱，呼吸短促，脸色苍白。●发育迟缓，骨骼形成不全。●容易贫血，对传染病的抵抗力降低，经常感冒。●严重时会导致"坏血病"。●可能会引起心脏病发作和中风。

过量危害

稍微过量服用维生素C没有任何毒性，而且婴幼儿的身体会将没有用的维生素C排出体外。但摄入的维生素C量过多可能会导致偶然性腹泻、排尿量过多、皮肤疹和肾结石等病症。每日摄取量在几千毫克以下都不会发生这些情况，如果出现了这些症状，只要马上减少剂量就可以了。

下面是过量服用维生素C的具体症状表现，家长可以参照下面的内容查看一下自己的宝宝是否摄入了过量的维生素C。

●每日服用1克维生素C，会使宝宝出现腹泻、腹痛的症状。

●大剂量使用维生素C，会使婴幼儿出现疲乏、血小板增多、消化不良、不安、失眠、皮疹、浮肿、肠蠕动亢进等症状。

●每日服用5～15克维生素C时，血浆中维生素C浓度过高，可能使泌尿系统产生草酸结石，使小便有烧灼感，可能引起肾脏疾病。

●长期大量服用维生素C会引起恶心、呕吐的症状。

●大剂量注射维生素C会导致某些人血栓形成并引发突然死亡。

黄金搭档

维生素C与维生素E是一对好搭档，如果水溶性的维生素C与脂溶性的维生素E一同摄取，二者就会各自发挥作用，从而提高抗氧化能力，预防癌症。另外，维生素E与硒、β—胡萝卜素联合作用也可以提高它们的效果。

维生素C与维生素E搭配使用，能更好地发挥作用。

柑橘类水果含有丰富的维生素C，可是王佳妮宝宝似乎对橘子皮很感兴趣哟！

维生素C

Part 2 婴幼儿最需要的明星营养素

维生素C

也有禁忌

维生素C极易受到热、光和氧的破坏。水果、蔬菜贮存越久，其中的维生素C损失越多，因此，为了尽可能减少食物中维生素C的损失，最好吃新鲜的水果、蔬菜。另外，水果、蔬菜也不要切得太细、太小，切开的蔬菜、水果也不要长时间暴露在空气中，最好现吃现切、现切现烧，以减少维生素C的氧化。

专家连线

维生素C是水溶性维生素，在人体内极不稳定。因此在烹制蔬菜水果时，尽量不要破坏其中的营养物质，烹调的时间越短越好，水分也不宜多加。清蒸是保存维生素C的最佳烹调方式，用少量油快炒也是个好方法，因为它只用少量的油，而且快速煮熟食物，不致使维生素C流失太多。

维生素C无法储存在体内，极容易造成缺乏，但也不宜过量摄取。如果想增加维生素C的摄取量，切不可突然加大剂量，最好逐渐加量。

人工合成的维生素C补充剂，效果不如从天然食物中摄取的维生素C。长期大量服用人工合成的维生素C补充剂，会在体内形成大量的草酸，有导致肾结石的潜在危险，过量服用时也会引起副作用。

宝宝营养餐

[三色肝末]　①

猪肝中含有丰富的维生素A、维生素B$_2$和矿物质硒等营养成分，能保护宝宝的眼睛，维持正常视力，维持肤色的健康；胡萝卜中的β-胡萝卜素与西红柿中维生素C搭配在一起，更利于宝宝吸收其中的营养。这道营养餐集色、香、味、营养于一体，对宝宝生长发育的作用极其重要！

材料：猪肝适量，葱头、胡萝卜、西红柿、菠菜各少许

调料：盐、肉汤各适量

做法：1.将猪肝切碎；葱头剥去外皮切碎；胡萝卜洗净，切碎；西红柿用开水烫一下，剥去皮切碎；菠菜清洗干净，用开水烫一下，切碎备用。2.将切碎的猪肝、葱头、胡萝卜放入锅内，加入肉汤煮熟。3.最后加入西红柿、菠菜、盐煮片刻即成。

[土豆果汁]

可用红薯或番瓜代替土豆。苹果或苹果汁对宝宝腹泻症状有缓和作用，在宝宝吃之前，妈妈可以先尝尝味道，如果太酸的话可加点砂糖，酸酸甜甜的口味，一定会让小宝宝迷上它！

材料：土豆100克，苹果半个

做法：1.土豆洗净，去皮，切成约1厘米大的块状，放入水中浸泡。2.苹果洗净，去皮，切成小块，放入榨汁机中榨取果汁，备用。3.将苹果汁与泡在水中的土豆放入锅内，用中小火煮软，熟后关火即可。

[水蜜桃汁]

水蜜桃中含有丰富的维生素C，能满足宝宝的营养需求，为了减少水蜜桃中维生素C的流失，一定要用新鲜的蜜桃哦！宝宝长到4个月大时，能添加辅食了，不妨让宝宝尝尝甜美的蜜桃汁，就像把小宝宝放到了"蜜罐"里一样！

材料：水蜜桃1/3个

做法：1.水蜜桃用清水洗净。2.水蜜桃去皮，用果汁机打成汁液即可。3.4～9个月大的宝宝，每次喂食1～2小匙；10～12个月大的宝宝，每次喂食2～4小匙。

[西红柿鱼]

西红柿含有丰富的维生素C，鱼肉富含蛋白质及多种矿物质，两者搭配在一起，营养更易吸收。这道营养餐十分适合5个月以上的宝宝食用。

材料：净鱼肉100克，西红柿1/4个

调料：盐少许，鸡汤200克

做法：1.将收拾好的鱼放入开水锅内煮后，除去骨刺和皮。2.西红柿用开水烫一下，剥去皮，切成碎末。3.将鸡汤倒入锅内，加入鱼肉同煮。4.稍煮后，加入西红柿末、盐，用小火煮成糊状即成。

[水果沙拉]

这道沙拉色美、酸甜，含有丰富的维生素C，具有助消化、健脾胃的功效，尤适宜消化不良的宝宝食用。制作中，要把原料切碎，块不宜大，以适应宝宝的咀嚼能力。

材料：苹果适量，橘子2瓣，猕猴桃适量

调料：酸奶酪、蜂蜜各1小匙

做法：1.将苹果洗净，去皮后切碎。2.橘瓣去皮、核，切碎。3.猕猴桃去皮后切碎。4.将苹果、橘子、猕猴桃放入小碗内，加入酸奶酪和蜂蜜，拌匀即可喂食。

B族维生素

B 族维生素 | Vitamin B

维持婴幼儿生命的家族营养

B族维生素的成员较多，但我国的婴幼儿比较容易缺乏的只有B族维生素的三个成员——维生素B$_1$、维生素B$_2$和维生素B$_6$，这三个B族维生素的成员都属于水溶性的物质，无法长期保存在人体内，所以需要定期补充。

大多数的B族维生素在人体内是作为辅酶起作用的，也就是说，它们促使常规酶与许多其他化合物发生化学反应，以启动许多的机体功能。因为B族维生素团结协作的特点，所以有必要走近它们，了解它们。

1 维生素 B$_1$

功能备忘录

◆促进宝宝正常的食欲。◆帮助消化，特别是碳水化合物的消化吸收。◆有助于防止宝宝因晕车、晕机或晕船而发生的呕吐症状。◆保持神经系统、肌肉和心脏功能的正常运转。◆提高婴幼儿的智力。

解读维生素 B$_1$

维生素B$_1$又叫硫胺素，是一种水溶性维生素，在糖类转变为热量过程中起着相当于酶的作用，也就是说维生素B$_1$发挥着碳水化合物中与糖代谢有关的酶的作用。它具有将糖分中的热量分解出来，然后再分解成为水和二氧化碳的功效。因此，如果在分解时缺乏维生素B$_1$，便无法分解到最后阶段，而在体内留有乳酸及嘧啶酸等物质，体内乳酸的含量一旦增多，便会使人疲劳，出现手脚麻木、皮肤浮肿，甚至影响大脑神经。维生素B$_1$在酸性溶液中很稳定，在碱性溶液中不稳定，易被氧化，也容易受热破坏，所以，要尽量保持维生素B$_1$的酸性环境。

维生素B$_1$对于发育中的婴幼儿有着重要的意义，能增强婴幼儿的胃肠和心脏肌肉的活力，还能增进食欲，促进食物的吸收与消化。

含量丰富的食物来源

土豆、鲜冬菇、花生、芝麻、葵花子、谷类、酵母、豌豆、动物肝脏、牛肾脏、牛心脏、鳝鱼、鱼卵、鸡蛋、鹌鹑蛋、牛奶、猪肉、白菜、茄子等。

其中，酵母中含有丰富的维生素B$_1$，有助于防止动脉脂肪的沉淀。谷物的胚芽与外壳部分也含有较多的维生素B$_1$，所以糙米、胚芽米、全麦面包都是维生素B$_1$的不错的食物来源。

富含维生素 B$_1$ 的食物。

营养缺乏症状

●平衡感较差，身体反应较慢，眼手不协调。●容易疲劳，胃口不好，烦躁易怒，情绪不稳定。●可能会造成晕眩和丧失记忆。●腹痛及便秘。●手足末端感到刺痛，小腿肌肉疼痛。●严重时会导致视神经发炎，中枢神经也会受损。

黄金搭档

维生素B₁与维生素B₂、维生素B₆一起均衡摄取，效果最好。

过量危害

维生素B₁没有任何毒性作用，如果使用过量，会由尿液排出体外，而不会存储在婴幼儿的组织或是器官里。极少的过量症状包括颤抖、紧张、心跳加速和过敏反应等。

专家连线

为了减少维生素B₁的流失，在烹调时要注意不要将食物加热过久。另外，大米富含维生素B₁，在淘米时要快速淘洗，以防维生素B₁损失过多。

宝宝营养餐

[六宝鱼粥]

糙米富含维生素B₁，这道营养餐具有补脑、益智的作用，经常食用会使宝宝变得越来越聪明。

材料：糙米半杯，西红柿2个，土豆、胡萝卜各1/4个，豆腐1/4块，银鱼1大匙，里脊肉2片

调料：盐少许（可不加）

做法：1.里脊肉与银鱼先氽烫，捞起，泡水后沥干。2.糙米泡水6小时。锅中放水2杯半，把肉片放进锅内蒸烂，拿出肉片。土豆与胡萝卜用锅蒸软。3.锅里放水烧开后，将西红柿放入，看到西红柿裂开即捞起放入冷开水浸泡、冲洗、剥皮，再放入果汁机里与蒸软的土豆及胡萝卜一起配打。4.打好倒出，淋入糙米粥后放在炉上，加上豆腐丁，与剁碎的银鱼用中小火一道熬煮5分钟，可用少许盐调味，关火稍温再喂食。

2 维生素 B₂

功能备忘录
◆促进婴幼儿生长发育，保持皮肤、毛发和指甲的健康。◆缓解眼睛疲劳。◆和其他物质共同作用，参与碳水化合物、脂肪和蛋白质的基础代谢，并从食物中释放能量。◆有助于缓解口腔、嘴唇和舌头的疼痛。

解读维生素 B₂

维生素B₂又叫核黄素，是一种非常容易吸收的水溶性维生素，无法存储在人体内，必须通过食物或补充剂定期补充。维生素B₂是人体细胞中促进氧化还原的重要物质之一，具有抗氧化的作用，能有效防止自由基侵害肌肉组织与关节。此外，维生素B₂还参与体内糖、蛋白质、脂肪的代谢，并有维持正常视觉功能的作用。维生素B₂不受热、酸和氧化作用的影响，但在碱性环境和光线下，则会受到破坏。

含量丰富的食物来源

菠菜、青椒、鲜冬菇、坚果、小麦胚芽、谷类、酵母、牛肝、猪肝、鸡肝、泥鳅、鱼卵、蛋黄、牛奶和猪肉等。

其中，动物肝脏、牛奶、蛋和酵母是维生素B_2的最佳食物来源；谷类食物的含量随加工与烹调方法而异，精白米中维生素B_2的留存量仅为糙米的59%。

过量危害

目前还没有发现维生素B_2会产生毒性，但极少的过量症状可能包括发痒、麻木以及刺痛感等。

黄金搭档

维生素B_2与维生素B_6、维生素C及烟酸搭配在一起摄取，效果最好。

营养缺乏症状

●嘴角破裂且疼痛，舌头发红疼痛。●眼睑内有磨砂感，眼睛疲劳，瞳孔扩大，角膜异变，畏光。●口鼻前额及耳朵有脱皮现象。●缺乏活力，神情呆滞，爱昏睡，易水肿，排尿困难。●易患消化道疾病。●发育不良。

专家连线

维生素B_2与蛋白质有特殊的关系，因为膳食中如果没有足够的蛋白质，即使有丰富的维生素B_2，也不能为身体组织所利用，所以在日常饮食中，一定要注意饮食的均衡，保证维生素B_2与蛋白质的摄入量。

宝宝营养餐

[肝泥银鱼蒸鸡蛋]

肝泥和鸡蛋中都含有丰富的维生素B_2，加上银鱼的营养成分，更能满足宝宝生长发育的需要，而且口感又好，要经常做给宝宝吃！

材料：鸡蛋1个（只取蛋黄），鸡肝1块，银鱼少许

调料：盐少许（可不加）

做法：1.蛋洗净擦干，取蛋黄倒入碗中，加水50毫升打散。2.锅里放2杯水，煮滚后，将银鱼及鸡肝氽烫，捞起泡水备用。3.烫过的鸡肝，只要2薄片，用刀剁细碎，银鱼亦用刀剁碎备用。4.将剁碎的鸡肝泥与银鱼泥，放入打散的蛋黄，加少许盐，用筷子搅匀，再用保鲜膜覆盖，放入锅中蒸熟即可（注意要全熟）。

3 维生素 B₆

功能备忘录　◆有助于防止宝宝出现各种神经和皮肤失调现象。◆缓解宝宝呕吐症状。◆有很好的利尿作用。◆缓解婴幼儿腿部抽筋。

解读维生素 B₆

　　维生素 B₆ 也是一种水溶性维生素，同样需要通过食物摄取，且不易被保存在体内，在婴幼儿摄取后的 8 小时内会排出体外。维生素 B₆ 是三种物质——吡哆醇、吡哆醛和吡哆胺的集合，它能帮助蛋白质的代谢和血红蛋白的构成，促进生成更多的血红细胞来为身体运载氧气，从而减轻心脏的负荷；维生素 B₆ 有助于提高人体的免疫力，预防皮肤癌、膀胱癌及肾结石等疾病；维生素 B₆ 也有助于亚麻油酸在体内的正常作用；维生素 B₆ 在色氨酸转换成烟碱酸的过程中具有积极的促进作用；维生素 B₆ 能够维持人体内硫和钾的平衡，以调节体液，并维持着婴幼儿神经和肌肉骨骼系统的正常功能。

　　维生素 B₆ 不受热、酸的影响，但在碱性环境中会被破坏，同时也对光敏感。婴幼儿对维生素 B₆ 的需求量应为每天每千克体重 5 毫克。

专家连线

　　由于维生素 B₆ 易溶于水，所以烹煮含有维生素 B₆ 的食物时，应避免使用太多水，以免维生素 B₆ 流失过多。

营养缺乏症状

●头发容易脱落。●嘴角、眼角出现破裂。●手脚麻木、痉挛。●学习能力低下。●容易患眼疾、神经炎、关节炎、神经性心脏病等疾病。●排尿过多。●严重时会患有婴儿癫痫症。

含量丰富的食物来源

　　香蕉、小麦胚芽、米糠、土豆、大豆、豆浆、豆腐、牛肝、牛肾、比目鱼、鸡蛋、牛奶、牛肉和猪肉等。

　　肉类和全谷类是维生素 B₆ 的最佳食物来源；动物肝脏也含有一部分维生素 B₆。

黄金搭档

　　维生素 B₆ 与维生素 B₁、维生素 B₂、泛酸、维生素 C 及镁一同摄取，效果最佳。

宝宝营养餐

[汉堡豆腐]

　　豆腐富含维生素 B₆，能满足宝宝的营养需求，将其制成汉堡，里嫩外酥，既可以锻炼宝宝的咀嚼能力，又有助于吸收。

材料：豆腐、鸡肉末、洋葱各适量，打散的蛋液 1 大匙
调料：面包粉、牛奶各 1 小匙
做法：1.将豆腐、鸡肉末和切碎的洋葱、面包粉、牛奶、蛋液仔细搅匀，捏成 2 块汉堡状。2.用油热锅，将做法 1 的材料慢慢煎成金黄色。3.也可以用烫软的胡萝卜、白萝卜丝做点缀。

维生素D

维生素D | Vitamin D

宝宝体内的钙质搬运工

功能备忘录 ◆促进钙与磷的吸收，促进骨骼的发育及牙齿的健全。◆预防及治疗佝偻病。◆促进发育，帮助婴幼儿正常成长，特别是骨骼及牙齿。◆帮助维生素A的吸收。◆与维生素A一起服用时，能增强对感冒的抵抗力。◆与维生素A、维生素C一起服用时，能有效预防感冒。

解读维生素D

维生素D又称钙化醇，属于脂溶性维生素，能够保存在婴幼儿的体内，不必每日补充。维生素D是婴幼儿在发育中十分重要的"阳光维生素"。

维生素D的最佳摄取方式并不是通过食物获得，而是靠晒太阳就能补充，只要每天晒太阳30分钟，身体就能获得专家建议5毫克的摄取量，当皮肤接触太阳光时，身体就自然合成维生素D，日光中的紫外线会作用在皮肤的维生素原上，而使其转化为活化的维生素D，然后再将其运送到肝脏，最后在肝脏和肾脏中转化为活跃的维生素D。

维生素D具有帮助钙、磷吸收的功能，维生素D的前体在体内合成，虽然称其为维生素，其实更类似于激素，它先聚集在肝脏，然后转移到肾脏，在此过程中逐渐被活化，转变为维生素D，帮助小肠吸收从食物中获取钙、磷，并将血液中的钙、磷运到骨骼中，同时使钙、磷能够容易沉积在骨骼中。

营养缺乏症状

● 牙齿松动。

● 肌肉麻木、刺痛和痉挛。

● 近视或视力减退。

● 易患小儿佝偻病，如鸡胸、O型腿、X型腿等。

含量丰富的食物来源

含有维生素D的食物主要包括：牛肝、猪肝、鸡肝、鲔鱼、鲱鱼、鲑鱼、沙丁鱼、小鱼干、鱼肝油、蛋、牛奶、奶油、乳制品等。

维生素D的食物来源并不多，鱼肝油是最丰富的来源，乳制品中的含量较少，但是谷类和蔬菜中就不含有任何维生素D了。

富含维生素D的食物。

过量危害

维生素D摄取不可过量，如过量可能会引起喉咙干渴、皮肤痒、想吐、腹泻及尿频等症状。另外，维生素D能促进钙的吸收，若摄取过量，就会使钙囤积在肾脏内，可能引起肾脏疾病。

长期摄取大量的维生素D会引发婴幼儿中毒，中毒现象包括：不正常的口渴、眼睛疼痛、皮肤发痒以及尿急。

黄金搭档

维生素D与维生素A、维生素C、胆碱、钙和磷一起服用，效果最佳。

♥ 专家连线

虽然晒太阳能获得比较多的维生素D，但宝宝的皮肤比较娇嫩，不宜在太阳下停留过久，以免晒伤，而鱼肝油是维生素D最丰富的食物来源，特别是比目鱼的鱼肝油，所以可以通过喂宝宝鱼肝油的方式来补充宝宝所需的维生素D。

给宝宝喂鱼肝油也要注意摄取量，切不可过量，以免发生维生素中毒。比目鱼的鱼肝油的维生素D含量为1小匙鱼肝油约含400国际单位(约10微克)维生素D，而婴幼儿的摄取量则应少于1小匙。

维生素D

宝宝营养餐

[奶酪鱼]

鲔鱼、牛奶与奶酪中都含有丰富的维生素D，能满足宝宝的营养需求，而且这道营养餐鲜香可口，是一道非常理想的宝宝餐。

材料：鲔鱼肉、牛奶各适量

调料：白酱油适量，奶酪粉少许

做法：1.把鱼煮熟后去掉骨刺和皮，放容器内研碎。2.和牛奶一起放入锅内，加入白酱油后用微火煮，边煮边混合。3.加入奶酪粉搅拌均匀后再煮片刻。

[鲑鱼粥]

鲑鱼的维生素D含量十分丰富，有助于宝宝对钙质的吸收，同时还含有丰富的维生素E，能促进宝宝的血液循环，防止手脚冰凉。螃蟹含有丰富的维生素B，以及钙、磷、铁等矿物质，用螃蟹熬煮的高汤，不但味道更鲜美，还能滋润宝宝的肌肤！

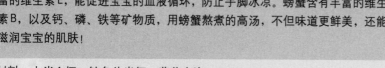

材料：大米1杯，鲑鱼片半杯，葱花少许

调料：盐、黑胡椒各少许，螃蟹高汤10杯

做法：1.大米洗净沥干。2.螃蟹高汤加热煮沸，放入大米续煮至滚时稍微搅拌，改中小火熬煮40分钟，加盐调味。3.鲑鱼片放入碗中，冲入滚烫的粥，撒葱花、黑胡椒拌匀即可食用。

叶酸

Folic acid

孩子血液与组胞的调节者

功能备忘录 ◆改善宝宝的肤色，使宝宝的皮肤更加健康。◆具有天然止痛的作用。◆在宝宝生病身体虚弱时能增进宝宝的食欲。◆防治食物中毒和各种肠道寄生虫。◆有助于预防贫血。◆有助于蛋白质的基础代谢。

叶酸

Part 2 婴幼儿最需要的明星营养素

解读叶酸

　　叶酸又叫维生素B_9或维生素M，属于水溶性B族维生素的一种，是日常生活饮食中最常缺乏的营养素。叶酸普遍蕴藏于植物的叶绿素内，深绿色带叶蔬菜中含量更为丰富。叶酸在婴幼儿生长发育过程中，掌管着血液系统，起到促进宝宝组织细胞发育的作用，是宝宝成长过程中不可缺少的营养成分。

　　叶酸是与体内各种反应有关的成分，能与约20种酵素共同促成DNA的合成及细胞分化，所以对细胞分化正盛的婴幼儿的发育有着积极的作用；叶酸最基本的功能是在形成亚铁血红素时，扮演胡萝卜素运送者的角色，还能帮助红血球和细胞内生长素的形成；叶酸能防止脑部及脊椎的先天异常及发育不全，维持大脑的正常运作，有助于精神和情绪的健康；叶酸还可以增进食欲和刺激盐酸的生成，盐酸可防止肠内寄生虫和食物中毒；叶酸对于肝脏的运作有所帮助，同时还能预防癌症及心脏病的发作。

　　婴幼儿对叶酸的日常最少需求量为：1～6个月的婴儿的每日需求量为25微克；7个月～1岁的婴儿的每日需求量为35微克；1～3岁的幼儿的每日需求量为50微克。

过量危害

　　叶酸目前没有任何已知的毒性反应，但有一些宝宝摄入后会出现皮肤过敏反应。

含量丰富的食物来源

　　富含叶酸的食物有：毛豆、蚕豆、白菜、花扁豆、酵母、蛋黄、牛奶、龙须菜、菠菜、油菜、西兰花、卷心菜、甘蓝、胡萝卜、番瓜、哈密瓜、杏、香蕉、柳橙、鳄梨、全麦面粉等。

　　其中，香蕉、菠菜和柳橙中的叶酸含量达"每日建议摄取量"的25%以上。

这些食物富含叶酸。

营养缺乏症状

●发育不良，头发变灰，脸色苍白，身体无力。●舌头疼痛、发炎，出现消化道障碍，如胃肠不适、神经炎、腹泻、胃溃疡等问题。●易怒、健忘和精神呆滞。●婴幼儿心智发展迟滞。●严重时造成贫血。

专家连线

食物中的叶酸在煮沸、加热烹调过程中极易遭到破坏。在不加热时，人体对叶酸的吸收率约为50%，加热后则可能丧失掉80%～90%的叶酸。因此，想多摄取叶酸，应尽量缩短食物的加热时间。另外，高温、曝晒和长时间放置于室温中，都会破坏食物中的叶酸，所以对于含有叶酸的食物要注意保存，但也不宜久放。

宝宝营养餐

[菠菜蛋黄泥]

1

蛋黄有顺滑的口感，和菠菜是最佳组合。蛋黄含有丰富的维生素A、铁质，经常食用可以补充宝宝体内营养的不足，满足生长的需要；菠菜含有丰富的铁、钾、叶酸等成分，是补血的蔬菜，对宝宝发育很有帮助。这道营养餐黄绿相间，会带给宝宝视觉上的享受！

材料：菠菜叶20克，鲣鱼粉1/4小匙，水煮蛋黄半个
做法：1.菠菜氽烫后切碎，放入小锅中加水1杯，鲣鱼粉1/4小匙，一起煮软，取出磨成泥。2.蛋黄磨成泥。3.菠菜泥装盘，洒上蛋黄泥，拌匀即可。

[牛奶玉米粥]

2

这道营养餐中含有丰富的优质蛋白质、脂肪、碳水化合物、钙、磷、铁及维生素A、维生素B_1、维生素B_2、维生素D、叶酸和尼克酸等，能补充宝宝所需的多种营养素，是一道不可多得的宝宝断奶餐。

材料：牛奶250克，玉米粉50克，鲜奶油1大匙
调料：黄油、盐、碎肉蔻各少许
做法：1.将牛奶倒入锅内，加入盐和碎肉蔻，用文火煮开。2.撒入玉米粉，用文火再煮3～5分钟，并用勺不停搅拌，直至变稠。3.将粥倒入碗内，加入黄油和鲜奶油，搅匀，晾凉。

[花豆腐]

3

豆腐柔软，易被消化吸收，能参与人体组织构造，促进婴儿生长；青菜含有叶酸，能促进宝宝的生长发育；蛋黄含有铁，能预防宝宝缺铁性贫血。

材料：豆腐半块、青菜叶适量、熟鸡蛋黄1个
调料：淀粉、盐、葱姜水各少许
做法：1.将豆腐煮一下，放入碗内研碎。2.青菜叶洗净，用开水烫一下，切碎后放入碗内，加入淀粉、盐、葱姜水搅拌均匀。3.将豆腐做成方块形，再把蛋黄研碎撒一层在豆腐表面。4.放入蒸锅中用中火蒸10分钟即可喂食。

钙

钙
Calcium
维持骨骼强健不可缺失的生命金属

功能备忘录　◆增加骨质密度。◆预防骨质流失、骨质疏松症、骨折。◆降低患大肠腺瘤、结直肠癌的几率。◆降低婴幼儿体内的血压。

解读钙

　　钙是人体中含量最丰富的矿物质，约占人体体重的2%，人体内大约有99%的钙贮存在骨骼和牙齿中，而剩余的1%则存在血液及肌肉等处。钙能帮助建造骨骼及牙齿，并维持骨骼的强健，因此，婴幼儿的骨骼与牙齿发育必须依赖钙的帮忙。

　　骨骼中钙与磷的比例为2.5:1，钙必须配合镁、磷、维生素A、维生素C、维生素D和维生素E，才能发挥正常的功能。钙除了能帮助建造骨骼及牙齿外，还对身体每个细胞的正常功能扮演着极重要的角色，钙能帮助肌肉收缩、血液凝结并维护细胞膜；钙能维持心脏和肌肉之间的正常功能；钙能调节心跳节律，降低毛细血管的通透性，防止渗出，控制炎症与水肿，维持酸碱平衡。

　　钙还是一种强力的"胆固醇克星"，能降低人体内的胆固醇，帮助婴幼儿维持正常的血压。钙也是多种酶的激活剂，能调节人体的激素水平。

　　婴幼儿对钙的日常最少需求量为：1～6个月的婴儿每日需求量为400毫克；7个月～1岁的婴儿每日需求量为600毫克；1～3岁的幼儿每日需求量为800毫克。

过量危害

　　钙对于婴幼儿的生长发育虽然重要，但也不可摄取过量，尤其是当钙和维生素D同时摄取过量时，会导致血钙过多症，从而造成骨骼和某些组织的过度钙化。

　　过量的钙也会影响神经和肌肉系统的正常功能，当血浆中增加了过量的钙，凝结作用将不再发生，一旦出现伤口，血液将很难凝结。另外，钙摄取过量也会减少身体对锌的吸收。

含量丰富的食物来源

　　海参、芝麻酱、蚕豆、虾皮、干酪、小麦、大豆粉、牛奶、酸奶、燕麦片、豆制品、酸枣、紫菜、芹菜、炼乳、杏仁、鱼子酱、干无花果、绿叶蔬菜等食物都含有较多的钙。

　　食物中大都含有不同量的钙，而奶及奶制品中所含的钙的吸收率是最高的。

这些食物含有较丰富的钙。

钙

营养缺乏症状

●轻微不足会导致痉挛、关节痛、心悸、心跳过缓、失眠、蛀牙、发育不良以及神经和肌肉的过度敏感。

●初期表现为神经痛和手脚抽搐，如手脚肌肉痉挛、发麻和刺痛感。

●稍微严重时，可能造成骨骼和牙齿结构松散易碎、血液凝结较慢或出血。

●严重不足时，会引发佝偻病，早期表现为颅骨乒乓球样软化，多汗、烦躁、肋骨外翻，会走路时则出现 O 型或 X 型腿。

专家连线

钙剂不可与植物性食物同食。植物性食物中大多含有草酸盐、碳酸盐、磷酸盐及植酸盐，这些盐类可与钙结合生成多聚体而沉淀，妨碍钙的吸收。

钙也不能与油脂类食物同食。因为油脂分解后的脂肪酸与钙结合形成皂块，不易被肠道所吸收，直接随大便排出。

由于奶制品中的脂肪酸会影响钙的吸收，因此给宝宝补钙最好安排在每天的两次喂奶之间。如果上午 7：00 喂第一次奶，11：00 喂第二次奶，那么补钙的时间最好在 9：00 左右。

宝宝营养餐

[豆浆红薯泥]

豆浆含丰富的蛋白质、钙，红薯含丰富的维生素A、维生素C、膳食纤维、胡萝卜素等，对宝宝的成长发育大有益处。

材料：红薯40克，豆浆2大匙

做法：1.红薯削皮，蒸熟后放入滤网中，以汤匙磨成泥。2.加入豆浆调匀即可。

[西红柿豆腐]

这道营养餐含有丰富的钙、磷、铁、锌、维生素C、B族维生素、胡萝卜素等，口味酸甜软嫩，是最好的婴儿断奶餐。

材料：西红柿1/4个，嫩豆腐1大匙，玉米粉少许

做法：1.西红柿剥皮去子，切末备用。2.嫩豆腐用热水烫过，加少许玉米粉用水调稀。3.所有材料搅匀后略煮，放置一旁待凉。

铁

Iron

宝宝的最佳血液制造剂

功能备忘录 ◆治疗并预防缺铁性贫血。◆防止疲劳并增加能量。◆能使脸色恢复健康肤色。◆帮助婴幼儿的生长发育。◆提高宝宝对疾病的抵抗力。

解读铁

　　铁是人体内含量最高的矿物质，在人体内的分布极为普遍。

　　铁是人体红细胞中血红蛋白的组成成分，是造血的原料，其主要功能是结合蛋白质和铜来制造血红素，它与氧结合，并将氧运输到身体的每一个部分，供人体呼吸氧化，提供能量，消化食物，获得营养，同时也是肌肉中的"氧库"；铁参与细胞色素、细胞色素氧化酶、过氧化物酶和过氧化氢酶的合成，担负电子传递和氧化还原过程，能解除组织代谢产生的毒物；铁能增强人体的免疫系统；铁对人体内锌、钴、镁、铅的代谢也有一定的积极意义。

营养缺乏症状

●皮肤苍白、没有光泽，容易疲倦。●指甲易碎。●呼吸困难。●伴有便秘症状。●导致胃溃疡和胃出血。●出现缺铁性贫血。

过量危害

　　当大量摄取铁时，会引起中毒。若长时间每天摄取25毫克以上，则会出现疼痛、呕吐、腹泻及休克等中毒症状。

含量丰富的食物来源

　　牛肉、鸡、动物肝脏、红枣、豆类、红糖、蛤肉、干果、蛋黄、扁豆、菠菜等都是铁不错的食物来源。肉类及猪肝内的铁较易被吸收，蔬菜类较难吸收。

富含铁的食物。

宝宝营养餐

[桃子面包粥]

　　桃中含有多种维生素、钙、磷等物质，铁的含量较高，相当于苹果和梨的4～6倍，是预防小宝宝患缺铁性贫血的理想辅食。

材料: 桃子半个，土司面包半片

做法: 1.桃去皮，去核，子放入磨臼捣烂。2.土司面包去掉硬边，仔细撕碎，加入桃子泥搅匀后略煮。

锌

锌 | Zinc

宝宝生长发育的促进者

功能备忘录 ◆维持宝宝正常的味觉功能及食欲。◆降低胆固醇含量。◆促进伤口的愈合。◆维持正常的免疫功能。◆提高婴幼儿智力的灵敏度。◆促进宝宝正常的性发育。◆促进婴幼儿的生长发育。

解读锌

　　锌是婴幼儿生长发育过程中一种重要的矿物质，分布在体内的每个细胞里。锌是合成DNA及蛋白质时所需的酵素，也是与细胞及组织代谢有关的200种以上酵素的构成成分，直接影响着人体内的蛋白质的合成及组织细胞的生长。

含量丰富的食物来源

　　牛肉、牛肝、猪肉、猪肝、禽肉、鱼、虾、牡蛎、香菇、口蘑、银耳、花生、黄花菜、豌豆黄、豆类、全谷制品等食物中都含有锌。肉和海产品中的有效锌含量要比蔬菜高。

富含锌的食物。

营养缺乏症状

●容易紧张、疲倦，警觉性降低。●身体易受感染、受伤，伤口愈合缓慢。●容易造成发育不良、性发育迟滞。●可能造成血管脂肪化。●皮肤有横纹，指甲上有白斑，指甲、头发易断、没光泽。●慢性锌不足易使身体细胞患癌症。●锌不足可能会导致侏儒症。

专家连线

　　给孩子补锌时，不能盲目使用含锌补品或药品，最好在平时注意增加一些富含锌的食物，以预防各种锌缺乏症。

过量危害

　　天然的锌无毒，但摄取过量会出现中毒现象。锌过量会减少体内铜的含量，导致贫血和不正常的心脏节律。

宝宝营养餐

[鲜虾蛋羹]

　　虾富含锌、钙，有利于宝宝骨骼与智力的发育。

材料：虾250克，鸡蛋4个
调料：盐2小匙，水或高汤3杯
做法：1.虾剥壳去肠泥，洗净后捞出沥干；蛋打散加入高汤及盐、水拌匀。2.取蒸碗，放入蛋汁至八分满，可把一半虾仁先加到蛋汁里。3.蒸笼水滚后，把虾仁蛋汁放进蒸5分钟，改用小火慢蒸15分钟，再放入另一半的虾仁在蛋汁上面，再蒸3分钟，至中央处以筷插入不粘黏，再以香菜作装饰。

硒 Selenium

对抗宝宝体内自由基的有力武器

功能备忘录 ◆能降低汞、镉、砷等有毒矿物质的毒性。◆具有抗氧化的作用。◆保护细胞膜和细胞。◆能保护心血管及心肌的健康。◆参与维持人体的免疫功能。◆促进机体的生长发育。

解读硒

硒是人体内必需的一种微量元素，对婴幼儿的智力发育起着重要的作用。

硒是一种抗氧化剂，与谷胱甘肽携手合作来消除人体内的自由基，防止过氧化物的生成和积累；硒还能与有毒金属或其他致癌性物质结合，排出体外，以达到解毒的功效。硒还可以解除过氧化油脂的毒性，使过氧化油脂无法帮助恶性肿瘤生长。

婴幼儿对硒的日常最少需求量为：1～6个月的婴儿每日需5微克；7个月～1岁的婴儿每日需10微克；1～3岁的幼儿每日需20微克。母乳喂养的宝宝对硒的需求基本都可以从母乳中获得。

营养缺乏症状

●视力减退。●精神迟滞，出现异常。●容易造成营养不良。●易患假白化病。●严重时可能导致婴儿猝死症。

含量丰富的食物来源

芝麻、苋菜、大蒜、金针菇、蘑菇、谷类、全麦面粉、猪肉、羊肉、动物内脏、牛奶、干贝、螃蟹、海参、鱿鱼、龙虾、带鱼、黄鱼等食物中都含有硒。

谷类、肉、鱼及奶类食物中的硒含量较为丰富。

过量危害

硒的摄取一旦过量，会干扰体内的甲基反应，导致维生素 B_{12}、叶酸和铁代谢紊乱，如果不及时治疗，会影响婴幼儿的智力发育。

专家连线

如果婴幼儿体内的硒过多，可以多吃些含有蛋白质和维生素的食物，如牛奶、大豆、蛋、鱼等，这样能促使硒排出体外，降低硒的毒性。

宝宝营养餐

[干贝蒸蛋]

干贝是富含硒的食物，干贝的鲜香与鸡蛋的嫩滑会使宝宝食欲大增！

材料：鸡蛋4个，干贝1个，葱末1大匙
调料：水3杯，油2小匙，盐适量，酱油2大匙
做法：1.干贝泡软后撕碎。2.蛋打散，将干贝连同泡汁及调料（酱油除外）一同加入拌匀，放入冒气的蒸笼中，以小火蒸20分钟。3.在蒸好的蛋中淋上酱油，撒上葱花即可。

碘 | Iodine

宝宝甲状腺与智力发育的保护神

功能备忘录 ◆促进宝宝正常的生长发育。◆提高学习能力。◆产生更多的能量，使精力更加充沛。◆通过燃烧多余的脂肪来控制体重。◆帮助头发、指甲、牙齿和皮肤健康的发育。

解读碘

碘是人体必需的营养素，能维持婴幼儿的智力发育。

碘参与甲状腺素的合成，甲状腺素可刺激细胞中的氧化过程，对身体代谢产生影响，婴幼儿的智力、说话能力、头发、指甲、皮肤和牙齿等的情况好坏都与甲状腺的健康有关，而甲状腺的健康却需要碘来维持，碘有调节体内能量制造的功用，可促进婴幼儿的生长和发育、刺激代谢速率、并协助人体消耗多余的脂肪；另外，只有当碘维持着甲状腺素的正常分泌时，人体内的胡萝卜素换转成维生素A、核糖体合成蛋白质、肠内糖类的吸收等作用才能顺利地进行。

营养缺乏症状

●头发干燥，肥胖，代谢迟缓。●脉搏加快，烦躁不安。●出现甲状腺肿大和甲状腺机能减退。●可能导致动脉硬化。●出现身体和心智发育障碍，可能导致先天性痴呆症。●可能导致流行性脊髓灰质炎。

过量危害

天然的碘没有任何已知的毒性，但是海藻类中的碘摄取过多会引起甲状腺过度活跃。

含量丰富的食物来源

大型海藻、海产品、生长在富含碘的土壤中的蔬菜、动物摄取碘后所产的乳制品和蛋类、谷类、豆类、根茎类和果实类食品中都含有碘。

大型海藻、海产品等食物中的碘含量特别丰富。

 ## 专家连线

补碘要在专家指导下进行，如果出现异常情况时，应立即停止使用碘制剂；对出现的症状根据实际情况处置。

宝宝营养餐

[胡萝卜牛肉小米粥]

小米含有丰富的碘而且具有安神作用，妈妈不要忽略！

材料：牛肉末、胡萝卜末、洋葱末各1大匙，小米2大匙

调料：盐少许，水2碗

做法：1.小米、胡萝卜、洋葱洗净，加水煮至小米开花。2.加入牛肉末煮熟，最后加盐调味即可。

卵磷脂

卵磷脂 | Lecithin

宝宝记忆力的维护者

功能备忘录 ◆增强记忆力，并预防记忆力衰退及痴呆。◆溶解脂肪与脂溶性维生素，以利于消化吸收。◆分解堆积在血管中的胆固醇。◆治疗迟发性运动困难症及多发性硬化症。◆增强内分泌系统对滤过性病毒的抵抗力。

解读卵磷脂

卵磷脂是脂肪家族中的一个成员，由磷酸、甘油、脂肪酸及胆碱构成，它是两种B族维生素——胆碱和肌醇的优质来源。

卵磷脂是形成细胞膜等生物体内黏膜的主要成分，也是脑部、神经及细胞间的情报传导物质，负责各机能的调节，并与肝脏的代谢活动密切相关；卵磷脂还是一种具有均质作用的物质，它能够将脂肪和胆固醇分解为细小的微粒，使它们可以很容易地进入到身体组织中，从而防止体内胆固醇的堆积；卵磷脂的正常摄入还能增强婴幼儿的记忆力。

营养缺乏症状

●导致神经外膜的缺损。
●造成类淀粉物质的堆积。
●可能导致记忆力减退。

专家连线

卵磷脂既可以从大豆、蛋黄等食物中摄取，也可以通过服用市场上销售的卵磷脂药剂或含卵磷脂的保健食品来摄取。

含量丰富的食物来源

红肉、动物肝脏、大豆、花生油、苹果、柳橙、蛋黄、坚果、全麦食品、玉米等食物中都含有丰富的卵磷脂。

富含卵磷脂的食物。

宝宝营养餐

[蛋黄茶碗蒸]

蛋黄含有丰富的卵磷脂，是6个月前宝宝最好的食品，再加上高汤和蔬菜，能充分满足宝宝的营养需求。

材料：蛋黄1个，高汤1杯，菠菜叶尖、胡萝卜各少许
做法：1.取出蛋黄，用少许冷高汤将蛋黄调稀，移至盘内。2.菠菜尖部分及胡萝卜熬软以后过滤备用。3.将调好的蛋黄放入已冒出蒸气的蒸笼内，用中火蒸3分钟左右。4.最后将菠菜及胡萝卜泥摆在上面。

牛磺酸 | Taurine

宝宝身体健康的平衡器

功能备忘录 ◆保护心肌。◆增强心脏功能。◆保护肝脏和肠胃。◆减轻肥胖婴幼儿的脂肪肝症状。◆能增强人体的免疫机能。◆调节脑部的兴奋状态。◆有助于修复角膜、保持视网膜的健康、预防眼部疾病。

解读牛磺酸

牛磺酸是存在于人体内的一种必需氨基酸，有着平衡健康的功效。牛磺酸存在于人体所有组织器官中，其总量约占人体体重的0.1%，但新生儿体内的牛磺酸却很少，必须从外界摄取。

牛磺酸能降低人体内的胆固醇，能维持并改善肝脏的代谢功能，减轻肥胖宝宝的脂肪肝症状；牛磺酸可以调节进出神经元、神经突触膜的钙离子，抑制钙离子过多而引起的异常神经兴奋，还可以抑制大脑儿茶酚胺的释入，从而抑制血压增高和抑制神经兴奋；牛磺酸还能保护眼睛，并维持血小板的正常功能。

营养缺乏症状

●容易产生疲劳感。●可能引起神经细胞损伤。●严重时可能导致发生癫痫。

专家连线

牛磺酸易溶于水，所以鱼贝类煮的汤不要扔掉，也要给宝宝饮用。母亲的初乳中含有高浓度的牛磺酸，所以，一定要给宝宝吃初乳。牛奶中几乎不含牛磺酸，因此，如果没有条件进行母乳喂养，最好使用配方奶粉来喂养宝宝。

含量丰富的食物来源

青花鱼、竹荚鱼、沙丁鱼、墨鱼、章鱼、牡蛎、海螺、蛤蜊、牛肉等食物中都含有丰富的牛磺酸。其中，鱼类背上的深色部位含量较多，是白色部分的5~10倍；牡蛎中的牛磺酸含量最多。除牛肉外，一般肉类含牛磺酸很少，仅为鱼贝类的1/10~1/100。

富含牛磺酸的食物。

宝宝营养餐

[沙丁鱼粥]

此粥含丰富的牛磺酸、脂肪以及维生素C等多种营养素，特别是沙丁鱼中所含的DHA和牛磺酸，对宝宝的大脑发育极为有益，建议至少每周食用一次。

材料：白粥适量，小沙丁鱼1小匙，西红柿末，洋葱末各少许

做法：1.小沙丁鱼用热水迅速烫过，沥净水分，煮烂。

2.将所有材料放在一起捣烂后加热即可食用。

核苷酸、乳酸菌、氨基酸

Nucleotide, Lactobacillus, Amino acid

核苷酸 组建生命的基础物质

核苷酸是生命的遗传物质DNA和RNA的构成部分，也是三大营养素生物合成途径的一个主要成分。因此，核苷酸几乎是所有细胞活动的基本成分。

核苷酸能增加婴幼儿的免疫功能，提高宝宝的抵抗力，减少患病的机会；核苷酸能维持婴幼儿消化道的正常功能，有利于双岐菌的发育，可以减少腹泻和肠炎的发生；核苷酸还能调节血液中的脂质，有助于宝宝脑部发育和细胞健康；另外，一种叫做次黄嘌呤的核苷酸有助于铁的消化吸收，能预防宝宝贫血，同时促进宝宝的智力发育。

母乳是新生儿所需核苷酸的主要来源，母乳中含有13种核苷酸。

宝宝长得稍大些时，可以通过食物来获得核苷酸，豆类、动物内脏、猪肝、鱼类、家禽类食物中都含有比较丰富的核苷酸。

肝类和鱼类中都含有丰富的核甘酸。

乳酸菌 帮助宝宝抑制害菌的肠道卫兵

乳酸菌是指在肠内分解糖而制造大量乳酸的细菌的总称。双岐乳杆菌、嗜酸乳杆菌等都是乳酸菌。

乳酸菌在体内制的"乳酸"等有机酸可促进铁等营养素的吸收，能将肠内酸性化，预防病原菌的繁殖，可以促进宝宝的消化吸收，保持排便顺畅；乳酸菌能抑制有害物质被肠壁吸收，将其迅速排出体外，乳酸菌还具有提高免疫力的作用，能够发挥预防大肠癌的效果。

在各种乳酸菌中，双岐乳杆菌更受人们关注。

双岐乳杆菌包括两部分，一部分是原本栖息在人类肠内的肠内双岐乳杆菌，另一部分是从食物中摄取的双岐乳杆菌。双岐乳杆菌能够抑制害菌的繁殖，防止有害物质的生成，提高宝宝的免疫力，并增强对付癌症和病原菌的抵抗力。

婴儿出生后第三天，肠内双岐乳杆菌开始繁殖，以保护婴幼儿免于害菌和病原菌的伤害，而从食物中摄取的双岐乳杆菌虽然无法栖息在体内，但在通过肠的期间内制造出酸来帮助肠内双岐乳杆菌发挥作用。

氨基酸 关照宝宝成长的前营养物质

氨基酸是构成蛋白质的基本单位，也是蛋白质消化过程中的最终产物，同时也是合成体内蛋白质和组织的原料。制造人类所需的蛋白质的氨基酸大约有22种，其中有8种是人体无法制造的，称为"必需氨基酸"，必须从饮食中摄取，这8种人体必需的氨基酸分别是：赖氨酸、色氨酸、苯丙氨酸、蛋氨酸、苏氨酸、异亮氨酸、亮氨酸、缬氨酸。只有全部的必需氨基酸同时存在体内，并且比例正确，人体才能合成蛋白质。

含蛋白质的食物不一定包含所有的必需氨基酸。若食物中包含了所有的必需氨基酸，则称为"完全蛋白"；若缺乏某种必需氨基酸或其含量过低，则称为"不完全蛋白"。肉类和乳品多为完全蛋白，而蔬菜和水果则多为不完全蛋白。摄取不完全蛋白食物时，必须注意搭配，使所有氨基酸都能充分获得。

专题 中国婴幼儿不缺的营养素

——谨防过犹不及

任何营养素的摄取并非越多越好，最重要的是要营养均衡。有些营养素一旦摄取过量不但无法发挥正常的功效，反而会出现中毒反应。所以，营养素的补充要谨防"过犹不及"，尤其是一些我国婴幼儿体内并不缺乏的营养成分，更不能盲目地补充。我国第三次营养调查结果显示：中国婴幼儿不缺乏的营养素包括：铜、磷、泛酸、维生素E及维生素B12等。

铜

目前，我国人均每天铜的摄入量为2.4毫克，而"建议摄入量"为2.0毫克，而且从未在任何文字记载中发现我国有缺铜的记录，相反，关于铜中毒的记载却不少。过量摄取铜对人体是有害的，会使人发生中毒反应，出现中枢神经系统抑制症状，婴幼儿主要表现为嗜睡、反应迟钝等，严重时可导致宝宝智力低下。

磷

磷也是我国婴幼儿不缺乏的营养素。磷的全国人均摄入量为1058毫克，而"建议摄入量"为700毫克，超出358毫克。人体内的磷与钙的最佳比例为1:1，如果磷超出钙的摄入量，人体对钙的吸收就会被破坏，目前我国居民的磷、钙摄入量比例为1058:406，比例已经严重不协调，这也成了影响钙质吸收的一大问题。

泛酸

泛酸的食物来源较为广泛，普遍存在于各类食物中，人们可以从食物中摄取足够的泛酸。调查发现，中国的婴幼儿体内不缺乏泛酸，而且摄入过多的泛酸会发生腹泻，并增加肝脏负担，所以没必要再进行补充。

维生素E

维生素E又叫生育酚，能维持婴幼儿的生殖系统的正常发育，并具有良好的抗氧化作用。由于我国较为普遍地食用豆油、麻油等植物油，而这些植物油中含有丰富的维生素E，所以我国居民体内不缺乏维生素E，调查数据显示，我国婴幼儿的维生素E的摄入量为"建议摄入量"的300%，不需要再进行补充，如果再过量补充对婴幼儿反而有害。

维生素B12

维生素B12能够在人体的肝脏中长期存储，大约可以满足3~6年的需求，营养调查数据显示，中国的婴幼儿缺乏维生素B12的情况十分罕见。维生素B12摄入过量会导致叶酸的缺乏，还会导致腹泻、加重肝脏负担等，甚至会出现心悸、心前区痛等症状。因此，我国的婴幼儿不需要补充维生素B12。

桂云龙宝宝不缺乏任何营养素，所以看起来很健康哦！

PART

PART3

Part
3

最
适
合
宝
宝
成
长
的

35 种营养食材

哪 些 食 物

对宝宝的生长发育有好处呢？哪些食物对宝宝的身体健康有
帮助呢？又有哪些食物对宝宝的智力开发有益呢？面对这些
疑问，本章将会给您一个详尽的解答。

刘心诺宝宝

宝宝断奶食材适合度快速查询

专题一 宝宝断奶食材适合度快速查询

宝宝肠胃功能及牙齿的发育随着月龄的增长渐渐完善，到了4~6个月大时，宝宝的活动量也开始增多，因此单靠母乳喂养已经不能满足宝宝的营养需求，应当添加一些辅食，这个时期是宝宝断奶的准备期。宝宝7~8个月时，开始进入断奶阶段的初期；9~11个月时，进入断奶的中期；1岁~1岁6个月，整个断奶过程全部完成。

在宝宝各个不同的断奶阶段，分别有一些适合宝宝吃的食物，不知道该怎么给宝宝选择断奶食物的新手妈妈们可以参照下面的列表。（注：☆，适合宝宝食用；○，可以酌情食用；★，不适合宝宝食用。）

牛奶

| 准备期 ○ | 初期 ★ |
| 中期 ★ | 完成期 ★ |

富含蛋白质、脂肪、碳水化合物以及各种婴幼儿必需的微量元素等。准备期可将牛奶加入热水中少量喂食，1岁前后就能完全饮用。建议稍微加热后再饮用，这样有助于宝宝消化。

奶酪

| 准备期 ○ | 初期 ★ |
| 中期 ★ | 完成期 ★ |

富含蛋白质和钙质，可以经常喂食宝宝。因含有盐分，所以切勿过量摄取。

鸡蛋

| 准备期 ○ | 初期 ○ |
| 中期 ★ | 完成期 ★ |

蛋清易引起宝宝过敏，从而导致湿疹或荨麻疹，所以不足半岁的婴儿不宜食用蛋清。蛋黄含有维生素A和铁，是4个月后的宝宝不可或缺的营养素。蛋黄宜煮过食用，开始以少量渐进喂食，让宝宝的肠胃慢慢适应，中后期再渐渐增加。

豆腐

| 准备期 ★ | 初期 ★ |
| 中期 ★ | 完成期 ★ |

是宝宝不可缺少的万能断奶食品；蛋白质含量极其丰富，容易消化，容易调理；建议用热水烫后加工食用。

麦片

| 准备期 ★ | 初期 ★ |
| 中期 ★ | 完成期 ★ |

富含铁和钙，非常适合宝宝断奶时食用，可多加摄取。因麦片含有较多纤维，所以建议宝宝6个月后再开始喂食。

细面条

| 准备期 ○ | 初期 ○ |
| 中期 ○ | 完成期 ○ |

可从准备期开始添加，但注意要尽量剁碎。

鸡肉

| 准备期 ★ | 初期 ○ |
| 中期 ○ | 完成期 ○ |

富含人体可完全吸收的蛋白质。可由初期开始食用，最好将肉磨碎后喂食。建议选用脂肪较少的鸡胸肉。

鸡肝

| 准备期 ★ | 初期 ○ |
| 中期 ○ | 完成期 ○ |

富含铁，可补充宝宝所需营养。建议挑选新鲜、软嫩的鸡肝进行加工。可在宝宝断奶初期习惯鸡胸肉后再喂。

猪肉

准备期	★	初期	★
中期	○	完成期	★

脂肪较多，建议在宝宝断奶中期习惯鸡肉、牛肉及牛猪肝脏后开始喂食。最好绞成肉末。

牛肉

准备期	★	初期	★
中期	○	完成期	★

富含蛋白质、铁、锌等营养素，对宝宝脑部神经和智力的发育极其有益。在宝宝习惯鸡肉及肝脏类后，宜选红肉绞成肉末煮烂后喂食。

海带

准备期	○	初期	★
中期	★	完成期	★

碘含量极为丰富。可从准备期开始喂食。因盐分高，需用水仔细清洗。建议煮成黏糊状喂食。

鱼肉

准备期	○	初期	○
中期	★	完成期	★

含有丰富的锌，能促进宝宝身体发育、增强免疫力。可从初期开始喂食，切记要将皮及鱼刺仔细清除。可选用鳕鱼、比目鱼等进行加工喂食。

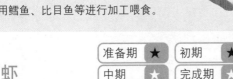

虾

准备期	★	初期	★
中期	★	完成期	★

富含钙、磷、铁、碘等营养素，对宝宝的健康极其有益，也易于宝宝消化。可在中期喂食。

螃蟹

准备期	★	初期	★
中期	★	完成期	★

可在中期后加工柔软再喂食。挑选时要注意新鲜度。

水果

准备期	★	初期	★
中期	★	完成期	★

大多数水果都可以在准备期开始喂食。需去皮、子，打汁或切成小块喂食。一定要注意水果的鲜度。

蔬菜

准备期	★	初期	★
中期	★	完成期	★

在准备期即可喂食，须加热后剁碎食用。

蘑菇

准备期	★	初期	★
中期	★	完成期	★

在宝宝断奶初期即可喂食。建议煮熟后剁碎食用，熬成汤汁风味更佳。含有丰富的纤维，非常适合预防婴儿便秘。

豆浆

准备期	○	初期	
中期	○	完成期	

准备期可用无糖豆浆调理后喂食，完成期后能直接饮用。最好不要用来取代牛奶。

宝宝不同断奶阶段的食材处理方式

专题二 宝宝不同断奶阶段的食材处理方式

宝宝一天天长大了，开始吃母乳以外的食物了，但刚刚开始时，还只能吃糊状或泥状食物，甚至有时候还必须调成流质食物喂食，所以妈妈在调制时要将大部分食材捣成泥糊状。等宝宝稍大些时，就可以吃一些小丁状或块状食物了，这时，妈妈可以根据宝宝的进食需求再调整食材的处理方式。

在宝宝断奶的不同阶段，同样的食材，必须有不同处理方法，下面列出一些适合宝宝吃的食材，并附有每个阶段最适合的处理方法。

香蕉

香蕉营养丰富，含丰富的糖类、多种维生素、矿物质等营养素，适合宝宝任何一个断奶阶段食用。香蕉易捣碎，磨成泥糊状，是一道不错的宝宝营养餐。

准备期

用结实的汤匙刮成泥状，再加入适量凉开水稀释。

初期

直接捣成泥状，可加一点水调匀，也可不加水。

中期

切成0.8厘米左右的小丁，加水，不必稀释。

完成期

切成适合宝宝嘴巴大小的块状即可。

豆腐

豆腐由大豆磨制而成，包含了大豆丰富的营养，而且软嫩易食，非常适合宝宝断奶期间食用。

准备期

豆腐煮过后，捣成泥状，加入适量温开水稀释。

初期

豆腐煮过后，捣成泥状，加少许水调匀，也可以不加水。

中期

将用水煮过的豆腐切成极小的丁，可根据宝宝的喜好加入少许调料调味。

完成期

将用水煮过的豆腐切成适合宝宝嘴巴大小的块，再加调料调味。

鱼肉

可以选择白鱼肉为宝宝制作营养餐。白鱼肉容易消化、脂肪少，适合宝宝食用。

准备期

将煮熟的鱼肉捣成泥状，再加入适量汤汁稀释。

初期

将煮熟的鱼肉捣成泥状的鱼松，可以加少量的水调匀，以免因过于干燥而使宝宝难以下咽。

中期

将煮熟的鱼肉略捣碎，残留一些小块也没有关系。

完成期

将煮熟的鱼肉用汤匙切成碎块拿给宝宝吃。

土豆

土豆含有丰富的淀粉和食物纤维，是继稀饭后最适合宝宝的断奶食物。

准备期 土豆煮好后磨成泥，再用煮土豆的汤汁稀释。

初期 土豆煮好后捣碎，加少许煮土豆的汤汁调匀成糊状。

中期 土豆煮好后切成小丁，不必用水稀释。

完成期 土豆煮好后，切成适合宝宝嘴巴大小的块状。

胡萝卜

胡萝卜营养丰富、味道甜美，煮熟后又松软可口，十分适合宝宝食用。

准备期 胡萝卜煮熟后，用研钵磨成泥状，加入适量汤汁稀释。

初期 胡萝卜煮熟后，用结实的汤匙将胡萝卜压碎，可以残留一些小块。

中期 胡萝卜煮熟后，用刀切成小丁。

完成期 胡萝卜煮熟后，用刀切成块状，可以试着让宝宝自己拿着吃。

南瓜

南瓜含有丰富的胡萝卜素，是一种很好的宝宝断奶食物。

准备期 南瓜蒸熟后，捣成泥状，加入适量汤汁稀释。

初期 南瓜蒸熟后，捣碎，加少许汤汁调匀。

中期 南瓜蒸熟后切成小丁，如果嫌块大，可适当捣碎，也可加少许汤汁调匀。

完成期 南瓜煮熟后，切成适合宝宝嘴巴大小的块状，不必加汤汁稀释。

西兰花

西兰花中含有丰富的维生素A、维生素C及铁等成分。

准备期 将煮熟的西兰花磨成泥状，再加入适量汤汁稀释。

初期 将煮熟的西兰花切成非常细碎的小丁。

中期 将煮熟的西兰花切成小块即可。

完成期 将煮熟的西兰花切成适合宝宝嘴巴大小的块状。

牛初乳 Beestings

宝宝的乳白金

走近牛初乳

牛初乳是一种浓稠而类似乳汁的分泌物，由母牛的乳腺在分娩后的头几天分泌的。它是一种高热量的液体，相对于成熟乳汁，牛初乳含有较多的蛋白质和较少的乳糖及脂肪，可以用来滋养新生的婴儿。由于牛初乳饱含β-胡萝卜素或维生素A前驱物，所以它呈淡黄色。

牛初乳的营养素密度极高，同时也富含建构蛋白质、核酸的基本物质以及许多维生素，更有充足的热量，可以满足基本的营养需求。另外，牛初乳还可以强化婴幼儿的消化系统，刺激或饱足食欲，启动新生儿的肠胃道活动。

牛初乳中含有的免疫成分、生长因子成分、特化蛋白成分以及糖结合成分等多种因子，可以防止病原在肠道内的存活及繁殖，并增强婴幼儿的免疫系统，治疗免疫功能异常、病毒性下痢等。牛初乳免疫成分中的高浓度的免疫球蛋白，具有抗细菌及抗病毒的作用，可以对抗很多种微生物。而从牛初乳中制备出来的免疫球蛋白补充剂，含有高量的抗菌抗体力价，同时也有很强的中和毒素的能力。

过来人支招

家长在购买新鲜的牛初乳时，最好选购母牛分娩后72小时内分泌的乳汁，而且从挤出到贮存不超过30分钟，要保证是在零下18℃冷藏或在4℃下冷藏运输的，免疫球蛋白的含量每毫升不低于12毫克；在选购牛初乳粉时，要注意产品标签上标示蛋白质和免疫球蛋白的含量，蛋白质含量不低于40％，免疫球蛋白的含量不低于10％。

 ## 专家连线

秋末、冬季、初春是宝宝呼吸道疾病高发季节，尤其是2岁以下的婴幼儿，在这段时间里，很容易患呼吸道和胃肠道疾病。宝宝每患一次病，正常的生长发育就会受到一次影响，所以，爸爸妈妈们一定要帮助宝宝预防这些疾病的发生。给宝宝补充牛初乳是提高宝宝机体免疫力的一个好方法，牛初乳中含有较高的免疫球蛋白和广泛的抗病毒因子，因此，能抑制婴幼儿呼吸系统疾病。

牛初乳比成熟的牛奶在营养上更有优势。

奶酪

Cheese
宝宝的精华食源

走近奶酪

奶酪由牛奶制作而成，是牛奶的精华部分，含有极其丰富的营养，是婴幼儿的理想食物。

奶酪含有大量的蛋白质、B族维生素以及钙等多种对人体有益的矿物质。其中，钙可以强壮婴幼儿的骨骼，并降低体内的胆固醇，防止宝宝过于肥胖；在牛奶被制成奶酪时会产生一种叫做乳清蛋白的蛋白质，能强化婴幼儿的免疫机能，增加细胞内的抗氧化物质，有助于人体对铁的吸收，并能抑制体内细菌的增长，从而防止婴幼儿患肠道疾病；天然奶酪中的乳酸菌更有助于婴幼儿肠胃的吸收。因此，经常吃奶酪，可以增强婴幼儿的免疫系统功能，使宝宝更加强壮。

也有禁忌

奶酪开封后，应尽快食用，以免长期暴露在空气中发生污染、变质。超市中出售的低脂片装奶酪，营养成分相对较少，所以最好不要给宝宝食用。

♥ 专家连线

对乳糖过敏的婴幼儿不宜吃含乳糖量高的奶酪，所以，家长应该尽量选购不含乳糖或含量极低的奶酪给孩子吃。这样既可以避免婴幼儿发生腹胀反应，又能充分吸收其中的营养。

宝宝营养餐

[猕猴桃番茄奶酪] 1

小西红柿中含有丰富的维生素A和维生素C，与奶酪搭配食用，可以通过奶酪中的油脂吸收维生素A。这道营养餐，酸甜可口，宝宝吃了，一定会胃口大开。

材料：奶酪1杯，猕猴桃1/4个，小西红柿1个

做法：1.猕猴桃去皮，小西红柿洗净，分别用刀切碎，备用。2.奶酪取出，拦腰切成一半置于碟子上。3.取切碎的猕猴桃、小西红柿置于奶酪上即可。

[奶酪面包粥] 2

奶酪的营养价值相当高，蛋白质的含量比同等重量的肉类高得多，并且富含钙、磷、钠、维生素A、维生素B等营养元素，是小宝宝最好的营养来源。

材料：土司面包半片
调料：奶酪少许
做法：1.土司面包去掉硬边，仔细撕碎。2.加入刚盖过面包的水熬煮，待水滚转小火，煮至黏稠状。3.将乳酪倒入面包粥内仔细搅匀。

深海鱼类 | Deep-sea fish

深海中的婴儿保健品

走近深海鱼类

海水鱼类营养丰富，其中蛋白质以及碘、钙、磷等矿物质的含量均比其他肉类高，同时含有人体必需的8种氨基酸，极易被人体消化吸收。深海鱼类含有多种维生素，特别是脂溶性维生素A、维生素D等。海水鱼类是宝宝的必选食物之一。

另外，深海鱼类含有丰富的卵磷脂、大量人体必需的不饱和脂肪酸DHA以及 ω -3脂肪酸等极其有益于宝宝生长发育的独特营养成分。

卵磷脂是人脑中神经介质乙酰胆碱的重要来源，可增强宝宝的记忆、思维和分析能力，并能减缓脑细胞的退化；DHA是不饱和脂肪酸二十二碳烯酸的缩写，是一种人体必需的不饱和脂肪酸，能增强婴幼儿的记忆和思维能力，并提高智力； ω -3脂肪酸是最近颇受大众瞩目的一种不饱和脂肪酸，具有预防血凝块、防范心脏病的作用，此外，还能消炎、防癌、减少肿瘤的数目和大小，对婴幼儿的健康成长极其有利。

过来人支招

如果宝宝不足10个月，妈妈们在做鱼肉时不要添加盐、糖、味精等调料，不能以大人的口味评估食物的鲜美程度。

在处理鱼肉时，一定要先去刺、去皮，等水沸后再放鱼肉，直到完全煮透再起锅，如果想将鱼肉捣碎，一定要趁热。

如果宝宝患有痛风，千万不要给宝宝吃鱼肉，以免使病情加重。

沙丁鱼含有丰富的 ω -3脂肪酸，对婴幼儿的智力发育极有好处。

专家连线

ω -3脂肪酸对于婴幼儿的生长发育起着至关重要的作用，主要存在于鱼脂肪和亚麻子油中，在日常生活中，家长们可以选择一些富含 ω -3脂肪酸的深海鱼类来制作婴幼儿的食物。为了使 ω -3脂肪酸能够更好地吸收，家长们要注意下面的一些事项：

●在所有的鱼类中，鲑鱼中的 ω -3脂肪酸是最优质的。每90克的鲑鱼可提供3克的 ω -3脂肪酸。

●要挑选颜色较深的鲑鱼。鲑鱼的颜色越深，所含的 ω -3脂肪酸就越多。

●在选购时，可以挑选多个不同的品种。含有优质 ω -3脂肪酸的鱼类还包括鲭鱼、虹鳟鱼、鲔鱼、鲜白鲑和鲜大西洋青鱼。

●可以选购含 ω -3脂肪酸的鱼类罐头，如水煮鲔鱼、沙丁鱼罐头等。

●可以多利用微波炉。日常的高温煮食、烤炙等可能会破坏将近一半的 ω -3脂肪酸，而微波炉对这些有益的油脂的影响则较小。

新手妈咪学着做

让鱼更美味的方法

A. 妈妈们在选购深海鱼时，要注意买略带脂肪的部位，因为这样宝宝吃起来才不会感觉干燥难以入口。

B. 鱼买回后，就要除掉腥臭味。锅置火上，加热后，在热水中加少许醋，再放入鱼肉。

C. 鱼肉煮滚后，用玉米粉或淀粉勾芡淋在鱼肉上即可，这样可以使鱼肉变得滑嫩、味美，宝宝也更喜欢吃。

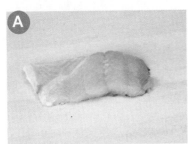

宝宝营养餐

[鱼肉豆腐粥]

1

　　鳗鱼和豆腐都含有丰富的钙和蛋白质，对宝宝的骨骼与视力的发育极其有益。而鳗鱼中含有的优质DHA等营养素，可以提升婴幼儿的机体免疫力，更能促进宝宝脑部的发育。想让宝宝更聪明，就赶快给宝宝做这道营养餐吧！

材料：大米1杯，鳗鱼半条，豆腐1块，芹菜末少许

调料：盐、黑胡椒各适量

做法：1. 大米洗净，沥干；豆腐洗净，切小块；鳗鱼处理干净，切成片状。2. 锅中加入10杯水煮开，放入大米、鳗鱼煮至滚时稍搅拌，改中小火熬煮30分钟，加入豆腐续煮3分钟。3. 加盐调味，撒上黑胡椒、芹菜末即可食用。

[美味鱼松]

2

　　这道鱼松不仅营养丰富，而且十分美味，尤其适合正在断奶的宝宝食用。

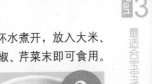

材料：鲷鱼500克，葱2根（切成葱花），姜2片（切末）

调料：油1杯，盐1小匙，料酒少许

做法：1. 鱼洗净，加葱花、姜末、少许料酒，入锅蒸熟（约20分钟）。2. 取出后将鱼肉剔下，并小心挑净鱼刺、鱼皮等杂质，把鱼肉弄碎。3. 起锅热油，油熟后先取出一半，再放入鱼肉大火炒至水分消失，呈干松状，再慢慢将剩下的油分次加入炒酥，并加盐调味。

海带 Kelp
宝宝的补碘专家

走近海带

海带是一种食用藻类，营养非常丰富。海带富含碘、钙、磷、硒等多种人体必需的微量元素，尤其是碘含量特别丰富，同时又含有多种维生素、蛋白质和碳水化合物等。海带是人体必备的维生素和矿物质的珍贵来源，对婴幼儿的生长发育极有益处。

海带中富含的碘，能有效预防并治疗婴幼儿单纯性甲状腺肿大，还能起到防治癌症的作用；海带中含有的胶质能促使婴幼儿体内的放射性物质随同大便排出体外，从而减少放射性物质在人体内的积聚，降低放射性疾病的发病率；海带中大量的不饱和脂肪酸和食物纤维，能清除附着在血管壁上的胆固醇，调理肠胃，促进胆固醇的排泄；海带中的叶酸可分解身体中的蛋白质，并协助红细胞再生；而其中丰富的钙元素则有利于婴幼儿骨骼和牙齿的发育。此外，海带中还含有各种具保护作用的化合物，对抵御癌症有一定的疗效。

也有禁忌

虽然食用海带有益身体健康，但也不能让宝宝大量摄取，若摄取过多反而可能成为引起其他病症的原因。像要预防甲状腺障碍，就须避免碘摄取过量或不足。

过来人支招

在宝宝4～6个月时，可以给宝宝吃适量海带，来为宝宝补碘。但海带较硬、盐分较高，不宜直接加工成食物喂食宝宝，所以建议妈妈在做前先仔细清洗海带并用水浸软，煮成黏糊状后再喂食宝宝。

♥ 专家连线

海带中富含多种婴幼儿必需的营养素，家长们在制作的过程中，要尽量减少海带的营养流失。在为宝宝制作海带的营养餐时，要注意以下事项：

● 干燥的海带所含的有价值矿物质都在表面上，建议烹煮前用水轻轻清洗，不要过于用力揉搓，以免水流带走过多的营养。

● 在制作过程中要想避免营养流失，最好的方法就是用海带来煮汤，这样营养素便会留在汤中。

● 尽量将海带与其他的食材进行合理搭配，如谷类食物等，这样会更易于宝宝吸收海带中的营养成分。

海带含有丰富的碘，常给宝宝食用可预防甲状腺肿大。

新手妈咪学着做

　　海带营养丰富，如果处理方法得当，会使海带中的营养得到最大限度的利用，新手妈妈们可以参照下面的步骤来处理海带。

 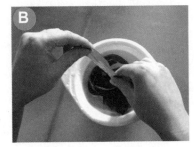 

海带的处理方法
A.将海带浸泡在水中直至浸软。B.用水将干海带轻轻洗净。C.锅中加水煮滚，放入海带用中小火煮至黏糊状。

宝宝营养餐

[营养海带粥]　　①

　　这道营养海带粥鲜滑软嫩，非常适合断奶期的宝宝食用，能提供宝宝所需的多种营养。

材料：大米、水发海带各100克，葱花适量
调料：油、盐各适量
做法：1.大米淘洗干净；海带洗净泥沙和黏液，切成丁。2.锅置火上，加水烧开，加入海带，煮至海带黏软，再下入大米和适量油。3.煮滚后用小火继续熬煮40～50分钟，至米粒开花、海带颜色变浅时放入适量盐和葱花，搅拌均匀即可。

[豆芽炒海带]　　②

　　这道营养餐味道较接近于成年人的食物，更适合2岁以上的宝宝食用。让宝宝偶尔尝尝大人的食物也无妨，但不要经常吃，宝宝可能会上"瘾"哟！

材料：黄豆芽400克，海带100克
调料：油2大匙，酱油1大匙，盐、白糖各适量
做法：1.黄豆芽除掉须根杂质，洗净；海带洗净，煮烂，切成丝。2.起锅热油，油烧热后放入黄豆芽煸炒至六成热，放入海带丝、酱油、盐和白糖，边炒边搅拌，直到黄豆芽熟后无豆腥气时起锅即可。

虾 Shrimp

婴幼儿的营养补充剂

走近虾

虾的肉质鲜美、松软，营养丰富，又没有骨刺，容易吸收消化，十分适合婴幼儿食用。

虾的营养极为丰富，所含的蛋白质是鱼、蛋、奶的几倍到几十倍，还含有丰富的钾、碘、镁、磷等矿物质和维生素D、氨茶碱等成分，经常食用能提高婴幼儿的食欲并增强体质。而虾中所含的钙质对婴幼儿骨骼与牙齿的发育也极有益处。

专家连线

虾为发物，家长切不可盲目地让孩子食用虾肉。如果孩子染有宿疾、上火以及患有过敏性鼻炎、支气管炎、反复发作的过敏性皮炎，都不宜吃虾，因为虾可能会加重病情。

也有禁忌

很多年轻的妈妈都想尽量多地给宝宝补充各种营养素，但千万不可在喂食宝宝虾肉后再给宝宝补充维生素C，这是十分危险的。因为虾肉中含有对人体无害的五价砷，但维生素C对五价砷具有极强的还原作用，能将五价砷还原成对身体有剧毒的三价砷。因此，在食用虾后，切不可吃维生素C含量高的食物。

虾的营养价值很高，但染有宿疾及上火的宝宝不宜食用。

宝宝营养餐

[鲜虾肉泥]

虾肉鲜美，宝宝见了不流口水都难！

材料：鲜虾肉适量

调料：盐、香油各适量

做法：1.鲜虾肉洗净，剁碎，放入碗内，加少许水，上笼蒸熟。2.加入适量盐、香油搅拌均匀。

[虾末菜花] ②

这道营养餐营养丰富、味道鲜美，易于消化，更适合已经长出牙的宝宝食用，可以锻炼宝宝的咀嚼能力！

材料：菜花、虾各适量

调料：白酱油、盐各少许

做法：1.菜花洗净，放入开水中煮软后切碎。2.把虾放入开水中煮后剥去皮，切碎，加入白酱油、盐煮熟，使其具有淡咸味，倒在菜花上即可食用。

牡蛎

Oyster
宝宝的天然补锌冠军

走近牡蛎

牡蛎俗称蚝，别名蛎黄、蚝白、海蛎子，是惟一能生吃的贝类，也是含锌最多的天然食物之一。它的肉呈青白色，质地柔软细嫩，古罗马人曾把它誉为"海上美味——圣鱼"。牡蛎营养十分丰富，对婴幼儿的生长发育也大有助益。

牡蛎是维生素A、维生素B$_{12}$和维生素C的极佳来源。同时，牡蛎中的胆固醇含量很高，是其他鱼类的两倍以上，一杯牡蛎中约含120毫克的胆固醇。铁含量也很高，一杯生牡蛎约含15.9毫克的铁。牡蛎中所含的丰富的蛋白质能促进婴幼儿肌肉的生长，具有增强体力、恢复精神的良好效果。此外，牡蛎中所含的锌也极其丰富，每千克牡蛎中含锌量高达1克以上，锌能促进蛋白质的合成，加速伤后的愈合，提高免疫力，并预防感冒。

专家连线

牡蛎中含有致病性细菌，最好不要生吃，特别是肠胃功能发育未完全、免疫力较低的婴幼儿更不能吃生牡蛎，所以建议家长将牡蛎煮熟后再给孩子吃，以免导致胃肠道疾病发生。

牡蛎含有丰富的锌，常吃可提高宝宝的免疫力。

宝宝营养餐

[三宝蒸蛋] ①

牡蛎、虾仁都含有丰富的维生素和蛋白质，且脂肪含量较低。所以，长牙的胖宝宝可以尽情享用！

材料：鸡蛋5个，香菇、牡蛎、虾仁各适量

调料：冷高汤2.5杯，盐1小匙

做法：1.牡蛎处理干净；香菇洗净。2.蛋打散，加入调料拌匀，放入蒸锅蒸15分钟，锅盖不要完全盖严，留一个缝隙。3.将香菇、牡蛎、虾仁放在蒸蛋上，再蒸3分钟即可。

[水煮牡蛎] ②

这道营养餐包含了牡蛎的全部营养，对治疗小儿贫血、盗汗有一定的功效。

材料：牡蛎25克

调料：盐适量

做法：1.牡蛎肉洗净，放入锅中。2.加入适量水、盐，用中火煮至熟软即可。

草鱼

Grass carp

滋养宝宝身心的天然补品

走近草鱼

草鱼又名鲩鱼、厚鱼等，是优质的淡水鱼类。草鱼肉质细嫩，骨刺少，营养丰富，不但能滋补身体，还具有开胃的功效，是宝宝理想的断奶食品。

草鱼含有丰富的硒元素，具有很好的抗氧化功能，同时对于肿瘤也有一定的防治作用。草鱼中丰富的不饱和脂肪酸，能促进身体的血液循环。另外，草鱼中的钾含量十分丰富，每百克草鱼中含钾量高达312毫克，身体中的钾与钠共同合作来调节体内水分的平衡，并使心跳规律化，还能保持骨骼肌的健康、维持正常的神经传导及心肌活动。

在炖草鱼时，最好在锅里放点牛奶，这样既可以去掉鱼腥味，又可以使鱼肉酥软、鲜美，宝宝也会更喜欢吃。

草鱼胆汁有毒，最好将其丢掉，不宜食用。另外，家长在烹制草鱼时，一定要将草鱼煮熟，以免使宝宝感染寄生虫，尤其是肝吸虫和肺吸虫。

新手妈咪学着做

鱼肉所含蛋白质的氨基酸组成比值与婴儿需要量比值最为接近，能供给人体必需的氨基酸。尤其是婴儿生长发育最需要的赖氨酸较为丰富。

草鱼的基本烹调法

A.用清水彻底洗净，仔细拭去水分。B.烹调前之所以需先迅速汆烫，是要去除鱼类特有的鱼腥味。C.仔细剥皮及取出鱼刺，撕成容易烹调的形状。D.吞咽期的宝宝，需再仔细用磨白捣烂。

A / B / C / D

宝宝营养餐

[豆腐鲜鱼羹]

这道营养餐含有丰富的蛋白质、脂肪酸以及各种矿物质，是宝宝不可多得的开胃食品。

材料:草鱼、嫩豆腐各适量，玉米粒半大匙，鸡蛋1个
调料：盐适量，水淀粉少许
做法：1.草鱼洗净，切丁；嫩豆腐切丁；鸡蛋打散。2.锅中加水煮沸，下入豆腐、鱼肉、玉米粒煮至熟软，加盐调味。3.用水淀粉勾芡，淋上蛋液，待熟即可。

橄榄油

Olive oil

维持婴幼儿身体健康的食物明星

走近橄榄油

橄榄油是从油橄榄鲜果中直接压榨出来的果汁，分离掉其中的水分后取得的。它是迄今人类所发现的油脂中最适合人体营养的油脂，是唯一以天然形态存在并可直接口服的植物油，能增进婴幼儿的消化系统功能，并激发食欲。橄榄油非常容易被消化吸收，对维持婴幼儿身体健康有着重要的作用。

橄榄油中主要成分为不饱和脂肪酸，丰富的脂溶性维生素A、维生素B、维生素D、维生素E及维生素K、叶绿素和角鲨烯等90多种生物活性物质，是含天然抗氧化剂最丰富的食品之一。

橄榄油中含有一种多酚抗氧化剂，能降低低密度脂蛋白胆固醇，但对有益的高密度脂蛋白胆固醇却没有任何影响，同时还能有效清除人体内的自由基，抵御心脏病和癌症。橄榄油能与一种叫鲨烯的物质结合，从而缓解结肠癌和皮肤癌细胞的生长。橄榄油具有两性的"双向调节"作用，可降低血黏度，有预防血栓形成和降低血压的作用。

过来人支招

橄榄油最好贮存在冰箱中或其他阴凉的地方，这样可以保持橄榄油的新鲜度，避免变质。

也有禁忌

橄榄油虽然有益于婴幼儿的身体健康，但它终究是脂肪类，摄取不可过量。在摄取橄榄油的同时必须减少其他脂肪的食用量。每天最好只用1～2汤匙来做菜。

专家连线

所有的橄榄油都富含单一不饱和脂肪酸，但是其中对抗癌症的多酚氧化酶的含量却不相等。为了取得更多的多酚氧化酶，最好挑选标有"初榨"的橄榄油。因为"初榨"的橄榄油是由精选成熟的橄榄中萃取第一道油脂而来的，不但包含多酚氧化酶，也去除了苦酸味。

橄榄油含有优质的脂肪，是维持宝宝身体健康的必需物质。

宝宝营养餐

[浓香烤蛋]

橄榄油虽然营养丰富，但也不可以放得太多。让宝宝尝尝这道烤蛋吧，它会让小宝宝回味无穷！

材料：鹌鹑蛋2个，面包粉1小匙，奶酪粉1小匙，海苔粉少许，橄榄油1/4小匙
做法：1.将鹌鹑蛋切成两瓣。2.面包粉、奶酪粉、橄榄油拌匀，均匀洒在蛋上，入烤箱略烤数分钟。3.取出洒些海苔粉即可。

肝类

肝类 | Liver
最具营养的婴幼儿保健品

走近肝类

　　肝脏是动物体内储存养料的器官，含有丰富的营养物质，具有营养保健功能。肝是补血食品中最为普及的食物，尤其是猪肝，其营养是猪肉的十多倍，食用猪肝可以调节和改善人体内的造血系统的生理功能。所以动物肝脏也是婴幼儿理想的营养食物。

　　动物肝脏中含有丰富的维生素A、维生素B₂和矿物质硒等营养成分。其中，维生素A的含量远远超过奶、蛋、肉、鱼等食品，能保护眼睛、维持正常视力、维持肤色的健康。维生素B₂含量也比其他食品高出15～20倍，维生素B₂是人体多种氧化酶系统中不可缺少的构成部分，也是作为机体重要辅酶的组成成分，参与体内广泛的代谢反应。而矿物质硒的含量也很高，硒具有抑制人体内癌细胞生长的功能。

过来人支招

　　给宝宝吃的动物肝脏一定要清洗干净，动物肝脏的清洗也有窍门：先在肝的表面撒些面粉，搓揉一会儿，用清水洗净，将肝上的白筋用刀剔除，最后用温水洗净，就能有效去除动物肝脏的异味了。

肝类在制作之前一定
要仔细清洗。

专家连线

　　猪肝中的维生素A的含量极其丰富，每100克猪肝中含有维生素A 8700国际单位，成人每天的需要量为2200国际单位，婴幼儿则更少。如果大量食用肝类，会使体内维生素A含量过多，造成无法由肾脏排泄而出现中毒现象。中毒时常表现为：恶心、呕吐、头痛、嗜睡、视线模糊等，时间长了会导致骨质疏松、皮疹、毛发干枯等症状，而且对肝脏也有一定的损害作用。因此，切忌给孩子吃太多的动物肝脏。

宝宝营养餐

[西红柿肝末]

　　这道营养餐适于5个月以上的婴儿食用，以补充铁、维生素C的需求，防止缺铁性贫血和坏血病的发生。

材料：猪肝100克，西红柿1/4个，葱头1/4个
调料：盐少许
做法：1.将猪肝洗净切碎；西红柿用开水烫一下，剥去皮切碎；葱头剥去皮洗净，切碎待用。2.将猪肝、葱头同时入锅内，加入水或肉汤煮，最后加入西红柿、盐，使之有淡淡的咸味即成。

猪蹄 | Pettitoes

打造宝宝娇嫩肌肤的食物之源

走近猪蹄

猪蹄中含有丰富的蛋白质，特别是胶原蛋白的含量极高，是增强婴幼儿肌肤弹性的极佳食物。

猪蹄中所含的甘氨酸对中枢神经有镇静作用，常吃猪蹄能够改善婴幼儿小腿抽筋、麻木症状。而猪蹄中的胶原蛋白能增强婴幼儿的皮肤与肌肉的弹性，经常食用，能使宝宝的皮肤更加润滑。

胶原蛋白是人体内主要支撑的蛋白质，皮肤、骨骼、关节软骨、内脏、血管等器官都含有胶原蛋白。它在人体内扮演着极为重要的角色，是维持皮肤肌肉弹性的主要成分，具有强大的保湿功效，可强化肌肤锁水功能，保持水分、紧实肌肤，改善分泌状态，有效修复受损肌肤。另外，胶原蛋白还能增强细胞生理代谢，有效改善机体生理功能，使细胞得到滋润，保持湿润状态，防止皮肤褶皱。

♥ 专家连线

猪蹄油脂较多，婴幼儿不宜多吃，特别是在临睡前，以免增加血液黏度。

常吃猪蹄可改善宝宝皮肤的储水功能。

过来人支招

在烧猪蹄时，稍加一点醋，能使猪蹄中的蛋白质更容易被宝宝吸收，同时还能使猪蹄骨细胞中的胶质分解出磷和钙来。

宝宝营养餐

[黄豆焖猪蹄]

1

这道营养餐将猪蹄的营养与黄豆的浓香融为一体，比较适合1岁以上的宝宝食用。

材料：猪蹄1个，黄豆半大匙，葱花、姜末各适量

调料：盐、酱油各适量

做法：1.将黄豆浸泡在水中2小时，猪蹄用酱油腌一会儿。2.高压锅中放入葱花、姜末和猪蹄，加适量水用中小火焖20分钟。3.取出猪蹄，待温度适宜时，用刀将猪蹄上的肉片下，切丁。4.将蹄丁、泡好的黄豆一同放入砂锅里，小火炖40分钟，出锅前用盐调味。

[猪蹄补膳]

2

这道营养餐侧重滋补与调理，适用于小儿发育不良、骨头软、走路晚、囟门不合等症，发育正常的宝宝不必食用。

材料：猪蹄2个，鹿茸100克，附片30克

材料：盐少许

做法：1.将鹿茸切薄片。2.将猪蹄洗净，备用。3.将猪蹄、鹿茸、附片一同放入锅中，微火煮沸几次至软烂，再用盐调味即可食用。

鸡蛋

鸡蛋

Egg
价格低廉的婴幼儿营养库

走近鸡蛋

鸡蛋是一种物美价廉的食品，营养比较全面，含有丰富的蛋白质、维生素及多种矿物质等。

鸡蛋蛋白质中氨基酸易于人体消化吸收，被人体的利用率极高，其生物学价值高达95％，在食物蛋白质中，鸡蛋的营养价值几乎是最高的。其蛋白和蛋黄中的蛋白质都属于优质蛋白质，在鸡蛋中的含量可达11％～13％。蛋白中的蛋白质以卵清蛋白为主，蛋黄则富含卵黄磷蛋白及易被婴幼儿吸收的不饱和脂肪酸等营养成分。

鸡蛋中还含有丰富的维生素和钙、鳞等多种矿物质，其主要存在于蛋黄中，尤其是视黄醇（维生素A）和核黄素（维生素B_2）的含量较高，此外还含有维生素D、维生素B_1等。

过来人支招

一般而言，煮鸡蛋是最佳的吃法，但要注意让宝宝细嚼慢咽，否则会影响消化和吸收。不过，对于宝宝来说，蒸蛋羹、蛋花汤更适合，因为这两种做法能使蛋白质更容易被宝宝消化吸收。

也有禁忌

有过敏症状的宝宝需长至8个月后才能摄取蛋白。1岁以前的宝宝不可摄取半熟的鸡蛋，必须吃全熟的鸡蛋。另外，肾功能不全、皮肤生疮化脓的宝宝都不宜食用鸡蛋。

专家连线

鸡蛋是高蛋白食品，如果食用过多，可导致代谢产物增多，同时也增加肾脏的负担。特别是婴幼儿，其消化系统发育尚不完善，肠壁的通透性较高，摄入过多会导致消化不良、腹泻，甚至出现过敏反应和其他疾病，因此不宜过早、过多食用鸡蛋。蛋白对于宝宝而言，不易消化，所以建议在4个月时开始给宝宝添加蛋黄，开始时可以给1/4个蛋黄，适应后可以逐渐增加；1～1.5岁时，宝宝仍应只吃蛋黄，而且每天不能超过1个；1.5～2岁时，宝宝可隔日吃1个完整的鸡蛋；年龄稍大一些后，可以每天吃1个鸡蛋。

鸡蛋蛋白质中氨基酸模式与人体所需的蛋白质氨基酸模式较为接近，所以易于吸收。

新手妈咪学着做

鸡蛋的营养价值高，味道又鲜美，是断奶期的宝宝最佳且最方便的食物。鸡蛋是一种营养价值非常高的"完全食品"。如果宝宝体质没有问题，一个礼拜最好多吃几次。

蛋黄沙拉的调制方法
A.将煮好的蛋黄装入塑胶袋内用手揉烂。
B.使用时仅将所需分量取出即可，其余直接放在袋内待用。

鸡蛋

宝宝营养餐

[两色蛋]

这道双色的营养餐更适合大一点的宝宝食用。如果给1岁以内的宝宝烹制，只能用蛋黄，不能用蛋白，以防宝宝过敏。

材料：鸡蛋1个
调料：胡萝卜酱1小匙，白糖、盐各少许
做法：1.将煮熟的鸡蛋剥去壳，把蛋白与蛋黄分别研碎，用白糖和盐分别拌匀。2.将蛋白放入小盘内，蛋黄放在蛋白上面。3.放入笼内，用中火蒸7～8分钟，浇入胡萝卜酱即可喂食。

[鸡汤蒸蛋]

宝宝不宜直接饮用鸡汤，与蛋同蒸更方便喂食，但鸡汤要先撇去油质，而且要稍微加温至微热状态时冲入，蒸蛋较易熟。盖上保鲜膜再蒸，可保持蒸蛋滑嫩，不致起蜂窝或塌落。

材料：鸡蛋2个
调料：鸡汤1杯，盐少许
做法：1.蛋打散，加入鸡汤及盐调味后，用细网过滤，盛入碗内。2.盖上保鲜膜，放入锅内蒸熟，外锅约放1杯水，蒸至开始跳起即可移出食用。

猪、牛、羊肉

Meat
婴幼儿不可缺少的营养美味

走近猪、牛、羊肉

猪、牛、羊肉是生活中常见的畜肉类，富含多种营养素，而且味道鲜美，是宝宝成长过程中不可缺少的营养食物。

猪肉加工后香浓、可口，十分适合咀嚼、消化功能尚不太强的婴幼儿食用。猪肉中的蛋白质，含量达9.5%，且十分优质；同时也含有丰富的维生素B_1、维生素B_6、维生素B_{12}以及婴幼儿生长发育不可缺少的锌、铁等营养成分；但由于猪肉中的脂肪酸含量较高，易形成血栓，也容易导致宝宝肥胖，所以宝宝食用猪肉要适量。

猪肉纤维细软，结缔组织较少，所以口感较好。

牛肉是优质的高蛋白食物，其蛋白质含量比猪肉多1倍；另外还含有能提高婴幼儿智力的亚油酸及锌、铁等微量元素，可以增强宝宝的抵抗力。有研究者认为吃牛肉可以使婴幼儿更聪明，但也不能让宝宝多吃常吃，每次食用要适量。

宝宝吃牛肉时，一次食用不可过量。

羊肉的蛋白质含量介于猪肉和牛肉之间，含量约为13.3%；脂肪含量也介于两者之间，约为13%；羊肉中钙与铁的含量却高于猪肉和牛肉，所以给宝宝食用羊肉可以促进宝宝骨骼与牙齿的发育。由于宝宝的胃肠功能发育不完善，所以，羊肉也不宜过量食用。

羊肉肉质细嫩，味道鲜美，较适合宝宝食用。

♥ 专家连线

在一年中，春季是人体胃肠的消化能力较差的季节，相对成年人而言，婴幼儿的消化能力会更弱一些，所以不适合让宝宝多吃肉食。可以在天气较寒冷或宝宝活动量较大时给宝宝吃些猪肉，以补充能量，但较肥胖的宝宝不宜吃太多的猪肉。

过来人支招

羊肉的膻味较重，很多宝宝不喜欢吃，妈妈可以在烹制时用点小窍门去除羊肉的膻味。在煮羊肉时，可以放入一些萝卜或绿豆或茶叶或芹菜或有裂纹的核桃同煮，就可以轻松去除羊肉的膻味了。另外，在烹制羊肉时也可以放点不去皮的生姜，也可以去除羊肉的膻味，而且姜皮辛凉，有散火除热、止痛祛湿的作用，对于宝宝上火也有一定的疗效。

要想使烹制好的牛肉保存最多的营养，可以用清炖牛肉的办法来实现，用这种方法炖出来的牛肉原汁原味，鲜美可口，肉质软嫩，营养流失很少，十分适合宝宝食用。

新手妈咪学着做

肉类处理起来比较麻烦，特别是为宝宝烹制的营养餐，妈妈们就更要注意了。下面向妈妈们推荐一种肉类的基本烹调法。

A.肉馅脂肪多，选购时挑选不带脂肪的瘦肉馅。B.倒入比肉馅多5倍的冷水，慢慢熬煮。C.肉熬烂后摊于网勺内，用水冲洗干净。D.喂食时，需再将肉捣烂，才容易入口。E.将捣烂的肉馅调成黏稠状，容易下咽。

猪、牛、羊肉

宝宝营养餐

[豆豉牛肉末]

这道豆豉牛肉富含蛋白质以及多种矿物质等营养成分，对宝宝的生长发育极有益处。该餐的味道也十分鲜美，赶快让宝宝尝尝鲜吧！

材料：碎豆豉、牛肉末各1小匙

调料：植物油、酱油、鸡汤各适量

做法：1.将炒锅置火上，放入植物油，下入牛肉末煸炒片刻，再下入碎豆豉、鸡汤和酱油，搅拌均匀即成。2.此菜在给婴儿喂稠粥或烂面时添加。

[奶味牛肉羹]

牛肉能提供高蛋白质，健脾胃，营养价值高。与植物类食品相比，肉类食品中的铁质更适宜宝宝吸收。

材料：牛肉末1大匙，10倍稀粥3大匙，牛奶1/3杯

做法：1.牛肉末用热水熬煮，煮烂后用磨臼仔细捣烂。2.将牛肉末及10倍稀粥、牛奶倒入小锅中搅匀，用小火略煮。

同步育儿营养全书（0～3岁）

鸡肉

鸡肉 | Chicken

宝宝的高蛋白营养品

走近鸡肉

鸡肉富含蛋白质、维生素B及不饱和脂肪酸，同时也含有微量的铁、锌、磷和钾等矿物质。鸡肉对癌症和婴幼儿营养不良有很好的食疗作用。

鸡肉中的蛋白质含量十分丰富，每100克鸡肉中蛋白质的含量可达23.3克，比猪、牛、羊肉的蛋白质含量都高。另外，鸡肉中含有珍贵的磷脂类，对婴幼儿的生长发育有着重要的意义。鸡肉也是人的膳食结构中脂肪和磷脂的重要来源之一。

鸡肉最细最嫩，肉中含筋量少，只有顺着纤维的方向切，烹制时才能使肉不被破坏，味道也会更鲜美。

鸡肉是高蛋白的食物，含有多种宝宝必需的氨基酸，且脂肪含量较低，可以补充婴幼儿生长发育过程中所需的的营养成分，是婴幼儿的理想食物之一。所以，家长要经常给孩子吃一些鸡肉食品。

鸡肉是高蛋白食物，更适合小宝宝食用。

新手妈咪学着做

鸡肉含有丰富的蛋白质，是制造身体肌肉的主要成分，非常适合咀嚼期的宝宝食用。鸡肉宜选清淡的鸡胸肉为宜，这样更容易宝宝食用。

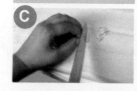

冷冻鸡胸肉的处理方法

A. 鸡胸肉烫熟或用微波炉煮熟后，沿着鸡肉纤维部分仔细撕碎。
B. 压成薄薄的扁平状，送入冷冻库保存，需要时可折取所需分量烹调。
C. 在冷冻的状态下剁碎，会将鸡肉剁得比肉馅还细，刚进入咀嚼期的宝宝也很容易入口。

宝宝营养餐

[香菇鸡肉]

这道营养餐集合了鸡肉、香菇、绿豆仁的所有营养，可帮助宝宝消化、促进神经系统和大脑发育，还能让小宝宝的皮肤更娇嫩！

材料：鸡胸肉100克，绿豆仁200克，香菇3朵，豆腐1块，姜2片，芹菜80克，火腿50克

调料：盐1小匙，水淀粉2大匙

做法：1.绿豆仁洗净，泡水1～2小时；香菇去蒂泡软，切末；芹菜、姜均切末；豆腐、火腿均切丁。2.鸡胸肉洗净，切末，放入碗中加入姜末和盐拌匀腌10分钟，备用。3.锅中倒入4杯水、泡好的绿豆仁煮熟，加入所有材料继续煮5～6分钟，再加入水淀粉勾芡即可。

南瓜

Pumpkin
提高宝宝免疫机能的特效保健品

走近南瓜

　　南瓜是一种营养价值比较高的食物，营养也比较全面。南瓜中含有丰富的β-胡萝卜素、维生素B、维生素C及矿物质、人体必需的8种氨基酸和婴幼儿必需的可溶性纤维、叶黄素以及磷、钾、钙、镁、锌、硅等微量元素，而其中的β-胡萝卜素含量胜过绿色蔬菜。另外，南瓜中还含有大量的亚麻仁油酸、软脂酸、硬脂酸等良质油脂。

　　南瓜中的维生素C是强抗氧化剂，可预防癌症和心脏病，并帮助身体抵抗传染病；β-胡萝卜素能在人体内转化为维生素A，可以强化免疫系统，预防呼吸性疾病及过敏，还可帮助预防多种癌症；南瓜中的糖类和淀粉以及铁、磷等对维护机体的生理功能有重要作用。常吃南瓜，能有效防治肝脏病变，提高人体的免疫力，同时也可以润肠通便，对婴幼儿便秘有一定的防治作用。

　　南瓜在国际上被视为特效保健蔬菜，对婴幼儿的身体发育极有好处。

　　久存的老南瓜要认真检查，表皮烂了或切开后有异味的南瓜已经变质，不能食用。

也有禁忌

　　●南瓜最好不要和羊肉同食。●南瓜与虾同食会引起痢疾。●南瓜和带鱼同食会中毒。

新手妈咪学着做

　　南瓜营养美味，十分适合宝宝食用，妈妈们在烹制时，要注意处理方法。

A. 将南瓜洗净，去子。
B. 把处理好的南瓜放在蒸锅中，加盖，用中小火蒸熟，关火。
C. 将南瓜稍搁置一会儿，温度适宜时，取出南瓜，用匙刮取。
D. 可用小盘盛放刮下来的南瓜肉，也可刮下来直接喂宝宝吃。

黑木耳 | Black fungus

宝宝肺部的清理工

走近黑木耳

黑木耳脆嫩可口，味道鲜美，营养价值极高，是一种不可多得的宝宝营养食物。

黑木耳中钙、铁含量极高，每百克黑木耳中含钙量相当于鲫鱼的7倍，含铁量相当于鲫鱼的70倍，常吃木耳能使婴幼儿的肌肤健康红润，并可以预防缺铁性贫血。黑木耳中含有一种特殊胶质，能够吸附人体消化系统的灰尘并将其排除，帮助消化纤维类物质，并可以防止吞噬细胞变性和坏死及淋巴腺发炎。黑木耳中还有一种多糖体，具有一定的增加抗体、防癌抗肿瘤的作用，还可以减少血液凝结而有助于减少动脉硬化，保护心脏。

黑木耳还有清肺、润津、祛淤生新的功效，经常食用，可以预防宝宝肺部疾病。鲜木耳含有毒素，不能食用，所以切不可给宝宝吃鲜木耳，以免引起中毒。

过来人支招

干木耳中常含有沙子等杂质，不易清洗干净，下面介绍一些能洗净木耳的小窍门：

● 将木耳放在淡盐水里浸泡1小时左右，然后抓洗，再用冷水洗几次，即可洗除沙子。

● 在洗木耳的水中加入适量食醋，然后轻轻撮洗，也可以去除沙子。

● 用米汤浸泡，这样不仅容易洗净木耳，而且泡过的木耳肥大、松软，烹调后味道鲜美。

新手妈咪学着做

当宝宝能进食木耳时，妈妈就要尽量多给宝宝吃

含有木耳的食物，在烹制时可以参照以下步骤：

A. 将木耳浸泡在温水中至完全泡发。

B. 将泡好的木耳洗净，放入锅中加适量水煮至黏稠。

C. 捞出木耳糊放在碗中，妈妈可以根据宝宝的口味喜好将木耳糊添加到其他食物中。

宝宝营养餐

[蔬菜木耳饭]

1岁左右是宝宝逐步建立排便规律的关键时期，妈妈注意食物选择上的荤素搭配，避免过于精细以使宝宝排便顺畅。

材料：西芹50克，黑木耳适量，葱少许，米饭2大匙，鸡肉或鱼肉1小匙

做法：1.西芹去叶留茎、切碎丁、黑木耳也切碎。2.鸡肉去皮、切碎丁。3.热锅加少许底油，煸炒葱花后先炒鸡肉碎丁，片刻后加入西芹丁和木耳，稍稍变软后加入米饭同炒。如果少加汤、留小火焖上2分钟，味道更好。

豆腐

Bean curd
增添宝宝活力的钙质补充剂

走近豆腐

豆腐由大豆磨制而成,包含了大豆的营养成分,和其他的大豆产品一样含有丰富的植物性雌激素,作用很像人体的雌激素,而且能提供雌激素的保健益处却无负面的效果,对人体的健康大有裨益。

豆腐含有丰富的蛋白质,半杯豆腐大约就能提供20克的蛋白质,热量较低,且不含胆固醇。豆腐中含有脂肪,但大部分都是对人体有益的多不饱和脂肪酸。如果是由硫酸钙制成的豆腐,还含有大量的钙,对于婴幼儿骨骼的发育极有益处,还能维持正常的心脏功能和血压,并预防某些癌症。常吃豆腐的人,尿液中含有一种新的化合物,叫做染料木因。它可阻止供应血液给肿瘤的新微血管的生长,借此断绝肿瘤的营养来源,达到预防癌细胞扩散的功效,还能减少血液中低密度脂蛋白的含量以避免氧化,并防止动脉阻塞造成心脏病。

♥ 专家连线

豆腐是一种高蛋白的食品,鲜嫩可口,但却缺少一种重要的氨基酸——蛋氨酸。从营养学角度讲,豆腐不宜单独烧菜,因为这样不利于豆腐中蛋白质被人体利用、吸收,可以将豆腐和其他的肉类、蛋类食物搭配在一起,做到营养互补,从而使人体必需氨基酸的整体配比趋于平衡,便于人体充分吸收食物中的营养。

豆腐的含钙量丰富,常吃有助于骨骼的发育。

新手妈咪学着做

豆腐是绝佳的蛋白质食品,柔软,且易被消化吸收,能参与人体组织构造,促进婴幼儿生长。从烹调方面看,豆腐一定要先煮过才能喂食。

> **豆腐基本烹调法**
> A. 取一块豆腐放入盘中。
> B. 锅中加水煮沸,将豆腐放入锅中加热后移开,冷却至适宜的温度。

宝宝营养餐

[蒸肉豆腐]

这道营养餐既含有动物性蛋白质,又含有植物性蛋白质,而且将豆腐与鸡肉搭配在一起,更益于宝宝对营养的吸收。经常食用,可以使宝宝更健壮!

材料:豆腐小半块,鸡胸肉、葱头、鸡蛋各适量
调料:香油、酱油、淀粉各少许
做法:1.将豆腐洗净,放入锅内煮一下,沥去水分,研成泥摊入抹过香油的小盘内。2.将鸡肉剁成细泥,放入碗内,加入切碎的葱头、鸡蛋、酱油及淀粉,调至均匀有黏性,摊在豆腐上面,用中火蒸12分钟即成。

香菇

Black mushroom
提高宝宝免疫力的食物医生

走近香菇

香菇是一种低热量、高蛋白、高维生素的营养保健食品，能补充人体所需的多种营养素，对婴幼儿的生长发育极有好处。

香菇中含有丰富的B族维生素、维生素D和大量的钙、磷、铁、钾等矿物质，还含有一种一般蔬菜中缺乏的麦淄醇，麦淄醇可以转化为维生素D，促进体内钙的吸收，并可以增强人体抵抗疾病的能力；香菇中的蛋白质含量比一般的蔬菜高十几倍，且含有18种氨基酸，而香菇的大部分成分是半纤维和粗纤维物质，这两种纤维都属于易消化吸收的低热量食物纤维，吸水量强，能吸收胆固醇，将有害物质排出体外，降血脂血糖；香菇中的多糖可调节人体内有免疫功能的T细胞活性，能降低甲基胆蒽诱发肿瘤的能力，对癌细胞有强烈的抑制作用。

香菇还具有预防感冒的功效，经常食用，可以增强宝宝对感冒病毒的抵抗力。

过来人支招

从市场上买回香菇后，先把香菇倒在盆中，用60℃的温水泡几小时，然后用手朝一个方向旋搅10多分钟，让香菇的"鳃页"慢慢张开，沙粒随之徐徐落下，沉入盆底，然后轻轻地将香菇捞出，并用清水冲洗干净。

在烹制前，要先将香菇洗净，以防残留沙粒，硌伤宝宝稚嫩的牙齿。

♥ 专家连线

香菇所含的维生素D原需要接受日光的照射才能转化为人体吸收的维生素D，要想充分吸收香菇的营养，在选购香菇时就要注意分辨再进行选择。市场上销售的香菇有人工干燥的和日晒干燥加工的两种，所以从营养方面考虑，最好选择日晒加工过的香菇。

宝宝营养餐

[香菇蒸蛋]

宝宝幼嫩的消化系统还是更适宜接受这种经过蒸制的食品，香喷喷的味道一定让宝宝食欲大增，妈妈又不必担心孩子发胖。

材料：盒装豆腐1盒，鸡蛋4个，猪肉馅30克，香菇3朵，葱适量

调料：盐、胡椒粉各适量，熟油1大匙，酱油3小匙

做法：1.将豆腐放入热水中浸透，取出沥去水分后捣烂；葱切末；香菇泡水，去蒂，切末。2.鸡蛋打散，加盐、胡椒粉拌匀。3.葱末、香菇、猪肉馅及豆腐末一起放入蛋液中拌匀，淋上熟油，放入锅中蒸10分钟，熟后表面浮起一层油，这时浇上酱油即成。

西兰花 | Cauliflower

婴幼儿心脏的守护神

走近西兰花

西兰花是一种像小花束一样的翠绿蔬菜，口感很好，营养价值极高。西兰花热量低，纤维多，富含维生素A、维生素C、维生素K、叶酸、类黄酮以及钙、钾等营养素，非常适合断奶期的宝宝食用。

西兰花具有防癌的作用，据一项研究表明，多吃西兰花的人，其患肺癌的机会要比一般人减少46%，得其他癌症的几率也比一般人少20%；西兰花是含类黄酮最多的食物，类黄酮可以防止感染，是最好的血管清理剂，能够阻止胆固醇氧化，防止血小板凝结成块，因此，常吃西兰花可以减少心脏病和中风的危险。西兰花中丰富的维生素C，对于增强免疫力、预防感冒也有一定的疗效；西兰花中含有维生素K，可以使血管壁加强，不容易破裂；由于西兰花富含高纤维，所以常吃西兰花也能有效降低肠胃对葡萄糖的吸收，进而降低血糖，有效控制糖尿病的病情。

过来人支招

选购西兰花时要注意观察形状、色泽，才能买到新鲜优质的西兰花，下面介绍一些选购西兰花的小窍门。

●西兰花要选择颜色浓绿鲜亮的。

●花球表面无凹凸、花蕾紧密结实的西兰花品质较好。

●手感较为沉重的西兰花为良品，但花球过硬、花梗特别宽厚结实的则是植株过老的。

●带有嫩绿、湿润叶片的西兰花较为新鲜。

●注意观察西兰花花梗的切口是否湿润，如果过于干燥则表示采收已久，不够新鲜。

专家连线

西红柿和西兰花都有卓越的抗癌功效，如果将这两种蔬菜搭配食用，其抗癌效果更佳，所以家长不妨将两种食物搭配在一起给宝宝吃。

给宝宝吃的西兰花，要选购软嫩的。

宝宝营养餐

[西兰花牛奶]

将西兰花和牛奶搭配食用，更益于人体营养的均衡，而且会让宝宝的皮肤散发红润的光彩。

材料：西兰花100克，牛奶1杯

做法：1.西兰花洗净，切小块。2.锅中加水煮沸，放入西兰花迅速汆烫，捞出。3.将洗兰花和牛奶一同放入果汁机中搅打成细碎即可。

胡萝卜 | Carrot

让宝宝的眼睛更有神的光明使者

走近胡萝卜

胡萝卜又叫金笋，含有极其丰富的胡萝卜素，胡萝卜素在人体内可以转化为维生素A，可以满足婴幼儿在生长发育过程中对维生素A的需要，对宝宝眼睛、皮肤等的发育极有好处。

胡萝卜中的胡萝卜素又称为胡萝卜原，含量极高，一根生的胡萝卜含有13500国际单位的β－胡萝卜素，是"建议每日摄取量"的250%以上，β－胡萝卜素是强力的抗氧化剂，可防止细胞遭受破坏而引起癌病变，并能帮助预防早衰及白内障；胡萝卜的纤维素含量也极高，其中的果胶酸钙是一种可溶性纤维，可降低胆固醇；另外，胡萝卜含有较多的核黄素和叶酸以及木质素，可提高机体对癌症的免疫力，能间接消灭癌细胞；胡萝卜中的果胶物质，可以与汞结合，使人体内有害的成分得以排除；胡萝卜中的甘露醇易从肾小球滤过，且不被肾小球重新吸收，有助于利尿。

生吃胡萝卜不利于人体对营养的吸收，会损失90%的胡萝卜素，胡萝卜素只有溶解在油脂中才能被人体吸收，所以，家长在给孩子制作胡萝卜时最好用油烹制或与肉类搭配烹制食用。

胡萝卜是宝宝饮食中维生素A的重要食物来源。

新手妈咪学着做

胡萝卜含有丰富的胡萝卜素，可补充宝宝所需的维生素A。妈妈可以根据下面的方法处理胡萝卜。

A.将胡萝卜处理干净。
B.用擦泥板将胡萝卜擦成丝。
C.将胡萝卜丝放入煮水锅中，用中小火煮熟。
D.将胡萝卜丝捞出，放入碗中。可以根据宝宝的喜好加入其他食物中。

宝宝营养餐

[玉米排骨汤]

汤味清香，肉质鲜美，补钙润肠，而且菜色美观、诱人，赶快让宝宝尝尝吧！

材料：胡萝卜2根，排骨600克，甘蔗300克，玉米2个，荸荠15粒

调料：盐少许

做法：1.排骨放入滚水中汆烫，捞出用冷水洗净。2.甘蔗去皮，切块；玉米洗净，切小段；胡萝卜去皮，洗净，切块；荸荠去皮洗净备用。3.锅中加水烧开，放入所有材料，以大火煮滚后，改小火慢煲2个半小时，待汤色转为浅黄色时，加盐调味即可。

洋葱

Onion
预防宝宝感冒的健康卫士

走近洋葱

洋葱也叫葱头，是500种大蒜属植物中的一种，大蒜属植物中其他较常见的成员还包括了大蒜、韭菜等。洋葱中含有人体必需的维生素C、钙、磷、铁、硒、甲基硫化物、前列腺素A、挥发油等营养成分。数千年来，人类把洋葱拿来食用或是治疗各种疾病。它是宝宝不可缺少的营养食品。

洋葱营养中的一个"家族成员"——类黄酮，是植物中特有的物质，具有强大的抗氧化能力，能扫除伤害细胞的氧分子自由基以预防疾病，而其中的一种叫做橡黄素的类黄酮，可预防低密度脂蛋白胆固醇的氧化，也可预防血液中的血小板聚集在一起形成有害的血块；洋葱中另外一种具保护作用的化合物是会使人流眼泪的硫化物，这些化合物能增加有益的高密度脂蛋白胆固醇，可防止血小板附着在动脉壁上，同时，它们能降低甘油三酯的危险性，可使血液不黏稠，让血压维持在安全范围之内。

常吃洋葱可预防引起气喘和发炎的生化连锁反应，帮助降低血压并预防血栓，同时也能抑制恶性肿瘤的生长，以抵御癌症的侵袭。

过来人支招

选购洋葱也有诀窍，优质洋葱的特点包括：外表干燥、有光泽、握起来有弹性、有沉甸感。

另外，洋葱有紫红色、黄色和绿白色几种颜色。其中，黄色的洋葱水分多，肉质紧密，味甜辛辣，最易贮藏，是几类洋葱中品质最好的一种。

♥ 专家连线

食用过量的洋葱会造成胀气和排气过多，所以，婴幼儿进食洋葱要适量。患有皮肤瘙痒病和眼部疾病的宝宝不宜食用。

洋葱对于提高宝宝免疫力有一定的作用。

宝宝营养餐

[乌龙面蔬菜汤]

乌龙面口感细腻，特别适合宝宝食用。再配上鱼片和洋葱，是一道健康又美味的营养餐！

材料：柴鱼片1杯，圆白菜末少许，洋葱（切薄片）1/6个，乌龙面少许

做法：1.将柴鱼片放入小锅中煮滚。2.加入圆白菜末、洋葱、乌龙面，用小火仔细熬烂。3.将煮好的柴鱼片倒入磨臼内，仔细磨烂，放入面内。

西红柿

西红柿 | Tomato
轻松扫除宝宝体内的病变

走近西红柿

西红柿又叫番茄，兼具蔬菜和水果的双重身份，含有矿物质、有机碱、番茄碱和维生素等营养成分，它是维生素 C 的最佳来源。

西红柿内含13种维生素和17种矿物质，其中有在各种蔬果中含量最高的番茄红素，番茄红素是一种天然色素成分，是类胡萝卜素家族的一员，同时也是一种能力很强的抗氧化剂，能清除体内的自由基，帮助人体预防多种癌症，番茄红素必须与油脂一起食用，吸收才会更好；西红柿中的维生素 C 含量也很高，且不会因烹调而受到损失，非常利于人体吸收；西红柿中的维生素 P 含量远远高于其他的水果和蔬菜，既有降低毛细血管的通透性和防止其破裂的作用，又有预防血管硬化的特殊功效，同时维生素 P 能增强维生素 C 的生理作用，可以促进维生素 C 在体内储存，以备长期利用。

未熟的西红柿中含有龙葵碱，对胃肠黏膜有较强的刺激作用，对中枢神经有麻痹作用，会引起呕吐、头晕、流涎等症状，生食危害更大，所以切忌给婴幼儿吃未熟的西红柿，更不可空腹食用。

西红柿含有丰富的维生素 C，常吃可预防宝宝患坏血病。

过来人支招

西红柿中含有丰富的维生素和矿物质，且生熟皆宜食用，深受人们喜爱，只是食用时西红柿的外皮难以去除。可先将西红柿放入盆中，淋浇开水，然后倒掉开水，再用冷水淋浇，就能轻松撕去西红柿的外皮。

新手妈咪学着做

在为宝宝制作含西红柿的营养餐时，妈妈一定要将西红柿的皮和子都去除干净，这样才更利于宝宝食用。

西红柿的基本处理法
A. 西红柿划出十字形刀痕，放入热水烫20秒左右，取出泡冷水，剥除表皮。
B. 将西红柿横切成半，用匙柄等将子挖出来即可。

宝宝营养餐

[西红柿莴苣蛋花汤]

西红柿含维生素 A、维生素 C、维生素 D、铁、钙、镁等元素，有益于补血；莴苣中含有一定量的微量元素锌、铁，可以防治缺铁性贫血。这道菜是给宝宝补血的最佳菜品！

材料：莴苣2片，西红柿半个，鸡蛋1个
调料：高汤半杯，盐少许
做法：1.莴苣切成小片，西红柿剥皮去子，均切成小丁。2.将莴苣、西红柿及半杯高汤倒入小锅内，开火烹煮，用少许盐调味。3.倒入蛋液，待蛋花浮出汤面时即可熄火起锅。

菠菜

Spinach
婴幼儿的绿色补铁食品

走近菠菜

菠菜是绿叶蔬菜中的佼佼者，含多种矿物质、胡萝卜素、维生素、磷脂、草酸等营养成分，其中胡萝卜素的含量很高，而维生素K的含量在绿叶植物中是最高的。

菠菜中的铁和维生素B，能有效防治人体患血管方面的疾病，同时又具有生血作用，对于婴幼儿缺铁性贫血具有很好的疗效；菠菜中含较高的天然核黄素与硫胺，可防治病毒性口角炎；菠菜中的叶酸对婴幼儿的大脑发育极有益处；菠菜中还有一种类胰岛素样物质，可以稳定人体内的血糖。

常吃菠菜，对宝宝便秘有一定的缓解作用，还能促进胃液和胰液的分泌，有利于食物的分解。

菠菜含草酸较多，草酸如果遇到锌、钙就会与之结合，并排出体外，从而引起人体锌、钙的缺乏，因此在给孩子吃菠菜时不宜与含锌、钙量高的食物搭配在一起。

也有禁忌

菠菜与豆腐同食，不利于人体对钙的吸收；菠菜与韭菜同食，容易引起小儿腹泻；菠菜不宜与猪肝同食，猪肝中富含铜、铁等元素，易使菠菜中的维生素C氧化而失去本身的营养价值。

新手妈咪学着做

刚开始进食断奶餐的宝宝，需使用过筛方式烹调食物。尤其是菠菜等纤维较多、不容易吞咽的食物，必须烫熟剁碎后再加以过筛。最后，用高汤或牛奶将材料调稀。

菠菜处理法

A. 选择柔软、烫熟的叶尖部分，拧去水分后仔细切碎。

B. 过筛食物时，如用小型过滤器或多用途过筛器、网勺等工具，处理起来非常方便。可用杵棒或汤匙压烂。

C. 用高汤调稀。刚开始先调成黏稠状。等烹调手法熟练后，再略添加些水。

宝宝营养餐

[南瓜泥煮面疙瘩]

这道营养餐既有南瓜的香甜又包含菠菜的营养，是一道很好的宝宝断奶餐！

材料：菠菜1棵，南瓜1/4个，全麦面粉半杯

调料：盐少许

做法：1.南瓜削皮、切块、蒸软，加一杯水放入果汁机打烂（须打很烂）备用。2.菠菜只取叶子，剁得很碎备用。3.用面粉做成小粒面疙瘩。4.南瓜泥放至炉上煮开，先放入面疙瘩煮6分钟，再放菠菜，盖上锅盖焖3分钟，熄火，加盐调味，稍温再食。

红薯

Sweet potato

调节宝宝体内酸碱平衡的仲裁者

走近红薯

红薯又叫番薯、地瓜，营养丰富，味道甜美，口感软嫩，非常适合断奶期的宝宝食用。

红薯中含有丰富的淀粉、维生素C、维生素A、维生素B_1、胡萝卜素、钾等营养成分，热量较高，但不含脂肪。红薯中含有一种叫做"脱氢雄固酮"的物质，具有抗癌的作用；红薯中还含有一种胶原黏液，有利于保持心血管弹性，可预防动脉硬化。经常食用红薯，能保持人体的酸碱平衡，起到降脂的作用。

红薯不宜与柿子同食，红薯和柿子相聚会形成胃柿石，容易引起胃胀、腹痛、呕吐，严重时会导致胃出血等，危及生命。

患有腹泻、胰腺炎以及气滞引起的胸闷、腹胀和两肋胀痛的宝宝不宜吃红薯。

红薯营养丰富，甜美可口，不妨经常给宝宝食用。

新手妈咪学着做

红薯是宝宝断奶期很好的食品，妈妈在处理时可以参照以下步骤。

A. 将红薯洗净，用刨皮器刨去红薯的皮。
B. 将红薯切成小块。
C. 将切好的红薯放入蒸锅中蒸熟。
D. 取出红薯，用汤匙将红薯压成泥状。

宝宝营养餐

[红薯凉糕]

红薯可让小宝宝从中获取丰富的维生素C。用果汁机打后比较细而且均匀，没有果汁机可趁热碾碎，再加水拌匀。

材料：红心红薯2个，果珍2大匙
调料：糖1小匙
做法：1.红薯去皮、切片，蒸熟后放凉。2.将清水放入果汁机，再加入红薯打碎，倒入锅内加热煮开。3.加糖调味，再将果珍用少许清水溶解后拌入调匀即熄火。4.倒入长方形模型盘内，放凉，凝固后即扣出，切小块食用。

燕麦 | Oat

扫除宝宝体内垃圾的清道夫

走近燕麦

燕麦营养丰富，其主要成分是淀粉、蛋白质、脂肪。其中，氨基酸和脂肪酸含量较高，还含有维生素B_1、维生素B_2和少量的维生素E、钙、磷、铁以及谷类作物中独有的皂甙等营养成分。燕麦是十分有益的婴幼儿健康食品。

优质燕麦中富含蛋白质，包含婴幼儿生长发育必需的8种氨基酸；燕麦中脂肪的含量也远远超过了大米和面粉；婴幼儿成长过程中所需的铁、锌等微量元素的含量也较为丰富；燕麦中的钙在维生素D的帮助下，对预防婴幼儿缺钙有一定的作用；燕麦中的B族维生素含量也居各种谷类食物之首；燕麦中的植物皂质能降低癌症的危险，还能强化人体的免疫系统，使外来的入侵细菌、病毒和癌细胞失去致病作用；燕麦中的酶类可以延缓人体细胞的衰老；燕麦中丰富的可溶性的纤维β—聚葡萄糖，可促使胆酸排出体外，能降低血液中的胆固醇含量。

常吃燕麦能更好地清除宝宝体内的垃圾，减少肥胖症的产生。

过来人支招

燕麦的颜色和外观也会影响其营养价值的发挥，一般情况下，呈浅土褐色且外观完整、散发清淡香味的燕麦品质较为优良，所以在购买时要注意分辨。

另外，在处理燕麦时也要注意方法。正确的方法是：将燕麦装在盆中，再加入适量清水，轻轻搅动，让杂质泛起并倒去，如此淘洗1～2次即可。

♥ 专家连线

燕麦的营养较为丰富，但也不是所有人都适合食用，脾胃、肠道虚弱的宝宝不宜食用燕麦。给宝宝吃燕麦时，一次也不宜吃太多，否则会引起痉挛或胀气。

选购燕麦时以浅土褐色且外观完整、散发清淡香味者为佳。

宝宝营养餐

[水果麦片糊]

麦片含丰富的谷类养分。为了吸引宝宝食用，并摄取不同成分的营养，不妨利用不同颜色的水果装饰图案。

材料：燕麦片半杯，鲜奶2杯，新鲜水果适量
调料：糖1大匙
做法：1.水果洗净，切碎粒，或用挖球器挖出果粒。
2.将鲜奶烧开，再放入燕麦片煮熟，熄火后稍放凉，再放入水果粒、糖一同食用。

薏仁 | Job's tears
保持婴幼儿健康的精华珍品

走近薏仁

薏仁具有健脾、去湿、利尿的功效，能增强肾上腺皮脂功能，提升白细胞和血小板的作用，有效抑制癌细胞，是人类一种理想的健康食物。

薏仁中的蛋白质是禾科植物种子中含量最高的，富含多种氨基酸类成分，其碳水化合物、矿物质、维生素B1、维生素B2、维生素E等的含量也是普通白米的数倍之多，能够有效地促进人体的新陈代谢，治疗维生素、矿物质不足所引起的疾病，以提供生命活动所需的能量；薏仁的热量很高，每100克薏仁中的热量达373千卡，能补充婴幼儿对热能的需要。

薏仁虽然营养丰富，但在食用时也有一些注意事项。患有便秘、尿多、消化功能较弱的宝宝都不宜食用薏仁。

薏仁营养丰富，且含热量高，有利于婴幼儿的健康成长。

过来人支招

薏仁的食用方法很多，最普通的方法就是煮粥。在煮粥前运用一些小窍门处理薏仁，会使薏仁粥更加软嫩、可口。将薏仁洗净，浸泡在水中几个小时，煮时将薏仁放入锅中，先用旺火烧开，再改用中小火煮，熟烂后再根据口味加入适量调料。

宝宝营养餐

[薏仁燕麦粥] 1

燕麦营养丰富而且极易消化，非常适合宝宝食用，可经常给宝宝吃。

材料：薏仁1杯，燕麦粒半杯，荸荠3粒，松子仁、核桃仁各1大匙，鸡蛋1个

做法：1.薏仁、燕麦先用水泡软。2.荸荠去外皮，和松子仁、核桃仁一起放入果汁机内加2杯水打粗碎后，和薏仁、燕麦一起放入锅内，再加5杯水以小火煮烂。3.取蛋白打散加入热粥拌匀即可。

[营养八宝粥] 2

市场及超市有现成的各种八宝料，可以各买少许回来混合煮粥，让小宝宝摄取不同豆类的营养并学习接受各种口味。

材料：红豆、绿豆、花生、麦片、薏仁共100克，大米1杯

调料：糖1小匙

做法：1.将各材料（大米除外）洗净后用清水3杯浸泡2小时，再放在炉火上用小火煮烂。2.大米洗净，加入八宝料以中火熬煮成粥，再加糖调味即可熄火，盛出食用。

芝麻

芝麻 | Sesame
保护宝宝皮肤的天然润肤品

芝麻含有大量的油脂，能润肠通便，对于防治宝宝便秘较有助益。

走近芝麻

芝麻分为两种，黑芝麻和白芝麻，黑芝麻常为药用，白芝麻则常为食用。芝麻含有丰富的不饱和脂肪酸、蛋白质、钙、磷、铁等成分，还含有多种维生素、芝麻素、芝麻酚、卵磷脂等营养成分，能提供人体所需的维生素E、维生素B_1、钙等。

芝麻中的维生素E能促进人体对维生素A的利用，可与维生素C一起协同作用，保护婴幼儿皮肤的健康，减少皮肤发生感染，对皮肤中的胶原纤维和弹力纤维有"滋润"作用，能改善、维护宝宝皮肤的弹性，还能促进皮肤内的血液循环，使皮肤得到充分的营养物质与水分，防止皮肤癌的发生；芝麻中丰富的蛋白质与不饱和脂肪酸，具有调节胆固醇的功能，并能保持体内血糖的稳定；芝麻中富含多种矿物质，如钙、镁等有助于宝宝骨骼的发育；芝麻中的芝麻素含量虽然仅占0.5%，但其具有优异的抗氧化作用，能清除体内的自由基，可以起到保护宝宝心脏和肝脏的作用。常吃芝麻，能改善宝宝的血液循环，促进身体的新陈代谢。

芝麻仁外面有一层稍硬的膜，把它碾碎才能使人体吸收到芝麻的营养，所以整粒的芝麻应加工后再吃。

宝宝营养餐

[芝麻芋泥]

这道营养餐香甜可口，又是糊糊状，非常易于宝宝食用。

材料：芋头半个，黑芝麻粉3大匙，温热水适量
做法：1.芋头洗净，切小块，放进锅中蒸到熟软。2.果汁机中放入温热水、芋头及芝麻粉，先用瞬间打法打10秒种，再速打3分钟，即成。

[芝麻糊] ②

芝麻含有丰富的维生素E和不饱和脂肪酸，常吃对宝宝的大脑发育极有好处，同时也能预防并减轻宝宝的过敏症状，还能让宝宝拥有乌黑的头发！

材料：黑芝麻粉1杯，玉米粉半杯
调料：盐、糖各适量
做法：1.将芝麻粉和调料混合，放炉火上加水烧开。2.玉米粉和清水调匀，慢慢淋入锅内，勾芡成浓糊状即可熄火，盛出食用。

 专家连线

芝麻酱是一种常见的芝麻制品，含铁量高，经常食用，能纠正和预防婴幼儿缺铁性贫血，对调整宝宝偏食厌食也有积极的作用。芝麻酱的含钙量比蔬菜和豆类都高很多，对宝宝骨骼与牙齿的发育大有益处。

核桃

核桃

Walnut
帮助宝宝健脑的益智果

走近核桃

核桃是一种营养丰富的坚果，有"益智果"、"长寿果"的美称。核桃具有极好的健脑作用，对宝宝大脑的发育及智力的提升具有很好的功效。

核桃仁含有蛋白质、脂肪、糖类、维生素A、维生素B_1、维生素B_2、维生素C、维生素E和锌、镁、铁、钙、磷等营养素，其中油脂含量达到60%以上。

核桃中的磷脂，对脑神经有良好的保健作用，常吃核桃可以健脑；核桃富含维生素B和维生素E，可以防止细胞老化，能润肠、健脑、增强记忆力及延缓衰老，能润泽宝宝的肌肤，还能让宝宝的头发更加乌黑，核桃中的不饱和脂肪酸亚麻油酸，能帮助人体吸收蛋白质，抑制动脉硬化，还能提升宝宝的免疫力；核桃仁中还含有锌、锰、铬等人体不可缺少的微量元素，其中铬有促进葡萄糖利用、胆固醇代谢和保护心血管的功能。

核桃的药用价值很高，常吃核桃，可以健胃补脑、补血、润肺、养神以及镇咳平喘等。

核桃对宝宝的大脑发育极有好处，可以让宝宝适量摄取。

过来人支招

选购核桃时，以大而饱满、色泽黄白、油脂丰富、无油臭味且味道清香者为佳。另外，核桃买回来后，要注意存放。如果是带壳的核桃，风干后更易保存；而核桃仁则应用密封容器装好，置于阴凉、干燥处存放，要注意防潮。

♥ 专家连线

吃核桃时，不要把核桃表面的褐色薄皮剥掉，这样会损失其中的一部分营养。可以把核桃和红枣搭配在一起食用，因为两者营养均很丰富，含有丰富的蛋白质、脂肪、碳水化合物、多种维生素及钙、磷、铁等营养成分，能更好地满足宝宝的营养需求。

宝宝营养餐

[核桃酪]

核桃含丰富的优质蛋白质以及各种矿物质和B族维生素、维生素A、维生素E等，是营养价值很高的果实。经常给宝宝吃这道营养餐，会让宝宝更聪明，记忆力也会很惊人！

材料：核桃1杯，枸杞子1大匙，糯米粉4大匙
调料：糖1小匙
做法：1.核桃放入烤箱中，用150℃火力烤20分钟，香酥时取出，趁热磨碎，或放凉后用磨碎机研磨成粉末。
2.将磨碎的核桃与调料及少许水混合，放在炉火上煮开后，改小火，再将糯米粉加少许水溶解后，淋在核桃内勾芡成浓糊状即可熄火，撒下用温水泡软的枸杞子，盛出食用。

大豆 | Soybean

宝宝纯天然的抗癌疫苗

走近大豆

大豆又叫黄豆，含有极其丰富的蛋白质，是优质植物性蛋白质的主要来源，其中的大豆蛋白质也是惟一能替代动物蛋白的植物性食品。

大豆中的蛋白质，有助于降低血浆胆固醇水平，促进骨质健康，并保护肾脏；大豆中的脂肪有50%以上是人体必需的脂肪酸，可以提供优质的食用油；大豆中还含有较多的维生素、钙等营养成分；大豆中的异黄酮是一种具有雌激素活性的植物性雌激素，能有效调节血脂、降低胆固醇、保护心血管、稳定情绪等，还具有防癌的作用，所以，常给宝宝吃大豆，就相当于给宝宝注射了抗癌疫苗。

♥ 专家连线

大豆的蛋白质含量虽然很高，但大豆本身存在着胰蛋白酶抑制剂，使其营养价值受到限制，如果直接食用大豆，人体只能得到60%的营养，而加工后的豆制品却能为人体提供90%的营养，所以，建议多食用如豆腐、豆芽等的豆制品。另外，大豆与玉米搭配在一起，其生物学价值极高，几乎可以与牛肉相媲美。

大豆含有优质的蛋白质，对宝宝的生长发育大有裨益。

也有禁忌

大豆不宜与酸奶一起食用，因为酸奶中含有丰富的钙，而大豆中所含的化学成分会影响钙的消化和吸收；大豆不宜与猪肉同食，因为大豆膳食纤维中的醛糖酸残基可与猪肉中的钙、铁、锌等矿物质形成螯化物而干扰或降低人体对矿物质的吸收；大豆也不宜与虾皮同食，二者同食可能会导致小儿消化不良；大豆不宜与芹菜同食，因为大豆含有丰富的铁，而芹菜中的膳食纤维会影响人体对铁的吸收。

宝宝营养餐

[飘香豆笋]

每个豆子都是一个营养团，非常适合2岁以上能够咀嚼的宝宝食用，这道营养餐不仅能为宝宝提供充分的营养，还能锻炼宝宝的咀嚼能力！

材料：大豆、干笋各适量，葱、姜、蒜各适量

调料：酱油、高汤各适量，盐、糖各少许

做法：1.大豆洗净后用温水泡至涨发后捞出沥干备用。2.干笋用清水浸泡至软后，切小丁，用少许盐和酱油略腌。3.将锅烧热，加入少量油，爆香葱、姜、蒜，放入大豆、笋丁及其他调料略炒，加入高汤，烧至大豆软嫩易食、汤汁入味即可。

玉米

Corn
婴幼儿的抗癌尖兵

走近玉米

玉米是对人体十分有益的一种保健食品，能刺激胃肠蠕动，加速粪便排泄，预防脑功能退化，增强记忆力，可以防治便秘、肠炎、肠癌等疾病，具有利尿、降压、降糖、止血、利胆等作用。

玉米含有脂肪，其中50％以上是亚油酸，并含有卵磷脂、谷物醇、维生素E及丰富的维生素B₁、维生素B₂、维生素B₆等成分。玉米中所含的多种微量元素和营养素，可抑制癌细胞的产生；玉米富含的谷胱甘肽，是一种抗癌因子，能在人体内与多种外来的化学致癌物质结合而使致癌物质失去致癌性，然后通过消化道排出体外；粗磨的玉米中还含有大量的赖氨酸，这种赖氨酸不但能抑制抗癌药物对身体产生的副作用，还能控制肿瘤生长；玉米胚尖所含的营养物质能促进人体新陈代谢，调整神经系统功能。

专家连线

玉米熟吃更佳，烹调尽管会使玉米损失了部分维生素C，却使之获得了更加有益的抗氧化剂活性。玉米中所含的胡萝卜素、黄体素、玉米黄质为脂溶性维生素，加油烹煮有帮助吸收的作用，因此更能发挥其健康效果。

过来人支招

新鲜玉米外皮青绿，玉米粒整齐、饱满、无缝隙、表面光亮、色泽金黄，选购时要注意分辨。

玉米买回来之后也要先清洗，新鲜玉米用清水稍稍搓洗即可，干粒、老玉米宜浸泡后再搓洗。

如果一次买的玉米较多，就要注意保存的问题，玉米棒可事先晾晒至水分干，剥落的干玉米粒应放入密封容器中，置于通风、阴凉、干燥处保存。

玉米含有大量的胡萝卜素和维生素E，对宝宝的生长发育很有益处。

宝宝营养餐

[黄金米露]

玉米含蛋白质、纤维、维生素B₆等多种微量元素，经常给宝宝食用，可促进消化、预防宝宝便秘。

材料：玉米粒约150克，糙米半杯
调料：盐水（可不加）或葡萄糖少许
做法：1.玉米粒洗净、沥干，加3杯水放入果汁机里打烂，滤渣取汁备用。2.糙米泡水6小时后，倒掉泡水，另加2杯水在果汁机里打烂，滤渣取汁。3.将所有材料放至炉上，用中小火以顺时针方向搅动直到煮开，再续煮5分钟成浓稠状，熄火，待温喂食。

红枣

Chinese date

贫血宝宝的补血营养丸

走近红枣

红枣又叫大枣，果肉肥厚，味道甜美，营养也十分丰富，含蛋白质、脂肪、糖类、维生素、矿物质等营养成分，是宝宝理想的保健食品。

红枣中的糖类含量较高，鲜枣中的糖类含量达20%～36%，干枣中的糖类含量高达50%～80%，这些糖类和维生素C以及环—磷酸腺苷等，能减轻各种化学药物对肝脏的损害，并促进蛋白合成，增加血清总蛋白含量的作用；钙和铁也是红枣中突出的营养成分，它们对预防贫血和骨质疏松都有优秀的表现；红枣中的维生素P能健全人体的毛细血管，对高血压和心血管系统疾病患者大有益处；红枣中所含的铁、磷等营养素则是人体造血所必需的成分。

红枣能促进白细胞生成，降低血清胆固醇，提高血清蛋白，保护肝脏。红枣还能抑制癌细胞，甚至可使癌细胞向正常细胞转化。红枣对高血压、心血管疾病、失眠、贫血等疾病的治疗都有一定的积极作用。

红枣可以经常食用，但不要过量，否则会有损消化功能、形成便秘等。另外，宝宝长牙之后如果吃太多红枣，又没有喝足够的水，容易出现蛀牙。

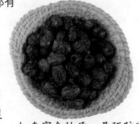

红枣富含铁质，是预防宝宝贫血的理想食品。

也有禁忌

红枣不宜与海蟹同食，因为海蟹有散淤血、通经络、壮骨等功能，但与红枣同食容易患寒热病；红枣也不宜与虾皮同食，因为红枣中的维生素C能使虾皮中的五价砷还原成有毒的三价砷，从而引起食物中毒。

宝宝营养餐

[红枣鸡肝粥]　1

这道营养餐具有补肝、明目、健体的作用。经常给宝宝食用，既可以补益身体，又能保护肝脏和视力。

材料：枸杞2小匙，红枣（去核）4粒，鸡肝3个，大米半杯

调料：水10杯，盐适量

做法：1.鸡肝洗净，余烫后再洗净，切块。2.煲滚10杯水，放入枸杞、红枣、大米，滚后，以慢火煲2小时。3.下鸡肝煮滚片刻，下盐调味即成。

[红枣泥]　2

红枣含有丰富的维生素C、优质蛋白质、尼克酸及矿物质等，具有健脾胃、养血益气等作用。宝宝常食会长得更壮！

材料：红枣100克

调料：白糖1小匙

做法：1.将红枣洗净，放入锅内，加清水煮15～20分钟，至烂熟。2.去掉红枣皮、核，加入白糖，调匀即可喂食。

苹果 | Apple
宝宝心血管的保护神

走近苹果

苹果被称为心血管的保护神，能够保护人类心血管系统的健康，常吃苹果对宝宝的心脏很有好处。

苹果含有丰富的糖类，主要含蔗糖、还原糖，同时也含有蛋白质、脂肪、多种维生素及钙、磷、铁、钾等矿物质，还含有苹果酸、奎宁酸、柠檬酸、酒石酸、单宁酸、黏液质、果胶、胡萝卜素、三十蜡烷等营养成分。

苹果中的果胶是一种膳食纤维，可以帮助排除人体内的毒素，特别是能帮助人体把从污染的空气中吸收的金属废物彻底淘汰出去；苹果中的类黄酮是一种高效抗氧化剂，能够清除体内的自由基，是最好的血管清理剂，还能对抗癌症；苹果内的钾可使体内的钠及过多的盐分排出，能降低血压；苹果中的有机酸类成分能刺激肠蠕动，并和纤维素共同作用可保持人小便通畅；苹果中的单宁酸能够同时缓解治疗婴幼儿轻度腹泻和便秘，单宁酸与有机酸均有收敛作用，并能吸收细菌及毒素。

苹果含有丰富的有益于人体健康的营养成分，经常食用能预防和消除疲劳，同时还能降低血液中的胆固醇。

过来人支招

家长在给宝宝榨苹果汁时，要现榨现吃，否则苹果的有效成分会在空气中很快氧化。给宝宝吃的苹果一定要仔细选择分辨，要选择没有虫蛀、没有淤伤、光滑而芬芳的苹果。在给宝宝吃苹果时，别忘了常换换不同颜色的苹果品种，效果会更好。一般而言，红皮苹果较青或黄色的苹果更有益健康。

♥ 专家连线

由于苹果中果糖和果酸较多，对牙齿有较强的腐蚀作用，每次宝宝吃完后，要给宝宝漱漱口。当宝宝规律进餐后，饭后不要马上就给宝宝吃苹果，这样不但不会助消化，反而会造成胀气和便秘，苹果宜在饭后2小时或饭前1小时食用。

当陈可容宝宝具备咀嚼能力后，妈妈就给他吃整个的苹果了。

新手妈咪学着做

常吃水果的宝宝不仅聪明而且皮肤也很嫩滑，所以妈妈要尽量多给宝宝食用水果，平时可以参照下面的步骤给宝宝调制苹果汁。

A.将苹果洗净，用水果刀削去果皮。B.将削好皮的苹果切成小块。C.放入榨汁机中榨取果汁。D.将果汁盛入杯中，可以用适量凉开水将苹果汁稀释，也可以加入适量的糖调制。

苹果易氧化，不宜保存，所以苹果汁每次不要多做。

宝宝营养餐

[苹果泥]

苹果泥含有丰富的矿物质和多种维生素。婴儿常吃苹果泥，可预防佝偻病。苹果泥具有健脾胃、补气血的功效，对婴儿的缺铁性贫血有较好的防治作用，对脾虚、消化不良的宝宝也较适宜。适于4～6个月的宝宝食用。

材料：苹果1个
做法：1.苹果洗净，去皮，切成黄豆大小的碎丁。2.将苹果丁放入碗中，加入适量凉开水，放入蒸锅中蒸20～30分钟，关火，冷却至适宜温度。3.取一把汤匙，洗净消毒，用汤匙将苹果丁压碎即可。

[苹果金团]

此果团软烂、香甜，含有丰富的碳水化合物、蛋白质、钙、磷及多种维生素。它是一种生理碱性食品，能调节人体的酸碱平衡，对维持婴幼儿身体健康十分有益。制作中，要把红薯、苹果切碎、煮软，再给宝宝喂食。

材料：红薯、苹果各1/4个
做法：1.红薯洗净，去皮，切碎，煮软。2.苹果去皮、除子后切碎，煮软，与红薯均匀混合即可喂食。

[木瓜苹果泥]

苹果与木瓜搭配在一起，不仅味道甜美，而且营养十足，宝宝吃起来一定会乐此不疲。

材料：苹果1/8个，木瓜30克
做法：1.将苹果、木瓜分别洗净、削皮。2.用汤匙刮果肉成泥或用磨泥板磨泥。3.将两种果泥混合均匀。

香蕉 | Banana
让宝宝身心欢乐的含钾状元

走近香蕉

香蕉是含钾量最高的水果，香蕉热量较高，但不含任何脂肪，且软嫩易食，甜美可口，是宝宝非常好的点心。

香蕉果肉中含有碳水化合物、蛋白质、脂肪等主要有机营养成分，还含有钙、磷、铁、钾等无机成分及多种维生素和胡萝卜素等，但含盐量很低，几乎不含胆固醇。

香蕉中的钾极其丰富，一根香蕉约含有451毫克的钾，钾在人体中主要分布在细胞内，有着重要的生理功能，维持着细胞的渗透性，参与能量代谢过程，维持神经肌肉的正常兴奋性，维持心脏的正常舒缩功能，有抗动脉硬化、保护心脏血管的功效；香蕉含有大量的血管紧张素转化酶抑制剂及能降低血压的化合物，能有效降低人体的血压；香蕉的维生素B_6含量也很高，能使宝宝的皮肤更加润泽细腻；香蕉还能帮助大脑制造一种化学成分——血清素，它能使人感受到欢乐与快感，使宝宝的大脑更具创造力。

常吃香蕉，能有效改善体质，提高人体的免疫力，还能润肠通便，对于防治小儿便秘有积极的意义。

胃酸过多的宝宝不宜食用香蕉，有胃痛、消化不良、腹泻症状的宝宝也应少吃。另外，香蕉与红薯、芋头相克，同食会产生腹胀等不适感。

过来人支招

香蕉容易因碰撞、挤压、受冻而发黑，在室温下容易滋生细菌，腐烂的香蕉最好丢弃。香蕉不宜放在冰箱内保存，在约13℃下即能保鲜，温度太低反而不好。

新手妈咪学着做

对于吞食期的宝宝，妈妈不能给宝宝吃块状的香蕉，为了方便宝宝进食，妈妈可以参照以下步骤。

A. 将香蕉皮剥去一点。
B. 用小匙将香蕉刮成泥。如果担心香蕉氧化，可一边刮一边喂宝宝吃。

宝宝营养餐

[蔬果土豆泥]

吃奶的宝宝易发生缺乏维生素的营养缺乏症，经常喂一些水果，可以补充维生素，防治营养缺乏病。

材料：土豆1个，胡萝卜数片，香蕉1段，木瓜1片，苹果1片，梨1片

调料：熔化的牛油1小匙

做法：1.将土豆、胡萝卜都去皮，洗干净，切成极薄片，分别加入两碗水上锅用文火煮至软烂。煮胡萝卜水可给婴儿作蔬菜汁喝，土豆水可用来调制果糊。2.把土豆沥水后，压成泥，加入牛油拌匀。将胡萝卜、香蕉、木瓜分别压成泥状，苹果、梨用小匙刮出果茸，然后分别混和土豆泥同吃。

猕猴桃 Chinese gooseberry

保护宝宝心肝的 Vc 之王

走近猕猴桃

猕猴桃是一种非常有营养的水果，含有维生素C、维生素B、多种氨基酸、碳水化合物，以及钙、镁、钾等矿物质，特别是维生素C的含量很高，每100克果肉含量为100～421毫克，比柑橘高6～8倍，比苹果高79～83倍，比梨高32～139倍。

猕猴桃具备10多种人体所需的重要营养素，其中丰富的维生素B、维生素C、维生素E、膳食纤维、钾、钙等成分，可补充脑力；猕猴桃中的维生素C和维生素E都具有抗氧化作用，能抑制体内过氧化脂质的增加，其中维生素C能与铅结合形成"抗坏血酸铅"而随粪便排出体外，维生素E则具有抗心脏病的功效；猕猴桃中的果胶可以使肠道减少对铅的吸收；猕猴桃中的有机硒与重金属有很强的亲和力，在体内能与铅、汞、砷等金属毒物质结合并排出体外，进而保护肝胆、心脏和造血系统；猕猴桃中还含有大量的可溶性纤维，每100克猕猴桃中所含的膳食纤维是一杯切碎的芹菜的3倍，膳食纤维能促进人体碳水化合物的新陈代谢，帮助消化，防止便秘。

过来人支招

买猕猴桃时，应挑选外观绒毛均匀满布、果实饱满的，用手稍微握紧，果实充满弹性代表水分较多、较新鲜。

新鲜的猕猴桃容易腐烂变质，如果将猕猴桃放在碱性环境中就能有效杀死导致猕猴桃腐烂的细菌，因此只要把新鲜、没有破损霉烂的猕猴桃放入1%浓度的小苏打水溶液中浸泡几分钟，然后取出晾干，装进食用塑料袋里密封起来，便可保存较长时间。

♥ 专家连线

猕猴桃性寒凉，脾胃功能较弱的宝宝食用过多会导致腹痛、腹泻，所以，家长给肠胃虚弱的宝宝食用猕猴桃要谨慎。

选购猕猴桃时，应挑选绒毛均匀满布、果实饱满的。

宝宝营养餐

[猕猴桃苹果泥]

猕猴桃的维生素C含量丰富，可促进宝宝肠胃蠕动，预防便秘。

材料：苹果、猕猴桃各1/4个

做法：1.苹果、猕猴桃分别洗净后削皮，切丁，以果汁机搅打成泥状即可。2.如果果汁机搅打不动，可以将水果再切小或加少许的水。

橙子

橙子 | Orange
帮助宝宝防癌的酸甜精灵

走近橙子

橙子营养丰富、全面，十分适合婴幼儿食用。橙子中含有维生素A、维生素B、维生素C、维生素D、胡萝卜素、柠檬酸、苹果酸、果胶等营养成分。

橙子中的维生素C的含量很高，一个中等大小的橙子的维生素C的含量达70毫克，比"专家建议每日摄取量"还多出10毫克，维生素C与维生素P一起作用能增强机体抵抗力，增加毛细血管的弹性，降低血液中的胆固醇；橙子中含有的类黄酮是十分有效的抗氧化剂，可防止细胞遭受自由基的破坏并预防恶性细胞的扩散；橙子中所含的膳食纤维和果胶物质能促进肠道蠕动，有利于清肠排便，排出体内有害物质。

每天食用橙子还能增加人体内高密度脂蛋白的含量，并把"坏"的低密度脂蛋白运送出体外，从而降低患心脏病的可能。

♥ 专家连线

当宝宝能规律进餐后，家长一定要注意，不可在饭前或空腹时让宝宝食用橙子，因为橙子中所含的有机酸会刺激胃黏膜，不利于宝宝的消化。另外，在吃橙子前后1小时内不要喝牛奶，因为牛奶中的蛋白质遇到果酸会凝固，影响消化吸收。

过来人支招

购买橙子时要挑选分量较重、表皮呈金黄色且具光泽的为佳。通常香气越浓郁的橙子，果肉也越甜美多汁。

橙子最好生食，若需烹煮，则应尽量避免加热过久，以免各种维生素及养分被高温破坏殆尽。

橙子的维生素C含量丰富，能提高宝宝的免疫力。

宝宝营养餐

[鲜橙汁]

鲜橙汁中含有丰富的葡萄糖、果糖、蔗糖、苹果酸、柠檬酸以及胡萝卜素、维生素B_1、维生素B_2、烟酸、维生素C等，特别是维生素C含量丰富，4～6个月的婴儿饮用对身体十分有益。

材料：新鲜橙子1个
调料：白糖、温开水各适量
做法：1.选用新鲜、质量好的橙子，榨汁机洗净消毒。
2.将鲜橙子洗净，切开成两半，放在榨汁机中榨出果汁。3.加入温开水和白糖调匀即成。

蜂蜜 | Honey
最甜蜜的幼儿保健品

走近蜂蜜

蜂蜜被誉为"大自然中最完美的营养食品"，是蜜蜂采集花蜜后经自然发酵而成的黄白色黏稠液体，是一种味道甜美的食品，可以治疗多种疾病，更是营养丰富的保健品。

蜂蜜的营养全面而丰富，含有丰富的果糖、少量的蛋白质、维生素C、维生素K、维生素B及多种有机酸和人体必需的微量元素等营养成分，其中葡萄糖和果糖的含量约占蜂蜜的75%，而有机物质和无机物质的含量多达60多种。蜂蜜所含的酶是食物中含酶最多的一种，如淀粉酶、脂酶、转化酶等。

蜂蜜中的果糖能吸收伤口内部的水分，使细菌难以存活，能维持宝宝的身体健康；蜂蜜所含的抗氧化物质，具有协助人体抵御心脏病的功效，效果和蔬果类食物不相上下，服用蜂蜜与水的化合物后，能使血液中的抗氧化物浓度显著提升，进而减少动脉阻塞的发生率。蜂蜜中的优质糖分、维生素及矿物质可以燃烧人体的能量，有助于把体内积聚的废物排出体外，从而促进人体的新陈代谢。

蜂蜜营养虽然丰富，但婴儿不宜食用。

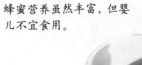

专家连线

蜂蜜制造过程中的高温会让某些具有保护作用的化合物失去作用。为了从蜂蜜中获得最大的抗菌效果，最好选择天然未加工的蜂蜜。

许多年轻的父母，喜欢给宝宝喂蜂蜜，以加强营养。实际上，1周岁以内的婴儿食用蜂蜜是有害的。因为有些蜂蜜中含有一种叫"肉毒杆菌"的细菌会使婴儿中毒，其症状与破伤风相似。因此1岁内的婴儿免疫力差，不要给他蜂蜜吃，以免中毒。

宝宝营养餐

[甜蜜蜜蛋奶]

甜甜的滋味、丰富的营养，以及嫩嫩滑滑的口感，一定会给宝宝带来极大的享受。

这是一道日常甜品，经常食用会让宝宝的皮肤又嫩又白。

材料：A：冰糖80克，水200毫升 B：鲜奶250毫升 C：鸡蛋4个

调料：蜂蜜少许

做法：1.将A料煮至糖融，冷却备用。2.将鸡蛋轻轻打散，然后加入A料和B料、蜂蜜。3.把材料全部过滤入锅，盖盖炖30分钟即可。

PART4

常见儿科疾病及
辅助食疗

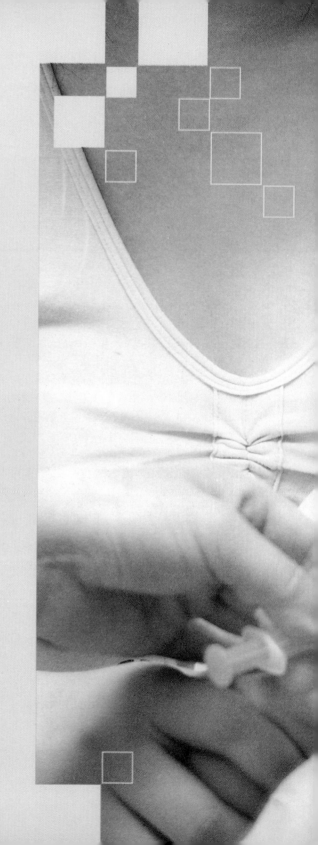

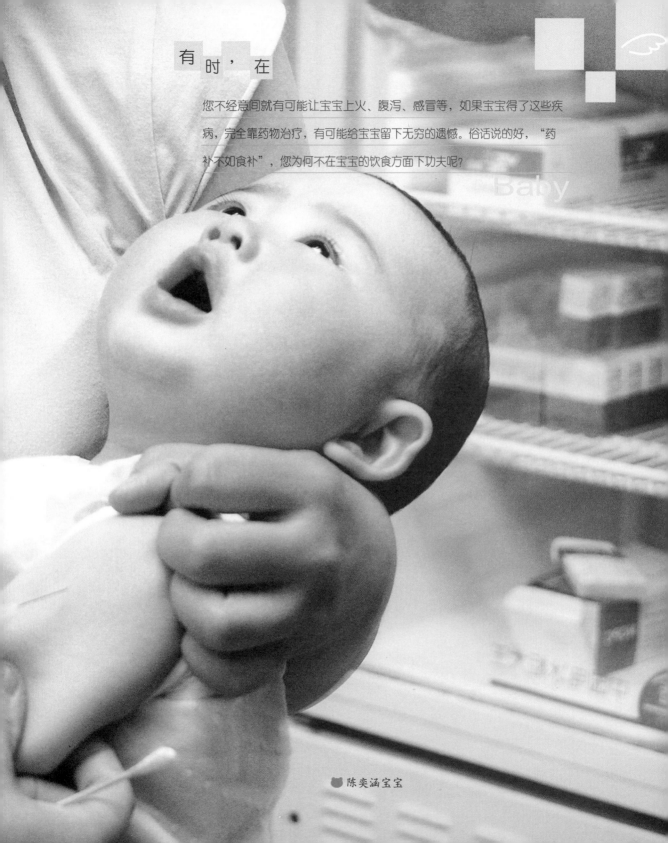

有 时，在

您不经意间就有可能让宝宝上火、腹泻、感冒等，如果宝宝得了这些疾病，完全靠药物治疗，有可能给宝宝留下无穷的遗憾。俗话说的好，"药补不如食补"，您为何不在宝宝的饮食方面下功夫呢？

Baby

🔴 陈奕涵宝宝

宝宝上火

不可忽略的隐患

症状表现

◆不爱吃饭，不愿喝水。◆嘴角溃烂，口腔疼痛。◆胃肠功能紊乱，常伴有腹部饱胀不适、腹痛、腹泻、呕吐等症状。◆便秘，排便过程延长或排便困难。◆眼屎多，头面部长红疹。

病症分析

"上火"是婴幼儿的常见病症，无论是刚出生的新生儿还是较大的幼儿都容易出现上火的症状。上火多是由各种细菌、病毒侵袭机体、婴幼儿积食、排泄功能障碍等原因导致的。婴幼儿免疫力低下，脾胃功能尚不健全，且生长发育迅速，所需要的营养物质也较多，但其自身并不能合理调节饮食，因此极容易内伤饮食而上火，从而导致口角起疱或便秘等症状，严重时还会引发扁桃体炎、咽炎等病症。因此，上火对于婴幼儿来说，绝不是"小病"，它极有可能演变成其他疾病的诱因，家长要在宝宝的饮食与营养上进行合理的调整，以提高宝宝的免疫力。

为了防止宝宝因饮食不当而上火，平时妈妈十分注意赵思媛宝宝的饮食。

医师连线

新生儿出生后，最好给予母乳喂养并保证足够的母乳量，因为母乳既含有丰富的营养，又不会让宝宝"上火"；对于人工喂养的宝宝，可以添加一些鲜果汁。6个月以上的宝宝应该摄入富含纤维素的食物，每天多喂开水；对母乳不足的婴儿应及时添加牛奶、谷类食物等；同时，也应从小培养孩子养成良好的饮食习惯和排便习惯。要控制宝宝的零食，尽量少给孩子吃容易引起"上火"的食物。如孩子患上疱疹性口炎或溃疡性口炎，必须赶快去医院就诊。

膳食调理

[香蕉甜橙汁]

宝宝上火时，不宜吃油腻的食物，更要避免吃油炸、红烧等容易引起"上火"的食物。甜橙和香蕉都含有丰富的钾质和纤维素，具有清火、利尿的作用，能有效防治婴幼儿便秘。这道营养果汁适宜任何月龄的宝宝食用。

材料：甜橙半个，香蕉1/4根
做法：1.甜橙削皮，放入果汁机中榨汁，盛在碗中。
2.香蕉去皮，用铁汤匙刮泥置入甜橙汁中即可。

宝宝腹泻 | 不能让宝宝一泻到底

症状表现

◆排出不成形的像稀水一样的大便。◆排便很急，无法控制。◆常伴有腹部痉挛和胀气，肠子咕咕作响。◆有时会有呕吐和发热的症状。◆经常十分口渴，但食欲不振。

病症分析

宝宝腹泻俗称拉肚子，其主要症状是宝宝频繁地排泄不成形的稀便。腹泻是小儿最常见的多发性疾病，好发于6个月至2岁的婴幼儿。腹泻如果迁延不愈，会使宝宝发生营养不良、反复感染，甚至出现生长发育迟滞的现象。

引发腹泻的原因较多，常见的腹泻主要有生理性腹泻、胃肠道功能紊乱导致的腹泻以及感染性腹泻等。对于前两种非感染性腹泻可以通过饮食调养进行治疗；而感染性腹泻则是由细菌、病毒、真菌等感染引起的，需要在药物治疗的基础上再进行饮食调理。

当陈浩然宝宝腹泻时，妈妈总是及时给他更换尿布，使他的小屁股保持干爽。

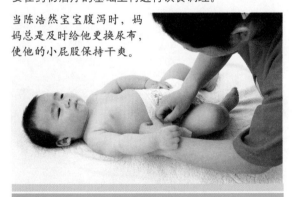

也有禁忌

宝宝患有腹泻时，不要禁食，以防营养不良，但要遵循少食多餐的原则，每天至少进食6次。此外，还要补充适量的水分，以免宝宝脱水。

医师连线

小儿腹泻重在预防，妈妈要特别注意孩子和家人的卫生。如果宝宝已经患有腹泻，要多观察，加强护理。由于腹泻时宝宝排便次数增多，不断污染着宝宝的小屁股，而排出的粪便还会刺激宝宝的皮肤，因此，每次排便后都要用温水清洗小屁股，要特别注意肛门和会阴部的清洗。如果有发热现象，可用湿热的海绵擦身降温，并让孩子吃流食。当宝宝恢复后，要逐渐地添加一些清淡的食物。如果是感染性腹泻应积极控制感染，可在医生的指导下选用黄连素治疗；如果病情加重，则应赶快去医院诊治。

膳食调理

[扁豆粥]

宝宝患有腹泻时，可以将苹果榨成果汁给宝宝食用，因为苹果果胶能吸附毒素和水分，对于治疗腹泻有积极作用；也可以用扁豆给宝宝烹制辅助食疗餐，因为扁豆甘淡温和，对治疗便秘腹泻有不错的功效。

材料：扁豆15克，大米20～60克
调料：盐少许
做法：1.扁豆洗净；大米淘洗干净。2.锅置火上，放入清水、大米、扁豆，煮成粥，待粥将成，放入盐同煮成稀粥。

宝宝咳嗽

找出病因是关键

病症分析

咳嗽是儿科中常见的病症，常由多种疾病引起。引起咳嗽的常见疾病主要有以下几种：

上呼吸道感染

上呼吸道感染，俗称感冒，是由病毒经过鼻腔和咽喉进入人体内引起上呼吸道黏膜发炎所致。当宝宝患有感冒时，一般都会伴有咳嗽的症状。

支气管炎

支气管炎多数是由上呼吸道感染蔓延所致，一般发病较急。开始时多为干咳，然后逐渐出现咳嗽、咳痰等症状，严重时会因呼吸困难而缺氧，甚至出现嘴唇青紫的现象。

肺炎

肺炎也是小儿的常见病症，2岁以内的宝宝所患肺炎多属于支气管肺炎，一般由感冒或支气管炎而引起。常伴有干咳、气促、口唇发绀、鼻翼煽动等现象；另外，除新生儿外，常会发烧至39℃。

急性喉炎

喉炎多是由病毒或细菌通过喉部时引起喉部感染所致。急性喉炎最典型的症状是声音嘶哑，甚至发不出声音；另外还会伴有干咳、喉部疼痛等症状；在吸入空气时会发出像犬吠状的咳嗽声，严重时会发生喉吼。

意外情况——吸入异物

宝宝如果未患有上述疾病，并且没有咳嗽、流涕、打喷嚏、发烧等症状，而突然出现剧烈呛咳、呼吸困难、脸色不好等现象，极有可能是在大人不注意时将异物放进了嘴里，不小心误入了咽喉或气管所致，这种情况多发生在较小的孩子身上。

♥ 医师连线

当孩子咳嗽时，大人要尽快查清病因，以方便调理和治疗。如果宝宝是因患疾病而咳嗽，家长要先咨询医生，在配合药物治疗的基础上进行饮食调理；如果宝宝是因吸入异物而咳嗽，要尽快在医生的指导下清除异物。其他须知事宜详见如下：

● 当宝宝咳嗽时，要尽量保持室内空气湿润，以免干燥空气使宝宝鼻腔感觉不适，加重咳嗽症状。● 尽量保持室内空气清新，防止异味空气或烟尘进入房间。● 当宝宝因咳嗽严重而呼吸困难时，将宝宝抱起来轻轻拍几下宝宝的背部，这会使宝宝感觉舒适一些，也会减轻咳嗽的症状。● 当宝宝咳嗽时，要注意让宝宝休息，以免因过于疲劳而加重咳嗽；同时也要注意不能让宝宝过冷或过热。● 当宝宝睡觉时，可采取侧卧位以缓解咳嗽、呼吸困难的症状。● 当宝宝咳嗽继续加重、未见好转（特别是出现呼吸困难、唇色不好）时，应马上带宝宝去医院治疗，以免延误治疗时机。

膳食调理

[百合蜜]

百合有止咳作用，与蜂蜜搭配在一起，其润肺止咳作用更强。这道营养调理餐对治疗婴儿慢性支气管炎、咽干燥、咳嗽等有很好的功效，值得一试！

材料：百合60克，蜂蜜30克

做法：将百合洗净晾干，与蜂蜜拌匀，放入瓷碗中，置沸水锅中隔水蒸熟即成。

宝宝夜啼

谨防宝宝成为夜哭郎

症状表现
◆白天正常，夜晚啼哭不安。◆啼哭时伴有面红现象。◆常表现出惊恐与不宁的神色。
◆四肢略凉。

病症分析

夜啼是指宝宝经常在夜间啼哭吵闹，有时间歇性发作，有时则持续发作，民间称之为"夜哭郎"。这种疾病多见于3个月以内的幼小婴儿。

对于宝宝夜啼的原因，医学界有两种解释：一、中医认为夜啼的发生与心脾有关。宝宝的脾胃虚寒，常会导致所吃的乳品积滞在脾胃中，不易消化，产生不适，进而引起宝宝啼哭；当宝宝的心火过盛，同时又遭受到惊吓时也会引发宝宝哭闹，在哭闹时经常会出现面赤唇红、烦躁不安的症状。二、现代医学认为婴儿神经系统发育不完全，某些疾病可能会导致婴儿神经功能调节紊乱，进而引起宝宝夜啼的发生。

也有禁忌

在宝宝入睡前，不要给宝宝吃容易引起胀气的食物，如苹果汁、萝卜水等，以免因宝宝的肠胃不适而引发宝宝夜啼。

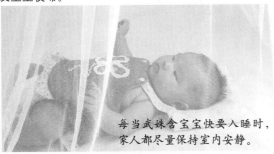

每当武妹含宝宝快要入睡时，家人都尽量保持室内安静。

♥ 医师连线

夜晚睡眠对于正处在生长发育中的婴儿而言是极为重要的，因为婴儿在夜晚熟睡时分泌的生长激素的量较多，而生长激素能促使婴儿身高的增长。但是夜啼是影响生长激素分泌的重要因素，如果宝宝夜啼时间持续不减，其身高增加的速度就显得缓慢。

养成好的作息规律能够缓解宝宝夜啼的症状。尤其是对生物钟日夜颠倒的宝宝要及时加以纠正，白天不要让宝宝的睡眠过多，宝宝醒着时要充分利用声、光、语言等条件延长宝宝的清醒时间；晚上则要避免宝宝因过度兴奋而不易入睡或产生夜惊。宝宝的卧室内外都要保持安静，并且温度适宜。

膳食调理

[桂圆红枣粥]

桂圆肉中富含蛋白质和维生素，与红枣、粳米搭配一起使用，能起到安神定惊、和中醒脾的作用，但体热、便秘的宝宝不宜食用。

材料：桂圆肉半大匙，红枣3个，粳米3大匙
做法：1.将粳米淘洗干净；红枣洗净。2.锅置火上，放入粳米、桂圆肉、红枣，加入适量水，煮成稀粥即可。

宝宝惊风

宝宝健康亮起的红灯

症状表现

◆急惊时：常高烧39℃以上；面色赤红，呼吸急促，躁动不安；口吐白沫；大小便失禁；神志昏迷、双目上视、牙关紧闭、四肢抽搐。◆慢惊时：嗜睡，无精打采；双手紧握；抽搐无力，时而发作，时而停止；有时会在沉睡中发生痉挛。

病症分析

惊风又叫惊厥，民间称之为"抽风"，是婴幼儿并发于多种疾病过程中的一个急症，多见于6个月至3岁之间的婴幼儿。临床上分为急惊和慢惊两种。通常情况下，宝宝的年龄越小，发病率就越高。由于宝宝的神经系统调控抑制和兴奋的能力比大人弱得多，因此一遇有感染、高热等病症时就会发生惊风的症状。

宝宝如患有惊风，除了需要治疗原发病外，主要是饮食调养，可在恢复期经常给宝宝烹制有增强体质、加快康复、减少复发功效的膳食。

医师连线

当发现宝宝惊风发作时，家长应尽快将宝宝送到医院诊治。但在到医院前，家长应尽量控制宝宝的惊风症状，以免因惊风引起脑组织损伤。具体方法如下：

●让宝宝在平板床上侧卧，避免呼吸道阻塞，防止宝宝受到任何刺激。如果发现宝宝窒息，应立即进行人工呼吸。

●当宝宝惊风时，家长应用匙柄垫在宝宝上下牙齿之间以防咬伤舌头。也可适当用针刺或手导引人中、内关等穴位。

●当宝宝发烧时，可用温湿毛巾敷宝宝的头和前额。

●当宝宝抽搐时，切忌喂食，以免呛入呼吸道内。

●当宝宝缺氧时，如家里有条件，应立即给宝宝吸氧，并尽快送到医院治疗。

也有禁忌

当给宝宝服用鱼肝油时，切不可过量，因为过量服用鱼肝油可能会引起维生素A中毒、低血钙症、低血糖症等疾病，而这些营养素的缺乏或过量症状都会导致宝宝惊风。

膳食调理

[山药虾仁粥]

山药具有健脾、养胃的作用；虾仁对人的脾胃较有益处。将二者搭配在一起，营养更为丰富，而且具有良好的镇静作用，对治疗宝宝惊风有辅助作用，每天可以给宝宝分两次食用。如宝宝较小，尽量不要放盐。

材料：山药一段（约30克），虾仁1～2个，大米50克
调料：盐少许
做法：1.大米洗净；山药去皮，洗净，切成小块；虾仁择好，洗净，切成两半。
2.锅置火上，加入适量水，放入大米，煮开后加入山药块，用小火煮成粥，将热时，放入虾仁、盐，煮熟即可。

宝宝贫血 | 铁剂补充要及时

症状表现

◆皮肤、黏膜苍白或苍黄。◆全身疲乏无力，不爱活动。◆食欲减退。◆容易烦躁、哭闹、精神不振，注意力不够集中。◆严重时，可能会影响心脏功能，甚至导致贫血性心脏病。◆延期不愈可能会妨碍生长发育。◆可能会出现智力发育迟缓、防病抗病能力较差的现象。

病症分析

贫血是婴幼儿时期的一种常见疾病，是指单位容积血液内的血红蛋白低于正常值，也就是说每100毫升血液中，血红蛋白（血色素）低于11克即为贫血。贫血常见于6个月至3岁的婴幼儿。

贫血多由于饮食不当所致，从宝宝出生后6个月起如果不补充含铁丰富的食品，就很容易发生贫血；而胃肠溃疡、肠息肉、其他慢性出血等，也容易造成贫血；另外，幼儿偏食、挑食，也会引起贫血。

也有禁忌

当发现宝宝贫血时，家长就会急着给宝宝增加营养，但常常只给宝宝增加牛奶的饮用，而不重视饮食调整。事实上，这种做法很不妥当。因为，牛奶含磷较高，会影响铁在体内的吸收，这样反而加重了贫血的症状。因此，在纠正贫血的过程中，切不可给宝宝过多饮用牛奶，应该多吃一些蛋黄、瘦肉、猪肝等含铁量高的食物，并且在吃这些食物的同时也吃些富含维生素C的绿叶蔬菜和水果，这样，贫血才能得到尽快纠正。

医师连线

如果宝宝患有贫血，不但要用药物治疗，更要注意膳食的调节。具体注意事项如下：

●应多为宝宝选择富含蛋白质的食物，如：瘦肉、蛋类、动物肝脏、禽类等。

●多为宝宝选择富含铁的食物，如：山楂、黑木耳、黑芝麻、虾子、干海带、紫菜等食品。

●多给宝宝吃富含维生素C的食物，如：西红柿、甜柿椒、黄花菜、柑橘、山楂、草莓、红枣等。

●每天保证一定的饮食摄入量，而且切忌暴饮暴食。

●注意纠正宝宝不良的饮食习惯，做到生活有规律，以利于宝宝消化吸收。

膳食调理

[婴儿鱼汤]

鱼汤鲜美，豆腐嫩滑，可让宝宝吃些鱼肉、豆腐。蛋黄、紫菜中都含有丰富的铁，对于防治宝宝缺铁性贫血有不错的疗效。

材料：鲜鱼1条，豆腐1/4块，蛋黄1个，紫菜少许，姜2片

调料：盐少许（可不加）

做法：1.鲜鱼洗净，豆腐切丁备用。2.锅中放6杯水，放入姜片及鲜鱼以大火煮开后，将豆腐丁放入，转小火煮10分钟，再将蛋黄打散放入，加少量盐，撒上紫菜末，熄火。

宝宝流涎

宝宝流口水未必是嘴馋

症状表现

◆口水增多，自动流出口外。◆口腔周围潮红。◆口角糜烂。

病症分析

流涎，俗称"流口水"，是指宝宝的口水不自觉地从口内流溢出来的一种病症。常见于1岁左右处于断奶期前后的婴幼儿。

宝宝流涎分为两种情况，即生理性流涎和病理性流涎。

婴儿时期，因宝宝口腔浅，不会调节口内过多的唾液，有时会发生流涎现象，但随着乳牙的出齐和年龄的增长，口腔的深度增加，唾液的分泌量也会逐渐转为正常，流涎也会自然停止。这种情况下的宝宝流涎属于生理性流涎，并非病症。病理性流涎是指婴幼儿不正常的流口水，其原因大致有两个：一是由于人们喜爱捏压宝宝的小脸蛋，导致宝宝腮部腺体机械性损伤而流涎；二是宝宝如果患有口腔疾病，如口腔炎、黏膜充血或溃烂或舌尖部、颊部、唇部溃疡等也可导致流涎。另外，脑炎后遗症、呆小病、面神经麻痹而导致调节唾液功能失调也会造成宝宝流涎；因此如果发现宝宝流口水，应尽快去医院明确诊断。

宝宝流涎持续时间较长，最长的可达半年以上，如果能够对症治疗，并进行合理的饮食调理，则能很快治愈。

也有禁忌

如果发现宝宝有流涎现象，家长除了对症治疗外，还要帮助宝宝戒除吮手指或橡皮奶嘴的不良习惯，并要注意衣襟的整洁，以免宝宝患感冒或引发皮肤炎症。

管文博宝宝胖嘟嘟的小脸蛋可爱极了，但是爸爸可不能总是这样捏呀，经常捏压脸蛋，会导致宝宝流涎。

膳食调理

[薏仁山楂汤]

山楂具有开胃、增强食欲的作用，与薏仁搭配在一起，对宝宝流涎有一定的调节作用。

材料：薏仁100克，山楂20克

做法：1.山楂洗净，去子；薏仁洗净。2.锅置火上，放入山楂、薏仁，用文火煮1小时，浓缩成汤汁即可。可将汤汁分几次服用。

宝宝湿疹

令宝宝痛苦的斑斑点点

症状表现　◆皮肤发炎、发痒。◆出现潮红斑片，并伴有左右对称、针头大小的丘疹、疱疹。◆严重时会破溃、糜烂、渗液、结痂。◆皮肤上会形成鳞状物。

病症分析

湿疹俗称"奶癣"，是婴幼儿常见的一种皮肤病，可以发生在身体的任何部位，发病原因较复杂，目前认为可能是皮肤对外界的过敏反应，如：湿、热、冷、日光、微生物、毛织品、药物、肥皂、空气尘埃等。湿疹常发作于1～2个月的宝宝。也有少数宝宝在5～6个月之后才发作，大约在宝宝2岁左右即可逐渐痊愈。湿疹多见于较肥胖的宝宝，病情时轻时重，病程也会反复发作。

医师连线

当宝宝病发时，如果宝宝未断奶，妈妈应多吃些蔬菜、水果、豆制品和肉类的食物，少吃鱼、虾、蟹等水产品；如果宝宝是用牛奶喂养的，可适当延长牛奶的烧煮时间，以利蛋白质变性，减轻致敏作用，也可改用羊奶或市售的宝宝配方奶粉哺喂宝宝。还应注意不要把宝宝喂得过饱，因为消化不良会使湿疹加重。

宝宝患湿疹时，家长要注意以下的饮食事宜：

●饮食应以清淡为主，多吃蔬菜、水果，注意饮食规律，不偏食。

●可以适量给宝宝饮用菊花茶。

●绿豆汤有清热解毒的作用，不妨在宝宝患湿疹时喂宝宝一些。

●可以给宝宝吃些冬瓜煮稀饭。

●宝宝患湿疹时也可吃山楂麦芽汁。

●宝宝患湿疹时，金银花也是不错的选择。

也有禁忌

宝宝患湿疹时要注意以下饮食禁忌：

●未断奶的宝宝患湿疹时，哺乳期的妈妈应避免吃以下食物：辣椒、辣酱、洋葱、胡椒粉、咖喱粉、酒、可可、浓茶、味精、芥末、桂皮、大蒜、生姜、韭菜、香菜、芹菜、八角、海鱼、酸菜、醋等食物，以防止宝宝间接引起过敏反应。

●能吃辅食的宝宝患湿疹时，忌给宝宝吃容易过敏的食物，如牛奶、羊奶、豆浆、鸡蛋、黄鱼、竹笋、菠菜、莴苣、鸡、牛羊肉、海鲜类等食物。

膳食调理

[绿豆粥]

绿豆具有清热、解毒的作用，与粳米煮粥，有清热、凉血、利湿、去毒的功效，非常适合患有湿疹的宝宝食用，对于发热、疹红水多、大便干结、舌红苔黄等症状的改善更加明显！

材料：绿豆2大匙，粳米适量
调料：冰糖少许
做法：1.绿豆、粳米淘洗干净。2.锅置火上，加入适量清水、绿豆、粳米同煮粥，粥熟后加入冰糖调匀即可。

宝宝感冒

宝宝感冒 | 饮食调理更关键

症状表现

宝宝暑热感冒：◆身体发热。◆身体疲倦，骨节酸痛。◆无汗。◆头晕，头胀。◆易口渴，爱喝水。◆有恶心、呕吐、腹泻等症状。

宝宝风寒感冒：◆怕冷、低烧。◆无汗。◆头痛，身体疲惫、酸痛。◆鼻塞，流清涕，打喷嚏。◆咳嗽，痰白且较稀。◆不易口渴，渴了时喜欢喝热饮。◆舌苔薄白。

宝宝风热感冒：◆高烧、头痛。◆流汗。◆鼻塞，流浓涕。◆咽喉肿痛，咳嗽，痰黄且稠。◆易口渴。◆舌质红，舌苔薄黄。

病症分析

宝宝易患的感冒有三种，即暑热感冒、风寒感冒和风热感冒。

暑热感冒也被称为"肠胃型感冒"，是婴幼儿夏季经常出现的一种病症。风寒感冒是指宝宝在被风吹或受凉所引起的感冒症状，多发生在秋冬时节。风热感冒也是婴幼儿常见的一种疾病，一年四季均可发生，春季更为多见，多由气候突变、寒暖失调所致。

医师连线

患暑热感冒的宝宝，食物应以清淡为主，切忌油腻，可饮用新榨的果汁，也可喝绿豆汤。患风寒感冒的宝宝，尽量通过饮食调节补充维生素，增强抵抗力，预防风寒感冒。患风热感冒的宝宝要及时补充水分，以防汗液蒸发带走体内过多的水分。

膳食调理

[荷叶粥]

荷叶具有清热解暑的功效，放入米中同煮，不仅使粥的味道清新，并能缓解宝宝的暑热感冒症状。

材料：大米3大匙，荷叶适量

做法：1.大米淘洗干净，放入锅中熬煮。2.荷叶洗净，待粥煮好后，放入荷叶再稍煮一会儿即可。

[葱白粳米粥]

葱白具有和胃驱寒的作用，非常适合患风寒感冒的宝宝食用。

材料：粳米3大匙，葱白、白糖各适量

做法：1.粳米洗净，放入锅中加适量水煮。2.至快熟时，将葱白洗净，切成2～3段，与白糖一起放入锅中，煮熟即可。

[甜梨去热粥]

梨清凉，去火，对于防治宝宝风热感冒有一定的功效。

材料：梨2个，大米适量

做法：1.梨洗净，切碎，放入锅中加水煮30分钟。2.去掉多余汁液，加入适量大米煮成粥即可。粥煮好后要让宝宝趁热食用。

宝宝水痘

令宝宝不胜烦恼的小痘痘

症状表现

◆皮肤上有瘙痒感的疱疹样皮疹。◆伴有轻度的头痛、发烧。◆红色的斑后疹，有红晕的发痒的水疱，水疱干燥后的结痂可能同时出现。◆易引发口腔溃疡，宝宝进食时会感到疼痛。

病症分析

水痘是一种常见的儿科疾病，是由水痘病毒引起的，会破坏宝宝体内许多营养成分。水痘是一种传染病，在幼儿时期比较常见，通常有2～3周的潜伏期，在晚冬和春季时其发病率最高。

医师连线

当宝宝长水痘时，家长可在宝宝的皮疹患处涂上医生建议用的软膏，或用加入可溶性苏打的温水给宝宝洗澡，可以减轻瘙痒感。

家长要记得将宝宝的指甲剪短，并告诉宝宝不要去抓痒；如果宝宝太小，听不懂大人的话，那么只好用纱布做成手套给宝宝戴上了。

对于较小的婴儿，为了促进水疱尽快结痂，所以最好不要给宝宝用尿布，并尽量使宝宝的小屁股保持干爽。

在痂皮脱落前，不要让宝宝和其他宝宝接触，以免传染给别的宝宝。

在宝宝的饮食上也要特别注意，应该增加柑橘类水果和果汁，并在宝宝的食物摄取中增加麦芽和豆类制品。

柑橘类水果有助于减轻宝宝的病症。

也有禁忌

当宝宝长水痘时，家长要注意下面的食物禁忌：

●忌食温热、辛燥的食物。如：姜、蒜、葱、韭菜、洋葱、芥菜、蚕豆、荔枝、龙眼、红枣、木瓜、核桃、李子、橄榄、山药、黑木耳、狗肉、羊肉、牛肉、鸡肉、鸭肉、鲤鱼、鳝鱼、鲢鱼、海虾、海鱼、酸菜、醋、过甜过咸的食物等。

●忌食温热的补品。如：人参精、鹿茸精等。

●忌食油腻的食物。如：动物油、奶油、核桃仁、甜点心、蛋糕、烤鸡、烤鸭、花生油、油炸食品等各种油腻凝胃的食物。

膳食调理

[金银花甘蔗汁]

金银花具有散热解毒的功效，与甘甜的甘蔗汁搭配服用，对治疗宝宝水痘有一定的疗效。记得每天都要给宝宝喝一次！

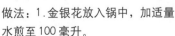

材料：金银花半大匙，甘蔗汁半杯

做法：1.金银花放入锅中，加适量水煎至100毫升。

2.将甘蔗汁与金银花水一同放入碗中混合均匀，代茶饮用。

宝宝遗尿

可以改变的尿床习惯

症状表现 ◆瞌睡沉沉，不易唤醒，爱说梦话。◆梦中遗尿。◆尿量多，尿液色清或色黄。◆有些宝宝面色苍白或智力落后。◆平常手足心热，性情急躁。◆舌红苔黄。

病症分析

宝宝遗尿是指3岁以上的宝宝在夜间熟睡中，小便不受控制地排出的一种疾病。遗尿的宝宝轻者数天一次，重者天天发生，甚至一夜数次。遗尿的形成主要与宝宝神经系统发育不完全、膀胱容量较小以及睡前饮水较多或玩得过度等有关，只有少数是因为器质性病变，如泌尿道畸形等而遗尿。但3岁以前的宝宝经常在熟睡中遗尿的情况不能算是此病。

也有禁忌

对于经常遗尿的宝宝，家长应注意以下禁忌：

●不宜多吃盐和糖。因为多盐多糖皆易引起多饮多尿。

●忌食生冷食物。因为生冷的食物会削弱宝宝的脾胃，进而影响肾脏的功能。

●晚餐不宜让宝宝摄入过多的水，以免引起夜间遗尿，同时也要养成宝宝定期排尿的习惯。

宝宝遗尿要加强饮食调理。

♥ 医师连线

对于器质性病症引起的遗尿要及早就医，而功能性遗尿则需采用饮食疗法。平常，家长要注意宝宝营养的均衡，以调理宝宝的脾胃和肾脏，尽量避免宝宝遗尿。

膳食调理

[猪腰粥]

猪腰有通膀胱、消积滞的功效，与粳米合用，具有补肾、壮腰、利尿、消肿的功用，对于治疗小儿遗尿、肾虚、腰痛等症效果较为明显。每日1～2次，让宝宝空腹温食。

材料：猪腰1个，粳米50克

调料：盐少许

做法：1.将猪腰去脂膜后洗净，用开水稍烫，去除腥异味后，切碎；粳米淘洗干净。2.锅置火上，放入适量水、猪腰、粳米，一同熬煮，将热时，撒入盐，煮熟即可。

宝宝鹅口疮

请关注宝宝的口腔卫生

症状表现

◆舌头表面和口腔内壁出现白色或乳黄色的斑块。◆斑块不易擦去。◆如果用干净的纱布擦拭会出血或出现潮红色的不出血的红色创面。

病症分析

鹅口疮是由一种白色念珠菌的真菌感染引起的口腔疾病，常见于1岁以内的婴儿。正常情况下，白色念珠菌的繁殖会受到其他细菌的抑制，但当宝宝生病或长期使用抗生素后，正常细菌的数量下降，白色念珠菌就会大量繁殖，导致鹅口疮。

也有禁忌

当宝宝患有鹅口疮时，家长不要喂食宝宝酸辣的食物，如橘子、西红柿、果汁等，更不能喂食太烫的食物。

医师连线

宝宝患鹅口疮，多是由于奶瓶或奶嘴不干净、消毒不严或混用奶具后交叉感染所引起的。有些则是由于长期腹泻、营养不良、长期或反复使用广谱抗生素所导致的感染。也有一部分是由于新生儿经过母亲患有霉菌性阴道炎的产道时感染上的。因此，为了预防鹅口疮，要注意宝宝的奶瓶、奶嘴的消毒，同时也要注意妈妈的手、乳头及宝宝口腔的卫生。

如果宝宝已经患有鹅口疮，家长可以用淡盐水为宝宝清洗局部，然后再涂上0.5%的龙胆紫药水，或用制霉菌素10万单位加少许甘油局部涂抹，每日2～3次。但一般的护理措施不能消除炎症，应尽快带宝宝去医院就诊。

膳食调理

[荷叶冬瓜汤]

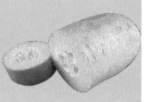

荷叶具有良好的散热功效，与冬瓜搭配，能通过调理宝宝的饮食达到减轻宝宝鹅口疮的作用。

材料：鲜荷叶1张，鲜冬瓜1块（约500克）

调料：盐适量

做法：1.荷叶洗净；冬瓜洗净，去皮，切块。2.锅置火上，放入荷叶、冬瓜，加入适量清水煲汤，煲熟时放入适量盐即可。

为了预防鹅口疮，琪琪的妈妈在喂奶时十分注意卫生。

宝宝汗症

不能让宝宝总是大汗淋漓

症状表现

◆ 自汗症状：没有任何刺激因素而自然出汗。出汗后有形寒、疲乏等现象。

◆ 盗汗症状：睡着时汗液窃出，醒来就停止。汗液停止时不觉得恶寒，反而感到烦热。

病症分析

宝宝汗症是指在安静状态下，宝宝全身或局部汗出过多的一种病症，包括自汗与盗汗。自汗是指白天无故出汗的症状；盗汗则是指夜间睡眠出汗、醒后停止出汗的症状。自汗与盗汗往往并见。汗症本身是由于交感神经系统的过度亢进造成的，多与宝宝的体质虚弱有关。

也有禁忌

如果宝宝所患汗症属于自汗，那么应少给宝宝吃寒凉生冷的食物，如：梨、柿子、荸荠、西瓜、冬瓜、黄瓜等；如果宝宝所患汗症属于盗汗，则应让宝宝忌食辛辣、刺激、动火食物，如：葱、姜、蒜、韭菜及芳香调料等。

膳食调理

[海参粥]

海参营养丰富，具有补肾、养血、润燥的功效，对于治疗宝宝自汗、盗汗有不错的疗效。

材料：海参50克，大米3大匙

调料：盐适量

做法：1.海参洗净，切块；大米淘洗干净。2.锅置火上，放入适量清水、大米、海参煮粥，将熟时调入盐即可。

♥ 医师连线

宝宝汗症无论属于自汗还是盗汗，出汗过多都会损耗心液，影响宝宝健康成长。宝宝汗症绝非小事，应该及早治疗。在对症治疗的同时，也要配合辅助食疗，才能使宝宝早日康复。汗症的食疗原则应以滋阴补虚为主，平时可以多给宝宝吃一些山药、大枣、莲子、银耳、麦片、桂圆、鸭肉、泥鳅等食物。

每当蒋加恒宝宝睡觉时，妈妈总要留心观察一下熟睡中的宝宝，生怕宝宝出现任何异常情况。

宝宝扁桃体炎

保护宝宝的嗓子从预防病菌做起

症状表现 ◆发病较急。◆恶寒、发烧、全身不适。◆咽喉疼痛，引起吞咽困难。◆扁桃体出现红肿，有的表面化脓，出现黄色斑点。◆颈部淋巴结肿大，可能出现呼吸困难。◆宝宝可能拒绝进食。

病症分析

扁桃体炎是常见的宝宝多发性疾病，就是咽喉部位的扁桃体感染发炎。这种疾病多由病毒或细菌感染引起的，具有一定的传染性，但很少发生在1岁以下的婴儿身上。

也有禁忌

在宝宝患扁桃体炎期间，要避免给宝宝吃过于油腻、黏滞及辛辣刺激的食物。

医师连线

当宝宝患有扁桃体炎时，家长要注意以下事项：

●要保持宝宝的房间温暖。

●当宝宝发烧时，要给宝宝服用解热镇痛剂，用温水为宝宝擦身降温，并给宝宝喝足够的温水。

●当宝宝吞咽困难时，不要强迫宝宝进食，可以给宝宝吃些流食，如酸奶等，以减轻咽喉疼痛。

●不要让宝宝用漱口水来减轻疼痛，因为这可能使炎症从咽喉扩散到中耳。

●为了避免传染，三日之内不要让宝宝和其他孩子接触。

●严重时要及时去医院就诊。

膳食调理

[枸杞菜粥]

1

枸杞具有解毒、抗热、退烧、除湿的作用。这道枸杞菜粥能够缓解宝宝扁桃体炎引起的发烧症状。

材料：枸杞1大匙，冬菜50克，粳米半杯

调料：白糖适量

做法：1.粳米洗净，放入锅中煮成稠粥。2.冬菜洗净，与枸杞一起放入锅中煮10分钟。3.将白糖加入锅中调味。

[牛蒡粥]

2

牛蒡具有散热、畅肺、消疹、解毒、消肿等功效，对于宝宝扁桃体炎等病症有不错的食疗作用。此粥每日温服2次，不可遗漏！

材料：牛蒡根30克，大米4大匙

调料：白糖适量

做法：1.牛蒡根洗净，煎汁，去渣，取汁100克；大米淘洗干净。2.锅置火上，放入清水、大米煮粥，放入牛蒡汁调匀，加白糖，即可食用。

宝宝佝偻病

宝宝佝偻病 | 营养素的恶作剧

症状表现

◆宝宝性情不安稳、精神不安宁，睡觉时爱哭闹。◆多汗、头发稀、食欲不振。◆骨骼脆软，长牙迟缓。◆囟门闭合延缓，额头骨突出。◆腿骨畸形，出现 O 型腿或 X 型腿，行走缓慢无力。◆各关节增大，胸骨突出呈现出鸡胸，脊椎弯曲。◆肌肉软弱，腹部呈现壶状。

病症分析

佝偻病，俗称"软骨病"，是婴幼儿常见的一种慢性营养缺乏症。这种疾病是由维生素D缺乏引起的全身钙、磷代谢紊乱，使钙、磷不能正常沉着在骨骼的生长部分而引发的疾病。当宝宝患有佝偻病时，除了要进行药物治疗外，还要配合适当的饮食调养。

也有禁忌

当宝宝患有佝偻病时，不可因担心宝宝体质虚弱、不耐风寒就闭室户内，长期抱养，这样反而不利于宝宝的生长发育，甚至加重病情。

膳食调理

[胡萝卜蒸鳕鱼]

鳕鱼富含钙、铁、锌等营养成分，是不错的补钙食源。鳕鱼肉质细腻，不必担心鱼刺会伤害宝宝哦！

材料：鲜鳕鱼1片，胡萝卜细丁少许，姜片2片
调料：盐少许
做法：1.鳕鱼洗净，放入盘中，撒上胡萝卜细丁、姜片，并淋上调料。2.用保鲜膜覆盖，放入锅中蒸熟。

医师连线

佝偻病的防治，应该从孕期开始做起，母体有充足的营养和钙质，宝宝就不易发生佝偻病。而当宝宝出生后，就要滋肝补肾，多为宝宝提供营养和含钙食物，如：多吃些奶类、豆类、蛋类等食物；另外，还要让宝宝多活动，适当晒晒太阳，以促进营养的利用。

晒太阳是预防佝偻病最好的方法，所以妈妈经常带朱尚昱蕊去沐浴阳光。

PART5

婴幼儿喂养的
焦点主题

张佳仪宝宝

关于牛奶与羊奶

MILK

在宝宝的喂养问题上，很多家长都有这样的疑问，除了母乳和配方奶粉外，可以喂宝宝牛奶和羊奶吗？答案是可以，但在给宝宝吃牛奶或者羊奶前，你一定要充分地了解它们。

关于牛奶

透析牛奶的"魔力"

在日常生活中，牛奶是一种常见饮品，营养丰富，饮用价值很高，而且还可以制成各种奶制品，如酸奶、奶酪、奶油等。很多家庭都开始有了喝奶的习惯，特别是近年来中国家庭对牛奶的消耗量逐渐增大，据官方统计数据表明，在5年内，中国的奶需求量几乎翻了一倍。人们对牛奶的青睐与钟爱日渐加深，甚至有了"一杯奶强健一个民族"、"补上'白色革命'这一课"的说法。那么，牛奶究竟有什么魔力使人们如此着迷呢？

当母乳不足时，可以给宝宝喂些牛奶。

牛奶的"魔力"就在于它丰富的营养与优良的品质。

牛奶的营养价值很高，含有丰富的蛋白质、脂肪、碳水化合物，还有钙、磷、铁等矿物质以及多种维生素、膳食纤维等营养成分。

平均每100毫升鲜牛奶中，含3.0克蛋白质、3.6克脂肪、4.8克糖、110毫克钙、85毫克磷、0.1毫克铁、85毫克维生素A。

就每个单项营养素而言，牛奶并不突出，但它的各种营养素之间协调的比例和巧妙的结合，却远远优于其他所有食品。其中，钙与磷比例为1.3：1，而且它们大多与蛋白质结合在一起，在牛奶中的乳糖、维生素D等的共同促进下，能被人体很好地吸收和利用，如脱脂牛奶中钙的利用率可达到85%，磷的利用率高达91%，而牛奶中丰富的酪蛋白，也可以促进钙质的吸收。另外，牛奶中各种必需氨基酸之间有良好的配比关系，更加便于人体吸收和利用。人体对蛋白质的需求，实际上是对各种氨基酸的需要。蛋白质中各种氨基酸的配比越接近人体需求的比例，氨基酸的利用率就越高，蛋白质的质量也越好。

此外，牛奶乳脂肪中还含有DHA、EPA、亚油酸、亚麻酸、花生四烯酸(ARA)等人体无法合成的不饱和脂肪酸以及丰富的卵磷脂、脑磷脂和神经鞘磷脂等，具有促进婴幼儿生长发育及智力发育等的多重功效。牛奶中的乳糖不仅能促进钙、磷等的吸收，还能刺激有益菌生长，起到预防肠道疾患的作用。

宝宝对牛奶似乎并不感兴趣?!

面对牛奶的营养诱惑，所有家长都无法抵挡，但奇怪的是，有些宝宝对爸爸妈妈钟爱的牛奶似乎并不感兴趣，经常以哭闹的方式拒绝进食牛奶。

宝宝不爱喝牛奶的真正原因：

●乳糖过敏

过敏是宝宝拒绝喝牛奶最常见的原因。很多宝宝对乳糖过敏，喝了牛奶后会产生不适感，常会出现腹胀、腹泻等症状。

●不喜欢牛奶的味道

当宝宝4～6个月大的时候，需要添加辅食，如果这个时候给宝宝添加牛奶，小宝宝会很不高兴，因为他不喜欢陌生的味道，所以往往会拒绝进食牛奶。

●单调的饮食

很多家长十分迷恋牛奶的营养，一年四季每天都让宝宝喝牛奶，而且从来都没有变换过花样，时间长了，宝宝当然会烦了。

●家长的强迫

很多时候，家长过于迷信营养说明而让宝宝喝定量的牛奶，如果宝宝只喝了一部分，家长就会想方设法让宝宝喝完，时间长了，宝宝就开始厌食牛奶。如果是这个原因引起的宝宝拒奶，家长们就该注意了，如果宝宝摄入过多的牛奶蛋白质可能会让宝宝的肝、肾超负荷运转。

对于拒绝喝牛奶的孩子，家长要根据孩子的具体情况加以调整。对于乳糖过敏的孩子，家长要尽量选择脱脂奶品或选择替代奶品，如酸奶、奶酪等。对于不喜欢牛奶味道的孩子，家长可以选择其他味道的奶给宝宝喝，同时也可以变换一些花样。

家长应该知道的禁忌

牛奶虽然有营养，但如果处理、喂养不当，可能反而影响宝宝的生长发育。在给宝宝喂牛奶时，有一些禁忌，家长应注意避免！

为了防止宝宝厌食牛奶，赵思媛的妈妈总是变换花样为宝宝烹制奶品，因此，小思媛每次都十分爱吃。

●牛奶忌久煮久放

牛奶煮得时间太长，会使牛奶中一些不耐热的营养物质被破坏，所以不宜煮得过久。牛奶煮沸后，要立即饮用，不宜保温存放。因为牛奶中的细菌在适温下，20分钟就可繁殖一代，3～4个小时就能使牛奶腐败，而已经腐败的牛奶表面上却没有任何变化。如果饮用了这种变质的牛奶就会引发腹痛、腹泻、肠胃炎等疾病。

●牛奶忌空腹饮用

除新生儿和较小的婴儿外，稍大些的婴幼儿不宜空腹饮奶。因为空腹饮奶时胃蠕动排空较快，牛奶还没有来得及被充分消化就已经被送进肠道，这样既不能充分发挥牛奶的营养价值，又会使牛奶中的氨基酸在大肠内转化为有毒物质，损害肌体健康。所以，在宝宝饮用牛奶前，最好先喂宝宝一些淀粉类的食物，以提高牛奶的营养价值。

●牛奶忌与糖同煮

煮牛奶时，如果放糖同煮，在高温下，白糖分解而成的果糖会和奶中的赖氨酸形成有害的果糖基赖氨酸，不利于人体消化和利用，还会有损宝宝的身体健康。如果需要在奶中加糖，要等牛奶热完以后再加。

●牛奶忌冷冻

牛奶不宜冷冻存放，因为冷冻后，牛奶中的蛋白质和其他营养成分会发生变性，而再经过解冻，又会使牛奶中的蛋白质发生沉淀、凝固、营养成分遭受损失，会产生异味，甚至变质。

●牛奶忌与巧克力同食

牛奶中含有丰富的钙质，巧克力中含有草酸，如两者同时食用，就会使钙与草酸结合产生草酸钙，如果长期同食，可导致宝宝腹泻、缺钙，甚至生长发育迟缓等。

●牛奶忌与茶同饮

茶叶中的鞣酸会影响人体对牛奶中的钙的吸收，从而降低牛奶的营养价值。

●牛奶忌与药物同服

牛奶中的钙、磷、铁等矿物质可能会与一些药物（如青霉素等）中的有机物发生反应，使牛奶和药物中的有效成分遭到破坏，难以被人体吸收，既降低了药效，又影响了牛奶的营养，还有可能形成有毒物质。所以，尽量

妈妈每次都用科学的方法冲调牛奶，
所以吕章煌宝宝对喝牛奶的热情不减，
有时甚至还自己拿着奶瓶喝。

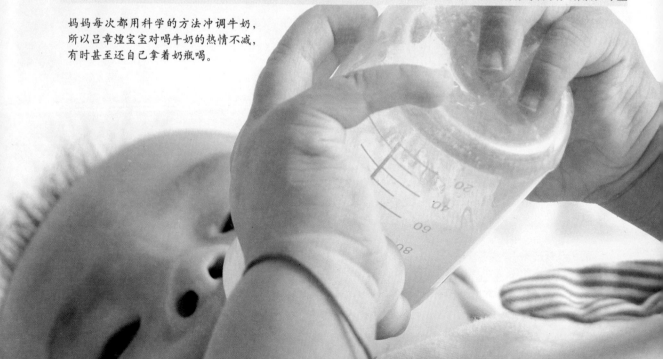

不要将牛奶与药物同时服用。

●牛奶忌与酸性食物同食

酸性食物，特别是一些酸性水果，如橘子等，与牛奶同食会影响奶的吸收，也可能会引发消化不良。

●酸奶忌加热

酸奶含有活性乳酸菌，经过高温加热会大量死亡，这样不仅改变了酸奶的味道,同时也破坏了酸奶的营养成分。

●忌用牛奶治疗贫血

牛奶的营养丰富，尤其是婴幼儿配方奶粉，更是强化了某些营养成分，可预防贫血，但却不能用于治疗贫血，以免加重病情。

宝宝需要多少牛奶?

1岁以下的宝宝正值快速的生长发育期，此时，最好采取母乳喂养，如果喂宝宝牛奶，也能为宝宝生长发育提供必需的营养。宝宝2岁以后，生长发育会逐渐慢下来，而且能量的需求也会有所下降，但是维生素、钙仍然是骨骼、组织和牙齿发育所必需的营养。这时的宝宝已经不再吃妈妈的奶，所以为了补充宝宝所需的营养成分，可以每天给宝宝喝2杯牛奶。如果此时宝宝开始厌食牛奶，建议用其他乳制品来代替牛奶，比如奶酪、牛奶布丁和酸奶等。

宝宝可以自己喝奶后，只要奶量未超出规定范围，妈妈就不要限制。

奶酪、酸奶，你了解吗?

奶酪和酸奶作为奶制品，似乎并不怎么被家长认可。但是，事实上，它们的营养却十分丰富。

奶酪是牛奶的精华，它的营养价值不容忽视，在本书第三章中已作重点介绍。

酸奶是一种细菌发酵食品，是营养最佳的奶品之一，非常适合有乳糖不耐受症的宝宝食用。它富含钙、高质量蛋白质、碳水化合物、多种维生素及大量的益生菌，能调节宝宝的肠功能和免疫系统。酸奶中的钙及蛋白质更益于宝宝吸收；而其中的乳酸菌在人体肠道中能合成人体必需的维生素B_1、维生素C、维生素E和叶酸等。经常给宝宝食用酸奶，能增强宝宝的消化能力，促进食欲，还能抑制肠道中有害菌的繁殖与活动，进而起到保健的作用。

当宝宝拒绝喝牛奶时，家长不妨将牛奶换成奶酪或者酸奶，宝宝会更有兴趣吃下去。

教给妈妈的美味奶品食谱

◆自制营养酸奶

宝宝不爱喝的牛奶在几分钟之内就能变成美味的酸奶，如果多做一些的话，爸爸妈妈可以和宝宝一起享用，妈妈们有兴趣就尝试一下吧！

材料：鲜牛奶500毫升，白糖25克，柠檬汁半大匙

做法：1.将牛奶倒入锅中煮沸，关火。2.加入25克白糖，搅拌均匀，冷却至常温。3.将半大匙柠檬汁慢慢滴入牛奶中，边滴边搅拌，锅中的奶会逐渐变厚，调好后放入冰箱中备用。

◆牛奶燕麦片

香醇的牛奶加上营养的麦片，是一道营养十足的美味宝宝餐。

材料：牛奶1杯，麦片1大匙，水适量

做法：1.锅中加水、麦片，搅拌均匀，加热。2.煮沸后，倒入牛奶，适当搅拌，以防止粘住锅底。3.继续加热至约60℃，关火。

关于羊奶

你了解羊奶吗？

据营养学专家介绍，羊奶在国际营养学界被称为"奶中之王"，在世界一些发达国家和地区，羊奶则更是被视为"乳中珍品"。一些西方国家均把羊奶视为营养佳品，某些国家和地区，其各类羊奶制品的价格均明显高于牛奶制品；而在欧洲，鲜羊奶售价则是牛奶的7倍。

在我国，羊奶的价值早在明代就曾被人们关注，著名的医药学家李时珍就在《本草纲目》中写道："羊奶，味甘、温性、无毒、主补寒冷虚乏、润心肺、治糖尿病、疗虚劳、益精气、补肺和肾气。"

羊奶的营养价值在得到人们认可的同时也征服了营养学专家。专家从营养学的角度提倡应采取母乳喂养，但同时也提出了这样一条建议：建议没有母乳的家庭将羊奶作为哺育婴儿的最佳替代品。另外，专家还提出：患有过敏症、胃肠疾病、支气管炎或身体虚弱的婴幼儿更适宜饮用羊奶。

那么，羊奶究竟有什么优点值得人们如此关注与追捧呢？

●更加丰富的营养

羊奶的营养相对于其他奶品而言，丰富又全面。现代营养学研究发现，羊奶中的蛋白质、矿物质，尤其是钙、磷的含量都比牛奶略高；维生素A、维生素B含量也高于牛奶，这对于保护宝宝的视力及恢复体能都大有益处。羊奶还含有丰富的维生素E，可以阻止体内细胞中不饱和脂肪酸氧化、

分解，延缓皮肤衰老，能增加宝宝皮肤的弹性和光泽！

羊奶的总营养价值高于牛奶，其中干物质营养含量一般比牛奶高10%左右，比人奶高5%左右。羊奶含有多种矿物质和维生素，如钙、磷、钾、镁、锰等物质，其绝对含量比牛奶高1%，相对含量比牛奶高14%，而钙、磷的含量则是人奶的4～8倍。

●更易被人体消化吸收

羊奶含有的脂肪球较小，大小和人奶相似，仅为牛奶的1/3。所以和牛奶相比，羊奶更容易消化，婴儿对羊奶的消化率可达94%以上。另外，羊奶与母乳一样，含有丰富的中链脂肪酸，即使在夜间饮用也不会成为消化系统的负担，不会造成体内脂肪堆积。长期饮用会使身体更加结实、强壮，但不会发胖。所以，羊奶似乎更适合宝宝饮用。

●特有的生长因子

羊奶中含有神奇EGF因子，即上皮细胞生长因子。这种因子可以有效地帮助上皮细胞的生长，对气管、肠胃、皮肤等黏膜细胞有很好的修复作用；能增强宝宝的抵抗力，并能有效预防和减轻感冒、支气管炎、肠胃溃疡等病痛。这一因子是羊奶特有的，也是其他奶品所无法比拟的。

●更合理的乳糖

在所有哺乳动物的乳汁中，都含有不同量的乳糖，包括母乳、牛奶和羊奶在内。相对而言，牛奶中的乳糖含量高，分子大，不易被吸收，常会造成宝宝胃肠部不适，如腹泻、腹痛、肠鸣等显形的乳糖不耐受症，同时也存在相当部分没有不适症状的隐性乳糖不耐受症，而这些不同形式的乳糖不耐受症几乎存在于90%的亚

洲人身上。而西方国家的医学专家早已认识到乳糖不耐受症和乳糖酶缺乏对人体的危害，尤其是对婴儿造成的危害更令人担忧。这些由奶品乳糖引起的问题常会造成人体营养吸收不良，铁、锌等矿物质的缺乏，甚至影响婴儿的脑部发育。与牛奶不同，羊奶的乳糖含量低、分子小，一般不会造成腹部不适，对牛奶有乳糖不耐受症的宝宝可以放心饮用。

●不含过敏源

牛奶蛋白质中含有一种叫做 a-1S 酪蛋白的物质，这种物质不易被人体消化，常会引发过敏反应，因此，它是一种公认的过敏源。与之相比，羊奶的蛋白质结构构成比牛奶要合理得多，与母乳基本相同，容易被人体消化吸收，因此，基本不会引发过敏反应。

专家看羊奶

目前，我国市场上销售的羊奶产品和牛奶产品在价格上的差别并没有西方国家那么大，但山羊奶的价格仍要比牛奶稍贵一些。

市场上销售的羊奶在包装上基本有三种形式，即：瓶装液体奶、干奶片和独立盒装奶粉。口味也有两种：纯味和甜味。因此，家长在购买时，要注意区分。

另外，如果宝宝不习惯羊奶的"膻味"，可以购买应用过脱膻技术的羊奶，也可以将买回的鲜羊奶在煮制时放入几粒杏仁或一袋茉莉花茶，煮开后再将杏仁或茉莉花茶去掉，即可除掉羊奶的"膻味"。

羊奶的遗憾

当所有的事物接近完美时，似乎都不可避免地存在一些缺憾。羊奶也一样。相对于牛奶而言，羊奶是更为理想的婴幼儿食品，但也不宜长期食用。因为羊奶中虽然含有某些优势营养，但同时也缺乏叶酸和维生素C，铁含量也不高，如果长期用羊奶喂养宝宝又未专门添加相关营养元素的话，可能会造成宝宝营养不均衡，易引发营养性贫血。另外，鲜羊奶还有一种特有的"膻味"，很多宝宝并不高兴闻到这种气味，所以习惯喝新鲜羊奶的宝宝并非很多。

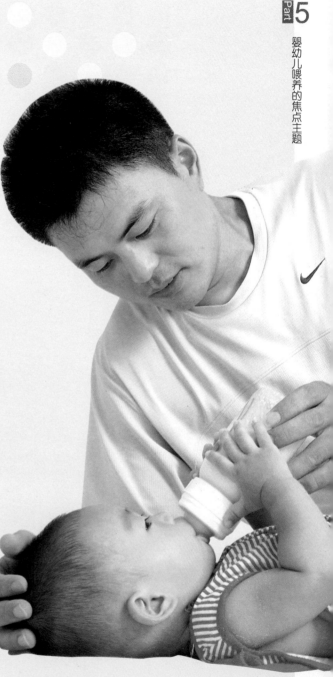

用脱膻技术处理过的羊奶很受宝宝欢迎。有爸爸陪在身边，陆帝彤宝宝吃起奶来就更高兴了。

宝宝究竟该吃什么奶？

究竟是牛奶好还是羊奶好，对于这个问题，似乎总是有人各执一词。牛奶的营养丰富且饮用价值高，但易引发过敏反应及乳糖不耐受症；羊奶营养较全面、易吸收，具有提高体内免疫功能、治疗气喘及肺病、增加营养及热量、补充蛋白质等功能，但长期饮用易导致宝宝营养不均衡。

宝宝究竟该吃什么奶？暂且不要妄下结论，还是先来看看下面的牛奶与羊奶的营养成分简表（均以100毫升为准）：

生鲜牛奶

营养成分	含量
蛋白质	3.0克
脂肪	3.6克
糖分	4.8克
钙	110毫克
磷	85毫克
铁	0.1毫克
维生素A	85毫克

生鲜羊奶

营养成分	含量
蛋白质	3.5克
脂肪	3.9克
糖分	4.5克
钙	124毫克
磷	110毫克
铁	0.1毫克
维生素A	150毫克

由此可见，牛奶与羊奶的营养成分是类似的，各有其优缺点，都不宜单独用来喂养婴幼儿。联合国儿童基金会提倡：除非有特殊理由，以母乳哺育婴儿为最好。如果实在没有条件进行母乳喂养，也可采取牛奶或羊奶喂养的方式，但在喂养过程中应注意：无论是用牛奶还是羊奶喂养宝宝，当宝宝较小时要注意各种营养素的补充；当宝宝稍大些时，要及时添加各种辅食，免得宝宝营养不良或营养缺乏。另外，还有一点十分重要：未经处理的生鲜牛奶和生鲜羊奶都不能直接给宝宝食用。

Q&A

Q 羊奶应选择独立盒装奶粉还是瓶装液体奶？

A 独立盒装奶粉，营养较均衡，是较好的选择；而瓶装的羊鲜奶含过量的蛋白质和矿物质（钙、磷、氯、钾），并缺乏叶酸、铁及维生素B$_{12}$，因此不适合生长发育中的宝宝长期摄取。

Q 羊奶与牛奶哪个更好一些？

A 羊奶比牛奶好消化、易吸收。因为羊奶的脂肪球分子结构简单，消化时形成的蛋白质凝乳细软，仅为牛奶的1/3，因此易为人体肠胃消化吸收；研究指出有40%对牛奶蛋白过敏者在改喝羊奶时有耐受性，实验证实羊奶内含上皮细胞生长因子（EGF）可帮助上皮细胞生长，可修复坏死或破损的上皮细胞，羊奶对上呼吸道健康也有帮助。无论是单独喝羊奶还是与牛奶搭配使用，两种方式均可。

Q 羊奶配方奶粉与鲜羊奶两者有何不同？

A 羊奶比牛奶容易消化吸收，另据《本草纲目》和《中医大辞典》记载，羊奶还有固气管、保肠胃及增加身体抵抗力的功效，所以羊奶是不错的宝宝食品，但羊鲜奶中某些营养素过高或过低，长期使用可能会造成宝宝营养不均衡。一般的羊奶配方奶粉都是在鲜羊奶的基础上调整过的，强化了鲜羊奶所缺乏的叶酸和铁，同时也调整了鲜羊奶过量的蛋白质和矿物质，其配方更符合宝宝的营养需求。

Q 羊奶婴儿配方中的营养素会不会对宝宝造成太大的负担或是营养不足？

A 羊奶婴儿配方是经过调整的配方羊奶粉，也就是说将羊奶调整得更接近母乳的结构，所以，宝宝从中摄取的营养基本是均衡的。当然，无论给宝宝吃什么奶，都要适当为宝宝补充营养素，并及时添加辅食。

Q 羊奶配方奶粉为什么比其他配方奶粉贵？

A 产奶的山羊圈养比较困难，而且资源稀缺，同时其营养价值也远远大于牛奶，在东南亚及欧美一些发达国家羊奶售价往往是牛奶的3倍以上，而我国的羊奶配方奶粉价格却相对低得多，与牛奶配方奶粉的价格差别并不是很大。

BREAST MILK

配方奶粉与母乳喂养

母乳是宝宝最理想的营养食物，但却不是喂养宝宝的唯一方式，对于很多没有条件采取母乳喂养的家庭而言，配方奶粉是不错的选择。

配方奶粉

了解配方奶粉的明星营养素

配方奶粉是经过对牛奶进行全面改造后最接近母乳的乳品，比较适合宝宝的消化吸收能力，也基本能满足宝宝的营养需要。配方奶粉的重要营养素详见如下。

● 蛋白质

按照国家药品食品管理局的规定：0～6个月的婴儿配方奶粉，蛋白质含量必须达到10%～18%；6～12个月的婴儿配方奶粉，蛋白质含量应不低于12%。总体看来，配方奶粉的蛋白质含量应该在10%～20%之间，但这个参照值应该根据不同年龄有一个波动范围。

但配方奶粉中的蛋白质含量并非越高越好，因为年龄偏小的宝宝肾功能发育不成熟，蛋白质摄入过高，会造成肾脏的负担，甚至会出现脱水。因此，婴幼儿配方奶粉中的蛋白质含量必须要符合宝宝的发育水平。

● 核苷酸

核苷酸是人体遗传物质DNA和RNA的结构单位，存在于每个细胞中，参与所有细胞的生命过程，具有提高免疫功能、抗癌、抗疲劳等功能。核苷酸也是母乳的天然成分。

普通人群可以自己合成核苷酸，但生长发育迅速的婴儿由于细胞繁殖分化快，核苷酸需要量骤增，所以在婴儿配方奶粉中添加相当于母乳量的核苷酸将有利于婴儿的生长发育。

● 必需脂肪酸

必需脂肪酸是人体不能自行合成的营养物质，必须从食物中摄取。必需脂肪酸主要包括α—亚麻酸和亚油酸。在配方奶粉中添加必需脂肪酸对维持宝宝的正常生长发育和身体健康都大有裨益。

● DHA 和 ARA

DHA学名为二十二碳六烯酸，也被称为脑黄金，对宝宝大脑和视网膜的发育起着重要作用。ARA学名为花生四烯酸，同样对人体的生长发育有着不可忽视的作用。DHA、ARA在母乳中含量较高，配方奶粉中同样也添加了适量的DHA、ARA，可以满足宝宝生长发育的需要，对于早产儿及无法进行母乳喂养的宝宝而言，其作用更重要。

● 铁

铁是构成血红素的重要成分，而血红素在人体内负责运输氧气。在婴幼儿大脑快速发展的时期，如果脑组织长期供氧不足，会导致宝宝智力发展受限。当妈妈处在孕期时，胎儿从母体得到的铁可供婴儿出生后4个月使用。4个月后，铁用尽，必须从食物中摄取铁作为补充。配方奶粉作为一种婴儿食品，含有足够的铁以满足宝宝生长发育所需。

配方奶粉是最接近母乳成分的乳品。

细数配方奶粉的优缺点

配方奶粉的营养成分基本能满足宝宝生长发育的需求，但也并非尽善尽美。与母乳相比，存在优势的同时也存在着缺憾。

●配方奶粉的优点

1. 可以作为新生儿唯一的营养来源。

2. 配方奶粉的品种较多，提供的选择产品的机会也较多，可以满足不同婴儿特殊的营养需求。

3. 可以避免母乳喂养婴儿所患的维生素K缺乏引起的出血症。

4. 可以作为母乳的替代品喂养无法进行母乳喂养的宝宝，如患有PKU(苯丙酮酸尿症)的宝宝。

5. 热量、密度比母乳更高，可以使出生体重较低的婴儿更容易摄取足够的热量。

6. 用配方奶粉喂养的宝宝，比母乳喂养的宝宝在体重和力量上发育更快。

●配方奶粉的缺点

1. 许多婴儿配方奶粉中含有添加剂。如：角叉胶，是一种可能会引起胃肠疾病的牛奶稳定剂；椰子油，可能会导致动脉硬化。

2. 用配方奶粉喂养的宝宝可能更容易便秘。

3. 用配方奶粉喂养的宝宝无法得到母乳中的免疫成分。

重在选择

目前，市场上配方奶粉的品牌较多，其可供选择的机会也较多。可是，面对琳琅满目的奶制品，怎样才能为宝宝选择既安全又优质的配方奶粉呢?方法如下。

●分清类别

市场上销售的配方奶粉一般根据宝宝年龄段的不同大致分为3类：适合0～6个月较小婴儿的I段配方奶粉、适合6～12个月较大婴儿的II段配方奶粉、适合1岁以上幼儿的III段配方奶粉。

各段配方奶粉的营养成分不是一成不变的，都会根据婴幼儿生长发育的需要做些相应的调整，因此，购买配方奶首先应根据婴幼儿年龄大小选择合适的类别。

●挑选品牌

配方奶粉的品牌较多，但相对而言，大品牌实力更加雄厚，各方面条件更加成熟，而这些大品牌也更加看重产品的信誉度。因此，大品牌的产品质量比较可靠，也比较有保证。

●包装完整

包装的完整程度也是配方奶粉合格与否的一个重要指标。正规厂家的包装应该完整无损，平滑整齐，图案清晰，印刷质量高。另外，还应标有商标、生产厂名、生产日期、生产批号、净含量、营养成分表、执行标准、适用对象、食用方法等等。而消费者在选择时也要特别关注一下产品的保存期限和婴幼儿生产许可证编号。

●辨别声音

在购买配方奶粉时，虽然无法看见奶粉的状态如

妈妈为刘馨乐宝宝选择了合适的配方奶，所以宝宝很爱喝。

何，但仍可以通过声音来辨别其质量的优劣。在购买时，消费者可以用手捏住包装摇动，如果里面发出"沙沙"声，而且声音清晰，则可以判断是优质奶粉。

●价格合理

根据国家标准，婴幼儿配方奶粉营养成分丰富、营养水准高，而且优质奶粉还根据婴幼儿的生理特点适当添加国家规定的特殊配方营养素，如DHA、核苷酸等，能更好地满足婴幼儿的营养需求，所以售价往往不低。因此，如果发现市场上销售的婴幼儿奶粉售价过低，消费者在购买时就应慎重。

●售后服务

正规的婴幼儿奶粉厂家在包装上印有咨询热线、公司网址等服务信息，以方便消费者咨询，并帮助消费者正确喂养宝宝。

●查看状态

这种辨别方法，一般只有在将奶粉买回后才能进行。优质配方奶粉，其颜色一般为乳白色或乳黄色，颗粒均匀一致，没有杂质，且无结块现象。

●冲调查看

将奶粉买回后，如果对其质量仍不放心，可把奶粉放入杯中的温开水中，然后冲调，静置5分钟后，水与奶粉如溶在一起，没有沉淀，则说明买回的是优质奶粉；反之，则为劣质。

●辨别气味

通过辨别气味也能判断出奶粉质量的优劣。优质奶粉没有异味，具有奶香味和轻微的植物油味，并且甜度适中。

配方奶粉是最接近母乳成分的乳品。看，李忻怡宝宝多爱喝呀！

月龄不同，选择不同

在选购配方奶粉时，家长要注意按照宝宝的年龄去选择配方奶粉，因为不同年龄段宝宝所需的配方奶粉，其营养成分并非完全相同。

优质的配方奶粉，会分阶段、根据不同年龄宝宝的生理特点和对营养素的要求，对五大营养素即蛋白质、脂肪、碳水化合物、维生素和矿物质进行全面的强化和调整，以满足不同发育阶段宝宝的需求。

●0～6个月的宝宝

这个阶段的宝宝应选择含蛋白质较低的婴儿配方奶粉Ⅰ段。这种配方奶粉专为0～6个月的宝宝研制，补充了充足、合适比例的DHA和ARA，接近母乳含量的游离核苷酸和足量的铁，符合这个年龄段宝宝生长发育的需要。

●6～12个月的宝宝

这个阶段的宝宝应选择含蛋白质较高的婴儿配方奶粉Ⅱ段。这种配方奶粉是针对6个月以上的宝宝的生长发育需求所研制的，可以促进宝宝智力、身体发育，并可预防贫血。有些配方奶粉还采用葡萄糖聚合体配合乳糖，可以促进钙的吸收，并且不含蔗糖，可避免因嗜吃甜食而导致偏食和虚胖；同时也采用了精制植物油配方，易于人体消化吸收，提供宝宝快速生长所需的能量。

●1岁以上的宝宝

1岁以上宝宝的配方奶粉，需要进一步调整必需脂肪酸、亚油酸、蛋白质等营养素的比例，并添加牛磺酸、钙、铁等矿物质及多种维生素，以保证宝宝获得充足均衡的营养。这个年龄段的宝宝已经可以进食很多种食物，并从中获得丰富的营养素。奶品已不再是宝宝唯一或主要的营养素来源。因此，可以给宝宝选择较大婴儿的配方奶粉。

刘奕宝宝

对特殊情况宝宝的关爱

每种类型的配方奶粉未必适合所有的宝宝，有些具有特殊情况的宝宝所需的配方奶粉更需要精心选购。这些有特殊情况的宝宝是指营养不良的宝宝、早产儿、对牛奶蛋白过敏或对乳糖不耐受的宝宝等。那么，应该怎样为这些宝宝选配方奶粉呢？

●营养不良的宝宝

营养不良的宝宝往往具有肠道对乳糖和脂肪吸收不良的情况，同时伴有维生素及微量元素缺乏的症状。这样的宝宝应选择一些低乳糖，以中链脂肪酸作脂肪源，强化维生素及矿物质的配方奶粉。

●对牛奶蛋白过敏的宝宝

如果宝宝伴有牛奶蛋白过敏或蛋白质吸收不良，可选用营养元素配方奶粉。这类配方奶粉具有免乳糖、以中链脂肪酸作脂肪源、分解的乳清蛋白作蛋白源、强化维生素及微量元素的特点。另外，也可以为宝宝选择山羊配方奶粉或豆奶粉。

●对乳糖不耐受的宝宝

有些宝宝一出生就缺乏乳糖酶，无论饮用母乳还是牛奶均可导致明显腹泻，一旦停止喂食或用代乳品喂食，腹泻即可消失。这种状况与宝宝的遗传因素有关，不妨尝试选用市售的不含乳糖酶的奶粉喂养宝宝。

●早产儿

喂养早产儿可选用专为其设计配制的早产儿配方奶粉。这类奶粉乳清蛋白含量高，钙、磷比例合适，还添加了牛磺酸、核苷酸，适宜于早产儿的胃肠道功能，可减轻其肾脏负担，有利于早产儿的视网膜及神经系统的发育。当早产儿长到足月儿大小时，可以换用普通婴儿配方奶粉。

配方奶粉选择需理智

目前，市场上的配方奶粉有两大趋势：高价的洋品牌的婴儿配方奶粉和价格相对低一些的国产品牌的婴儿配方奶粉。在这些婴儿配方奶粉中，洋品牌似乎更受消费者的青睐，但其价格往往居高不下，而且也曾出现过质量问题。那么，消费者是否能转向价格相对较低的国产品牌的婴儿配方奶粉呢？国产配方奶粉的质量能让家长放心吗？消费者在选购国产品牌的婴儿配方奶粉时，可以参考下面的标准：

●符合国家标准

目前，我国对婴儿配方奶粉的生产管理十分严格，任何企业生产的婴儿配方奶粉都必须经过有关部门的严格检查，并实行生产许可证政策。因此，合格的国产婴儿配方奶粉必须达到国家的生产标准。

●具有质量保证

在上个世纪80年代后期时，我国生产的婴儿配方奶粉无论是产品配方还是质量，均已赶上国际水准，婴儿配方奶粉中的几十项营养指标也均达到国际水准。目前，正规的国产品牌的婴儿配方奶粉均具有良好的质量保证。

●原料产地的安全性

国产品牌的配方奶粉多是用鲜牛奶配制而成，而其所用的鲜牛奶的产地均在国内，未经历过如二恶英、口蹄疫、板菌等污染源风波，基本是安全的。

●工艺标准

目前，我国生产婴幼儿配方奶粉的正规企业，生产规模较大，自动化水平较高，产品质量较稳定，速溶效果好，其生产工艺已经赶上国际先进水平。

●通过检验

在我国市场上销售的婴儿配方奶粉，无论是洋品牌还是国产品牌都必须经过严格的检验才能获准销售。在这些配方奶粉中，洋品牌的质量普遍较有保障，而国产品牌的奶粉却存在良莠不齐的现象。在国家公布检测数据时，总是将国内所有配方奶粉厂家都统计在内，所以一些问题奶粉生产厂家常常会对国内一些优秀奶粉生产企业带来连带的不良影响。但实际上，国产知名品牌的优质奶粉与洋品牌的奶粉相比，其质量不相上下，甚至在某些方面更有优势。

● 市场售价

配方奶粉的售价往往与多种因素有关。如：洋品牌的奶粉，其制造成本、销售费用、运输费用、异地开启市场费用及关税都要算到其成本当中，因此其售价不菲，普遍高于国产品牌；而国产奶粉则不同，成本相对

较低，而且是根据我国国情、人民生活水平与各类食品的比价而制定的价格，因此价格也便宜得多。事实上，价格的高低与配方奶粉质量的高低并不完全成正比关系，便宜未必没好货。

● 地域差别

国产品牌的配方奶粉是我国儿科专家、营养学专家、乳品和婴幼儿食品专家根据中国婴幼儿生长发育的特点而设计的配方，这个配方和国外产品有一定的区别。因为，地域的不同、民族的不同、环境的不同、膳食方面的不同及生活习惯的不同，已逐渐形成了不同的基因种群，并决定了人们从外界摄取营养素的多样性和复杂性，从而产生各自民族独特的饮食文化。宝宝食用其他种族的配方食品，有时可能会产生营养吸收偏颇的现象。

♥ Tips 冲调方法要正确

配方奶粉的冲调方法也不可忽视，一定要严格按照配方奶粉的说明来调配奶粉。要保证调配过程卫生，奶粉浓度适宜，喂食时还要和宝宝有情感上的沟通，这样才更有利于宝宝身心的健康发育。

正确冲调配方奶粉的步骤如下：

1. 洗净双手，提前准备好调制奶粉所需的各种用具。
2. 将各种用具消毒，并准备好宝宝的奶粉和冲调奶粉所需的水量，水的温度要适宜，最好在50℃左右。
3. 依据需调的奶量，把准备好的温开水倒入奶瓶中。
4. 用专用的汤匙按照说明在奶瓶中加入适量奶粉。
5. 用适当力度晃动奶瓶，使奶粉充分化开，不要有结块，同时要避免里面产生泡沫而使奶溢出奶瓶。

大多数宝宝都比较喜欢吃配方奶粉，李忻怡宝宝睡着后，仍然舍不得放开手中的奶瓶。

同步育儿营养全书（0～3岁）

让宝宝学会适应

并不是所有的宝宝都喜欢配方奶粉的口味，尤其是由母乳向配方奶粉过渡或者不得已需更换另一种配方奶粉时。有些宝宝可能会以哭闹、拒奶的方式而拒绝这种改变。这时，家长要尽快让宝宝学会适应。

●当母乳换成配方奶粉时

用母乳喂养的宝宝，随着其月龄的增长，有些妈妈的奶水逐渐减少，不能满足宝宝的需要，此时就不得不用配方奶粉来喂养宝宝，但这个更换的过程是很难的。因为宝宝不仅不习惯、喜爱母乳的味道，而且更享受受哺乳的过程。如果突然让宝宝通过吸吮奶嘴来摄取与母乳味道不同的配方奶粉，宝宝可能会拒奶，而且月龄越大，宝宝的拒奶行为就越明显。

为了避免这种情况的出现，可以在喂母乳的同时有意识地用奶瓶给宝宝喂水或果汁，或每天少量喂一次配方奶粉，以使宝宝能适应奶嘴及配方奶粉的口感。当宝宝逐渐适应奶瓶后，可逐渐增加配方奶粉的比例。这样，母乳就会逐渐换成配方奶粉，宝宝也不会有强烈的抵触情绪。

●更换新的配方奶粉时

如果想给宝宝换一种新品牌的配方奶粉，可以依照以下方案进行。

方案A：在前一种配方奶粉所剩不多时，至少要留下约1周所需的过渡量，同时开始有计划地让宝宝尝试新品牌的配方奶粉。开始时，只把宝宝饮食中的一餐换成新品牌的配方奶粉。如果宝宝没有口味上的不适应，也没有任何不良反应与不适，如腹泻、便秘、皮疹等，再逐渐增加喂新品牌配方奶粉的次数。

方案B：在给宝宝冲调新品牌的配方奶粉时，可以逐渐按照由低到高的比例添加新的配方奶粉，让宝宝慢慢适应口味的变化，并尽可能让整个过程长一些。这样，就有足够的时间让宝宝从心理上逐渐适应并完全接受新的配方奶粉。另外，由于各种配方奶粉的成分都大同小异，所以也可以根据具体情况将不同的奶粉混合冲调。

陈浩然宝宝每次喝完配方奶后，妈妈总是再给宝宝喝点水。

♥ Tips　喂养要适当

宝宝的喂养失当包括两个方面，即喂养不足和喂养过度。判定宝宝是否喂养不足最可靠的方法是测量体重。一般4个月以内的宝宝，体重增长每周如果低于200～250克，就可能是喂养不足。此时，用配方奶粉喂养的宝宝可以改变配方奶粉的成分或增加配方奶粉的总量。喂养过度的判断可依据宝宝吃完奶时的情绪及摄入的奶量来判断。如果宝宝在妈妈喂奶之后仍然哭闹，而且奶瓶中的奶液大量回流，则可能是喂养过度。同时妈妈应关注宝宝的体重，如果体重增长过速基本可判断出是喂养过度所致，此时应减少喂奶量，控制固体食物添加的次数与数量。

规律养成也重要

无论月龄多大的宝宝，养成良好的进餐规律是十分重要的，而用配方奶粉喂养的宝宝更需如此。一般来讲，满月前的宝宝每天应喂奶7~8次，2个月后每天喂奶5~7次。每次吸吮的时间以15~20分钟为宜，基本上与母乳喂养的规律相同。当然，每个宝宝的胃口大小都不一样，即使是同一个宝宝每顿吃奶的食欲也不完全相同，应根据宝宝的需求量适量增减。

出现消化问题怎么办?

配方奶粉是经过科学配方和先进加工工艺生产的，其营养成分比例基本接近母乳。因此绝大多数正常的宝宝是完全可以接受的。但用配方奶粉喂养宝宝，相对母乳喂养而言要麻烦一些。不过，只要定期对配方奶粉用具消毒，配奶时洗净手，已开罐的奶粉避免污染，按奶粉罐提示的方法正确配奶，并形成每3~4小时喂1次，每2次喂奶中间喂1次水，一般来讲宝宝的消化功能不会出现什么不适。但有的宝宝吃了配方奶粉后，却会出现一些消化问题。最常见的是呕吐、腹泻现象，出现这种情况的原因如下：

1.不卫生造成的消化问题。可能是在配奶的过程中污染了奶具或奶粉，使宝宝吃了不洁净的奶。

2.喂养不当导致的问题。如：给宝宝进食的奶量过多会引起食滞。

3.过敏问题。有个别宝宝对牛奶过敏，吃了之后会引起肠道过敏性腹泻。

如果宝宝的消化问题是由前两种原因造成的，家长可以通过调整操作方法来避免问题的发生。在具体操作过程中，应该严格按照正确配奶的方法操作，注意减少奶量。这样就会使宝宝的呕吐、腹泻症状得到缓解。如果宝宝的消化问题是由第三种原因引起的，不妨给宝宝改喂配

妈妈对查显科宝宝的喂养十分科学、合理，因此宝宝的脸上总是流露出幸福的微笑。

方豆奶粉。

另外，宝宝吃了配方奶粉后，也会出现便秘现象。便秘是指大便干硬、隔时较久且排便困难的现象。有的宝宝可能会两三天都不排便，甚至要人工帮助排便。其实，只要改变一下喂养方法，便秘是可以矫正的。比如，给小一点的宝宝加橙果汁，较大的宝宝可加一些菜泥、果泥等辅助食品，刺激肠蠕动以促进排便。另外，还应每天按时对宝宝进行排便习惯训练，或服用一些滋阴润肠的中药及给一些辅助消化的药物，如肠道益生菌制剂。必要时，偶尔可采取人工排便，即把开塞露5~10毫升注入宝宝的肛门里，也可把切成圆锥形的小肥皂条用水润滑后插入宝宝肛门里。最重要的方法是改变喂养方法及养成良好的排便习惯。总之，在喂养过程中如果遇到问题，要及时咨询保健医生。

对配方奶粉的新要求——增强免疫力

一直以来，营养与健康往往是不可分的，合理的营养是保障婴幼儿免疫力、维持健康的前提。因此家长在关注宝宝营养的同时，一定要重视通过选择适当的配方奶粉来增强宝宝的免疫力。也就是说，婴幼儿配方奶粉必须添加免疫成分以达到增强宝宝免疫力的作用。目前，随着婴幼儿配方奶粉生产技术与质量的不断提高，其免疫功能也有了新的发展，同时也满足了消费者日渐高涨的需求。婴幼儿配方奶粉发展的一个必然趋势是：需要具备与母乳中免疫因子和生长因子相同的成分。

以牛初乳为例，牛初乳是一种不可多得的婴幼儿食品，其中含有丰富的与母乳功能相似的免疫球蛋白、乳铁蛋白、溶菌酶、乳过氧化物酶等诸多免疫因子。大量研究证实，这些"异源免疫因子"在人体胃肠道内确实

是有效的，也就是说如果把它们添加到婴幼儿奶粉中，可模拟母乳中相似或相同成分的免疫功能，使婴幼儿具有抗病抗感染能力。

这样，市场上一些具有增强免疫力的添加了牛初乳粉的婴幼儿配方奶粉应运而生，一些婴幼儿配方奶粉中也配有独立包装的牛初乳粉，供家长在调配好普通配方奶粉后添加。

这些配方奶粉的特点是除了含有婴幼儿所需的各种营养素外，还含有免疫因子或益生菌。在提供营养素的同时，能起到增强免疫力的作用，很多家长都开始关注如何选择这些奶粉。如果按照配方用量调配，就会使乳液中的免疫球蛋白等免疫成分浓度接近天然母乳水平。而母乳中活性成分的天然含量也是最合理的。

指点迷津

婴幼儿配方奶粉的选用不可盲目，只有科学合理地选用配方奶粉，才能使宝宝健康成长。如果家长还不太清楚，那么，下面的文字或许可以为你指点迷津！

●冬春季节是婴幼儿呼吸系统疾病的高发期，为预防感染和提高免疫力，可提前给宝宝添加含有免疫因子和维生素A的配方奶粉。

●秋季腹泻是宝宝常见病，如要预防发病，可提前为宝宝选用含有益生菌和维生素A的配方奶粉。

●根据宝宝的身体状况，在宝宝腹泻时要选择添加益生菌的配方奶粉，宝宝感冒发热时则需选择具有免疫因子的配方奶粉。

●可以向其他妈妈咨询配方奶粉的问题，吸取其他妈妈的经验，这对选择最佳有效的奶粉也很有帮助。

●为宝宝补充配方奶粉时，应按照说明书标注的量调释浓度，以防因喂养不当而导致营养失衡，进而影响消化吸收。

●切忌用酸性果汁冲调配方奶粉，以防蛋白质结块影响营养吸收。

母子亲情并不是配方奶所能替代的，所以徐靖枫宝宝每次吃完奶后，妈妈都要与宝宝进行情感沟通。

Tips 不要把"止泻奶粉"当成止泻剂

目前，市场上有一种"止泻奶粉"，家长往往在宝宝因感染病毒或细菌而引起的腹泻时给宝宝饮用这种奶粉，希望能尽快止泻。但是孩子在喝了这种奶粉之后并未很快止泻。事实上，所谓"止泻奶粉"并不是用来止泻的，也不具有止泻功能。止泻奶粉是针对乳糖不耐受儿或因肠炎导致乳糖酵素匮乏引起的腹泻而研制的一种不含乳糖、以其他糖类来代替的一种配方奶粉。这种配方奶粉不但不含乳糖，蛋白质成分也有了改变，它的作用并不是直接止泻，只是在腹泻期间使用的特殊配方奶粉。

Q&A

Q 吃配方奶粉的宝宝还需要补充维生素和矿物质吗？这些营养素是否应该多给宝宝补充一些？

A 目前，市场上销售的配方奶粉中，除了1～3岁年龄段配方奶粉的钙含量偏低以外，其他两个年龄段配方奶粉中的各种矿物质和维生素含量都与婴幼儿每天的适宜摄取量基本一致。因此，对于6个月～3岁的婴幼儿来说，如果每天吃100克左右的配方奶，加上按月添加辅食，注意平衡膳食中的营养素，注意补充维生素D和钙，就基本上满足了身体对各种营养素的需求，不需要额外再进行补充。

任何营养素对于人体来讲都应该恰当摄取，并不一定是越多越好。维生素和矿物质固然十分重要，但摄取过多或滥用，反而会影响健康，甚至后果更加严重，如：维生素A、维生素D中毒和补钙过量等现象。

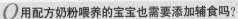

Q 用配方奶粉喂养的宝宝也需要添加辅食吗？

A 用配方奶粉喂养的宝宝虽然不存在母乳不足的情况，但也需要及时添加辅食，以防宝宝营养不良，影响正常的生长发育。大量研究显示，我国0～4个月的婴儿在体重、生长发育方面与发达国家婴儿相比没有差异，但4～6个月后，两者的身高、体重开始出现差异，我国婴儿的生长发育逐渐低于世界卫生组织公布的婴儿生长曲线。这表明，我国4～6个月的婴儿在喂养上存在问题，与没有及时添加辅食有关。因此，用配方奶粉喂养的宝宝也同样需要添加辅食，以保证满足宝宝生长发育的需求。

Q 配方奶粉喂养的宝宝应该什么时候添加辅食？

A 由于宝宝的生长发育存在着较大的个体差异，添加辅食的具体时间也要根据宝宝的发育情况来决定，大致可以选择在4～6个月时。如果宝宝每次吃奶时间延长，哭闹次数增加而又没有发现其他的疾病，或者体重增长变慢，说明宝宝的营养供给可能不足，需要添加辅食了。

Q 配方奶粉没有鲜牛奶新鲜，给宝宝喝鲜牛奶是否比吃配方奶粉更好？

A 牛奶虽然新鲜，但却更适合小牛的生长发育，对小宝宝来说未必适合。比如，牛奶中的蛋白含量比母乳高，脂肪球也大，所含的碳水化合物又比母乳低，钙、磷比例不适宜。既不容易被宝宝消化吸收，又不符合宝宝的营养需求，必须进行适当调整才能适合于宝宝的营养需要。所以，鲜牛奶并不适合宝宝直接喝。

但配方奶粉则不同，它是根据不同时期婴幼儿生长发育所需的营养特点专门设计的，是人工喂养的首选食品，符合宝宝快速生长发育的营养需求。配方奶粉在营养结构方面优于鲜牛奶或普通奶粉，其中强化了多种维生素、矿物质及微量元素，各种营养素配比均衡，有利于婴幼儿的生长发育。

母乳喂养

母乳的营养

母乳含有婴幼儿生长发育所需要的各种营养物质。其营养成分主要有：

●蛋白质

母乳与牛奶中乳清蛋白与酪蛋白的比例不同。母乳中乳清蛋白占总蛋白的70%以上，与酪蛋白的比例为2:1。牛奶的比例为1:4.5。乳清蛋白可促进糖的合成，在胃中遇酸后形成的凝块小，有利于消化吸收。而牛奶中大部分是酪蛋白，在宝宝胃中容易结成硬块，不易消化，且可使大便干燥。另外，母乳中含有的免疫球蛋白还能防止宝宝患呼吸道和胃肠道疾病。

●氨基酸

母乳中的牛磺酸含量适中。牛磺酸与胆汁酸结合，在消化过程中起着重要的作用，它可维持细胞的稳定性。

●乳糖

母乳中所含乳糖比其他奶品的含量都要高，对宝宝的脑发育有促进作用。母乳中所含的乙型乳糖在消化道内能变成乳酸，能促进消化，有利于钙、铁等矿物质的吸收，并能抑制大肠杆菌的生长，减少宝宝患消化道疾病。

●脂肪

母乳中脂肪球较小，且含多种消化酶，加上宝宝吸吮乳汁时舌咽分泌的舌脂酶，有助于脂肪的消化。故对缺乏胰脂酶的新生儿和早产儿更为有利。此外，母乳中的不饱和脂肪酸比例适宜，不易引发脂肪性消化不良，有助于宝宝大脑、智力及神经的发育。

●矿物质

母乳中含有丰富的矿物质，且比例适中，吸收率较高。如：钙、磷的比例为2:1，更易于人体吸收，对防治佝偻病有一定的作用；锌的吸收率可达59.2%；铁的吸收率为45%～75%。此外，母乳中还含有丰富的铜，对保护宝宝娇嫩的心血管有很大作用。

用母乳喂养时，可以每隔3小时喂一次奶，每天喂6～8次。

细数母乳的优缺点

母乳是喂养宝宝的最佳食品，但也并不完美，与配方奶粉一样既存在优势也存在不足。

●母乳的优点

1.母乳是较小婴儿最理想的营养来源。

2.母乳提供的营养是任何其他形式提供的营养所无法比拟的。

3.能很好地被宝宝接受、吸收，很少出现过敏反应。

4.母乳中来自于母体的抗体可以保护婴儿。

5.早产儿的妈妈所产的乳汁，比成熟的乳汁含有更多的蛋白质，是唯一符合早产儿营养需求的食品。

6.母乳的营养能适应宝宝不断变化的需求。如母乳富含蛋白质，在宝宝出生后能迅速满足宝宝生长发育的需求；随着宝宝的生长，母乳中的蛋白质含量逐渐减少，而形成更多的碳水化合物，能满足宝宝日益增加的能量需要。

7.母乳中含有适量的矿物质，能满足宝宝的营养需求。

8.食用母乳的宝宝很少感冒、过敏、脸红及便秘。

9.母乳中的钙比其他奶品中的钙更有效。

10.可以防止宝宝接触婴儿配方食品中的色氨酸之类的添加剂以及柠檬酸钠、增稠剂和酸碱调节剂。

11.可以控制宝宝的饮食量，防止宝宝因脂肪细胞的过多生成而导致肥胖。

12.从心理上来说，采取母乳喂养，既有益于宝宝的身心发育，也利于妈妈的身体健康。

●母乳的不足

1.母乳中铁的含量很低，如果不及时补充铁质，可能会引发宝宝缺铁性贫血。

2.母乳中维生素B₆的含量很低。

3.如果妈妈有偏食的习惯，那么母乳中的某些营养素就会过多或过少；如果妈妈的饮食缺乏营养，那么，母乳也将会缺乏营养。

4.母乳存在安全问题。如果母乳中含有DDT、PCB和其他环境污染物之类的有机氯杀虫剂，就会通过哺乳传给宝宝，影响宝宝的身体健康。

妈妈膳食

采取母乳喂养的妈妈，在日常生活中要注意饮食均衡，食物的种类要尽量多样化，各种营养素的摄取既要适量又要比例适中。哺乳妈妈每天的膳食安排可以参考以下内容：

●牛奶。每天保证摄取一定量的任何形式的牛奶，低脂牛奶、脱脂牛奶、全脂牛奶、炼乳等均可。同时，也要食用其他流质食物。

●肉类、鱼类、禽类和蛋类。这类食物要保证每天的食用量，每周最好食用一次动物肝脏，这样更利于增加营养。

●水果和蔬菜。每天都需摄取，而且最好多吃一些深绿色带叶蔬菜和富含维生素C的新鲜水果。

●全谷、谷类食品和面食。这类食物可以提供丰富的维生素B和纤维素。要保证每天的摄入量。

●提供足量维生素D的综合维生素。维生素补充剂能够让妈妈正确地利用饮食中的钙。

母乳喂养的药物禁忌

如果妈妈在哺乳期间需要服用药物，应事先向医生咨询。因为许多药物能够进入乳汁，影响宝宝的身体健康。现将会伤害宝宝的药物详列如下：

灭滴灵、阿托品、萘啶酸、巴比妥酸盐、口服避孕药、苯并二氮、青霉素G、双羟香豆素、酚酞、苯妥英、

氯霉素、碘化钾、皮质类固醇、强的松、环磷酰胺、普里米酮、丹蒽酮、利血平、安定、链霉素、麦角城、四环素、雌激素、噻嗪化物、异烟肼、硫脲嘧啶，碳酸锂、安宁、甲氨蝶呤。

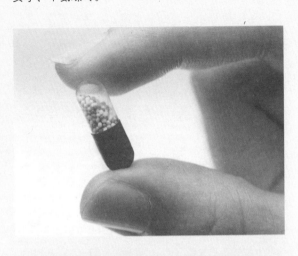

❤ Tips　用药须知

妈妈正在服用的有些特殊药物可能没有在本书中列出，但绝不表示它对于宝宝没有害处。因此，任何一位正在哺乳的妈妈，请在服药前务必先咨询医生，切勿乱用药。

配方奶粉与母乳的营养成分简表（均以100毫升为准）

母乳		配方奶粉	
营养成分	含量	营养成分	含量
蛋白质	1.5克	蛋白质	3.2克
脂肪	2.8克	脂肪	3.5克
糖分	7.2克	糖分	7.5克
钙	33毫克	钙	45毫克
磷	21毫克	磷	25毫克
铁	0.2毫克	铁	1.2毫克
维生素A	21毫克	维生素A	200毫克

流质食品为主，尝试固体食物

SOLID FOOD

> 婴幼儿时期的宝宝，食物应以流质食品为主，也可以适当让宝宝尝尝固体食物，但固体食物的添加不宜过早，同时也要注意添加的量。

固体食物不可操之过急

一般情况下，4～6个月以前的宝宝应以吃奶品为主，也可以适量添加果汁、蔬菜水等食物，但必须保证这些食物是流质食品，因为过早添加固体食物不利于宝宝的身体健康。当宝宝4～6个月以后，可以逐渐给宝宝添加一些辅助食品。但要注意辅助食品的形态要遵循由稀到稠、由流质到固体的过渡，不能突然给宝宝添加固体食物。因为此时，固体食物不仅不利于宝宝消化吸收，还会伤害宝宝稚嫩的肠胃，甚至导致疾病。在宝宝不需要而且还没有准备好之前，不可强制性地给宝宝喂食固体食物。所以，迫不及待想让宝宝吃固体食物的妈妈不要再冒险了，固体食物的添加不可操之过急。

张玉尧宝宝迫不及待地尝了一口漂亮的果子，但味道好像并没有他想得那么好哦！

宝宝食物添加进度表

给6个月以前的宝宝添加食物往往会让妈妈很伤脑筋，不知道该给宝宝吃哪类食物及把食物处理成什么形态。下面列出适合不同月龄宝宝的食物种类与食物形态简表，以供家长参考。

月龄	食物种类	食物形态
2个半月～3个月	谷类食物或水果	流质
3个半月～4个半月	蔬菜	半流质
4个半月～5个半月	肉类	稀糊状
6个月	蛋类	糊状

固体食物须知

● 鸡蛋是最可能引起过敏的食物之一，如果家族有鸡蛋过敏史，最好是等到宝宝8个月后再开始食用蛋黄，对于易引起过敏反应的蛋白则需等宝宝更大时食用。

● 在谷类食物中，小麦类的食物比其他谷类食物更易引起过敏，所以在喂食宝宝时要谨慎。

● 全麦和燕麦是最好的谷类食物，其中含有丰富的蛋白质、纤维质和维生素。

● 不要给宝宝吃玉米淀粉布丁和凝胶甜食。因为玉米淀粉营养价值很低，而凝胶甜食含糖量又太高。

●在给宝宝食用市售的肉类和蔬菜的混合物之前，一定要保证宝宝曾单独吃过每样食物，以免过敏时找不到过敏源。

●宝宝的食物中不要加盐或糖，以免刺激宝宝的味蕾，影响宝宝的食欲。

●在购买婴儿配方食品时一定要检查盖上的安全钮。如果经消毒灭菌形成的真空是完好无损的，安全钮应该是下陷，打开盖子时会听见"砰"的声音。如果在开盖前安全钮已经鼓起，这表示密封不严，就不能让宝宝食用这些食物了。

●喝剩下的果汁和吃剩的水果可以在冰箱中保存三天；蔬菜泥、肉类和甜食只能在冰箱中保持两天。但宝宝的食物最好现做现吃。

当宝宝能独立进餐时，就可完全吃固体食物了。

Tips 关于食物过敏

由于宝宝的身体还未发育完全，对食物还未能完全适应，因此一些宝宝有时会对某些食物产生过敏反应，特别是具有过敏体质的宝宝。很多时候，家长并不知道宝宝过敏是怎么引发的，甚至不知道过敏时有哪些症状，家长应该了解这些基本的常识，以避免宝宝出现过敏反应或当宝宝过敏时能及时应对。

在宝宝的饮食中最可能导致过敏反应的食物有：牛奶、柑橘类水果、鸡蛋、玉米、麸质和麦子。

宝宝食物过敏的症状包括：湿疹、皮肤不同程度的发红、呕吐、腹泻、持续的咳嗽以及不断地流鼻涕。

一旦发现宝宝发生了过敏反应，应尽快送宝宝去医院请医生检查。

一定要给宝宝吃新鲜的水果。

BALANCED DIET

为宝宝从小打造均衡饮食结构

在宝宝能进食辅食时，家长就要注意培养宝宝的饮食习惯，调整饮食结构，尽量使宝宝从合理的饮食中获取均衡的营养，以利于宝宝正常的生长发育。

均衡的饮食结构

任何一种食物，无论其营养多么丰富，都不能保证其中所含的营养成分全面且比例适中。因此，要想从食物中获得均衡的营养，每天只吃一种食物是无法办到的，必须做到饮食结构合理才能保证营养的均衡。

合理而均衡的饮食，不仅要保证各种营养素摄取全面、比例适中，还要做到使各种营养素达到最佳的效果。因此，要想使宝宝饮食均衡，就要保证宝宝饮食的多样性，防止宝宝对任何一种营养成分的过分摄取或摄取不足，并要合理搭配宝宝的食物以使各种食物成为最佳组合。

为了帮宝宝搭配均衡的饮食，家长必须熟悉基本的食物组合以及每天应该食用的建议数量。

宝宝每日食物组合			
组合名称	提供营养	主要食物	建议用量
谷类组合	主要提供维生素 B_1（硫胺素）、铁、烟酸和纤维素	全谷或强化谷类：大麦、荞麦、玉米、燕麦、大米、黑麦、小麦；所有面包、热或冷的谷类食物、米、通心面、面条和意大利面	每天食用6～11份
蔬菜组合	主要补充胡萝卜素、维生素C和纤维素	深绿、带叶、黄色或橙色蔬菜	每天3～5份
水果组合	主要补充维生素C，β-胡萝卜素和纤维素	柑橘类水果、西红柿、柠檬、浆果、苹果和所有其他水果	每天2～5份
乳制品组合	主要补充钙、蛋白质和维生素 B_2（核黄素）	牛奶、奶酪、酸奶、由牛奶制成的食品	每天2～3份
肉类组合	主要补充蛋白质、铁、烟酸和维生素 B_1	牛肉、猪肉、羊肉、鱼肉、禽类、动物肝脏、鸡蛋、肉类替代品	每天2～3份

💕 Tips　　注意事项

●一份的量应由个人自己决定。对于较小且不太爱活动的宝宝，可以将每份的量定得少一些；而稍大且爱活动的宝宝则可将每份的量适量增加一些。

●每分量的标准。

在谷类组合中，一片面包就被视为是一份；而意大利面、谷类食品和大米，一份的量则为半杯。

在蔬菜组合中，一份的量大约为半杯。

在水果组合中，一整个新鲜水果或半杯水果片就被认为是一份。

乳制品和肉类组合每份的量则需按照具体情况而定。

让宝宝饮食均衡的良策

在宝宝每日的食物组合中，谷类食物、蔬菜和水果的建议用量明显高于乳制品和肉类产品的建议量。因为前者，尤其是谷类食物，更利于宝宝的身体健康，但宝宝却未必对谷类食物感兴趣。为了保证宝宝的饮食均衡，家长可参考下面的建议：

●要保证谷类食物与牛奶一起被宝宝摄取。

●可以在谷类食物中增加新鲜的水果。

●将酸奶和草莓（或者其他富含维生素 C 的水果）混合起来，放在谷类食物的上面，增加其口味。

●谷类食物要购买没有加糖的，必要时可以自己加糖，但加入的糖量不能高于加糖谷类食物的含糖量。

●在为宝宝烹饪谷类食物前需要先查看标签，看看谷类混合物中是否已经加了盐，如果已经加了盐，那么在烹饪时不必再加。另外，当需要加盐时，不宜在谷类食品加热后再加盐。

●可以在烹饪热谷类食物的水中加入适量奶粉。

●避免选用含有有害糖分的谷类食物。

宝宝的饮食要均衡。

营养均衡的饮食更益于孩子的身体健康。因此，妈妈为沈悦岑宝宝准备的每顿饭都很丰盛。

关于维生素的妙计

VITAMIN

维生素A、维生素B1、维生素B2、维生素C、维生素D都是最常见的维生素，也是宝宝不可缺少的营养素，一旦缺乏将会影响宝宝的生长发育。

维生素A、维生素B1、维生素B2、维生素C主要存在于食物中，宝宝可以从食物中摄取；维生素D在食物中的含量较少，其合成更需要阳光的参与，所以没事的时候多带宝宝晒晒太阳吧！以下列出的妙计会让宝宝体内不缺这些维生素。

维生素 A 的妙计

● 怀孕的妈妈应从孕期开始多吃富含维生素A的食物，哺乳妈妈也应注意从食物中摄取，这样可避免体内缺乏维生素A，对宝宝产生间接影响。

● 多给宝宝吃富含维生素A的食物，注意宝宝每天的饮食安排。

● 多给宝宝吃些黄绿色植物性食物，这类食物中含有丰富的维生素A源——胡萝卜素，它可在人体内转化成维生素A。这类食物包括：胡萝卜、西红柿、红心红薯、玉米和橘子等。

● 宝宝出生后，喂养要合理，一定要坚持母乳喂养，不要轻易放弃，以免因喂养不当造成维生素A的缺乏。

● 早产儿或采取人工喂养的宝宝比正常的宝宝更容易缺乏维生素A，因此，可以给这些宝宝早些服用鱼肝油以避免体内维生素A的缺乏。

送到身边的这个大苹果含有丰富的维生素，可是杨舒睿宝宝的心思好像并不在于此哦！

● 挑食、偏食及厌食等不良生活习惯也会造成宝宝体内维生素A的缺乏，因此，在宝宝添加辅食阶段，尽量使宝宝的辅食口味丰富，以免宝宝形成挑食、偏食的坏习惯。

● 患有慢性腹泻或其他消耗性疾病的宝宝，更容易缺乏维生素A，因此，要及时治疗宝宝的病症以避免维生素A的缺乏。

维生素 B1 的妙计

● 怀孕期间的妈妈和哺乳期的妈妈要注意多摄取粗杂粮和富含维生素B1的食物，这样就可间接避免宝宝缺乏维生素B1。

● 不宜经常给宝宝吃精米、精面一类的辅食，因为常吃精米、精面会增加体内维生素B1的消耗量，导致维生素B1的缺乏。

● 做饭时不要过分淘米，也不要用流动的水冲洗米或把米在水中浸泡过久，更不要用手用力搓洗，尽量少给宝宝吃水捞饭，以避免食物中维生素B1的丢失。

●淘米时水温不宜过高，更不要用热水烫洗；煮粥时不要加碱；采用蒸或煮的烹调方法会大大减少维生素B_1被破坏。

●洗菜时不要过于浸泡蔬菜，做汤时最好等到水开后再下菜，且不要煮得时间太长，在开水中稍烫一下即可，以免维生素B_1被破坏。

●面粉尽量采用蒸或烙的方法，如把面粉做成馒头、面包、包子、烙饼，应少用油炸面食，这样也能降低维生素B_1的丢失。

●给宝宝做鱼时最好在表面上挂糊，不要直接用油炸，这样会避免维生素B_1被严重地破坏。

●给宝宝吃红烧或清炖的肉、鱼时，最好让宝宝连汤带肉一起吃，这样会保证对维生素B_1的摄取。

●不要用急火爆炒或油炸肉类，尽量炒着吃；蛋类最好蒸成蛋羹或煮着吃。

●玉米面中维生素B_1非常容易被破坏，如果把玉米粉做成玉米粥、窝窝头，或用饼铛贴玉米饼，就能保证食物中的维生素B_1不被破坏。

●不要让宝宝养成爱吃糖果的习惯，如果这种情况已经出现一定要尽早纠正，这样不仅可以避免宝宝的牙齿被损坏，而且还可避免体内的维生素B_1被消耗掉。

●在每天的菜肴中，要保证给宝宝做一些富含维生素B_1的食物，如瘦肉、豆制品等。

维生素 B_2 的妙计

●不要让宝宝养成挑食、偏食的习惯，以免引起身体缺乏维生素B_2，导致经常发生口腔溃疡。

●在冬春干燥季节或宝宝长期发烧，患胃肠疾病，发生腹泻或消化不良、厌食、结核病等情况下，维生素B_2的消耗会增加。如在医生指导下适当补充多种维生素或维生素B_2，就可避免体内维生素B_2的缺乏。

●在宝宝的饮食上要注意多种搭配，如粗细粮搭配、荤素搭配等，多给宝宝吃些富含维生素B_2的食物，并注意按月龄给宝宝添加辅食。

●维生素B_2的耐热力很强，烹调时不必过分担心维生素B_2会损失。但光线，特别是紫外线，却会对维生素B_2造成破坏，因此不要把含有维生素B_2的食物放在阳光照射的地方。

●如果宝宝发生口角炎或舌炎等，表明长时间没有吃富含维生素B_2的食物，体内缺乏这种维生素了，需要赶快进行补充。

●必要时为宝宝补充维生素B_2片，如患口角炎时，或宝宝身体存在容易消耗维生素B_2的情况，如慢性腹泻、胃肠吸收不良或长期发烧等，在医生的指导下口服维生素B_2片或复合维生素片就会纠正缺乏现象。

均衡的饮食、丰富的营养使查显科宝宝不缺乏任何营养，因此看上去很健康、很活泼。

维生素C的妙计

●母乳中含有较多的维生素C，可以满足宝宝身体的需要，因此吃母乳的宝宝一般不容易缺乏维生素C，所以一定要坚持母乳喂养。

●哺乳期间的妈妈多吃富含维生素C的蔬菜、水果，就可给宝宝补充丰富的维生素C。

●如果不能用母乳喂养宝宝，可以给宝宝选择婴儿配方奶粉，也能避免维生素C的缺乏，因为配方奶粉中含有适量的维生素C。

●宝宝出生后，及时按月龄添加含维生素C的辅食，如果汁、菜汁、菜泥、胡萝卜泥及香蕉泥、苹果泥、新鲜碎菜和煮烂的蔬菜等，同时也要吃新鲜水果。

●吃蔬菜和水果时要选择新鲜的，做菜时先洗后切并马上烹调，烹调时间一定要短，煮菜时注意加盖，并现做现吃，不要久放，以使维生素C的损失量减少到最低限度。

●对于特别容易损失维生素C的蔬菜，如胡萝卜、南瓜、青椒等，在烹调时先蘸上面粉再用油炸，这样可保持维生素C的含量，也容易被肠道吸收。

●可以把能够生吃的蔬菜、水果做成沙拉给宝宝吃，如小黄瓜、橘子、苹果、草莓、菠萝等，这样可以尽量减少维生素C的损失。

●萝卜叶是维生素C良好的食物来源，做菜时最好不要扔掉，可用其炒热菜或做汤，也可氽烫一下凉拌着吃。

富含维生素 A、维生素 B_1、维生素 B_2、维生素 C 的食物列表	
维生素名称	食物名称
维生素 A	牛肝、猪肝、南瓜、胡萝卜、菠菜、辣椒、芹菜、小白菜、奶油等
维生素 B_1	大豆、红豆、菜豆、豌豆、蚕豆、葵花子、全面粉、燕麦片、糙米、新鲜蔬菜、蛋黄、瘦肉、猪腿、动物肝肾及豆制品等
维生素 B_2	大白菜、西兰花、菠菜、芹菜、胡萝卜、苹果、柑橘、瘦肉、动物肝、牛奶、鸡蛋、玉米、黄豆、红豆、绿豆及豆制品等
维生素 C	草莓、橘子、苹果、梨、山楂、红枣及菠菜、龙须菜、西兰花、西红柿、甘蓝、菜花、菠萝、香菜等

Part
6

尝试用饮食改善
宝宝的行为瑕疵

Baby

王天怡宝宝

在宝宝成长过程中，往往会出现很多令家长困扰的问题，比如过胖、挑食、尿床等行为方面的瑕疵。很多家长试图通过各种方法来改善宝宝的这些行为瑕疵。其实，最有效的就是通过饮食营养的调理来使宝宝的这些问题得以改善。

过胖的宝宝

宝宝之所以会过于肥胖，目前为止，一般认为有两方面的原因：一是受基因遗传的影响，二是通常都大量摄取精炼糖和其他碳水化合物。

怎样让宝宝的体重降下来？

对于过胖的宝宝，家长想尽办法想让宝宝的体重降下来。其实，家长只要能很好地控制宝宝正确的饮食和合理的进食量，那么，宝宝的体重问题就不难解决。家长应尽量做到如下几点：

宝宝太重了！

宝宝太胖也会让妈妈担忧。

●家长不仅要计算宝宝消耗的热量，而且更重要的是要知道宝宝摄入的热量。

●对于过胖的宝宝，家长不要鼓励他喝完奶瓶里的最后一滴奶，当宝宝不想吃时说明他已经吃饱了；同样，也不要坚持让宝宝吃完盘子里的最后一匙食物。这

种压力日复一日，只会导致他吃得过多。

●过胖的宝宝经常会不停地吃，家长在合理调整宝宝的饮食后不要让宝宝感觉到改变膳食的同时他也被剥夺了吃的权利，而应让宝宝感觉好像吃得比以前更好了。

●午餐肉的热量过高，尽量不要让宝宝吃。

●家长在烹制食物时，应尽量让食物变得更加吸引人，而且要保证食物中富含B族维生素。另外，还要保证宝宝饮食的多样化。

●一般情况下，过胖的宝宝经常都爱吃零食，家长可以给宝宝安排几餐量少且不含糖和淀粉的饮食，这些很容易让宝宝接受。这样的饮食不仅可以减轻宝宝的体重，还有助于保持宝宝的血糖，同时还能预防过量生成胰岛素，过量生成的胰岛素会增加宝宝对碳水化合物的渴求。

●家长应该鼓励宝宝在日常基础上进行充沛的锻练。

饮食与营养调理

增加的食物：麦芽、新鲜绿色带叶蔬菜、动物肝脏、水。

建议服用的营养素：复合维生素B，每日1~2次，每次10~50毫克。

协调性差的宝宝

宝宝协调性差，特别是先天性的协调性不良，让家长十分担心，但并不知道宝宝为什么会协调性差。其实，宝宝协调性差有许多原因，例如肌肉组织无力、体重过重、情绪问题等，另外，还有一个经常被人们忽略的原因，那就是宝宝饮食中可能缺乏叶酸。

曾有一项研究结果显示，每周补充5毫克的叶酸，会明显减少宝宝协调性差的现象。叶酸虽然不会把一个笨手笨脚的人变成一个舞蹈家，但是在宝宝的饮食中多增加一些叶酸，却可以防止宝宝日后成为课堂上的负担。

饮食与营养调理

建议增加的食物：深绿色带叶蔬菜、蛋黄、胡萝卜、杏仁、哈蜜瓜、全麦和黑麦面粉。

建议服用的营养素：叶酸，每日200～400毫克；复合维生素B，每日50～100毫克。

挑食的宝宝

如果发现宝宝对食物很挑剔，甚至讨厌一些食物，如绿叶蔬菜，同时对吃饭也不积极，那么就可以断定这是个挑食的宝宝。

对付宝宝挑食的良策

宝宝挑食，可能是其食欲减退所影响的，那么，就可以用复合维生素B来帮助刺激宝宝的食欲。平时，可以多给宝宝吃些富含B族维生素的食物，如果宝宝对这些食物不感兴趣，家长就可以利用"伪装营养"的方法尽量丰富宝宝的饮食。如：如果宝宝喜欢吃鸡肉，就用麦芽将鸡肉裹上给宝宝吃；早餐时，可以在谷类食物上撒满富含铁的葡萄干和桃干让宝宝吃，以保证宝宝摄取均衡的营养；对于一些能生吃的绿叶蔬菜，可以用花生酱和低脂蛋黄酱代替沙拉拌匀后给宝宝食用。

营养调理简表

营养素名称	用法用量
复合维生素B	每日100～500毫克
维生素C	每日100～1000毫克
儿童综合矿物质含铁补充剂	每周服用5天

尿床的宝宝

当宝宝形成了排便规律后，仍然有一些宝宝会在夜间尿床。一直以来，这种夜间尿床的现象被认为是宝宝有情绪问题的表现。但最近的研究结果已经证明，宝宝尿床的主要原因并非情绪问题，而是饮食问题。

宝宝为什么会尿床？

牛奶、巧克力、鸡蛋、谷物和柑橘类水果等食物会使膀胱充盈膨胀，容易让人自然排尿，因此，不宜让宝宝睡前食用。而且这类食物在人体内还会引起血糖降低，使宝宝睡得更沉，这样，来自膀胱的警示信息就不能到达大脑，所以，如果宝宝睡前食用这些食物，就会尿床。

另外，压力也是导致宝宝尿床的一个因素，因为压力会降低人体的血糖，同样会使膀胱的警示信息达不到大脑而导致尿床。

应避免的食物

所有加工过的食品、含糖或高碳水化合物的食物、牛奶及所有乳制品、巧克力等食物都不宜让宝宝睡前食用。

饮食与营养调理

建议服用的营养素：钙，500毫克；镁，250毫克。
建议摄取的食物：不会引起过敏的食物。
建议时间：傍晚。

爱撒谎的宝宝

宝宝会说话以后，可能偶尔会跟家长撒个小谎，这是无伤大雅的。但是如果宝宝经常习惯性地撒谎，那就需要注意了。宝宝爱撒谎的原因有很多，如：许多宝宝因为没有安全感而撒谎、因心理上的混乱而撒谎、甚至是无意识地撒谎，也就是说宝宝很可能不知道他在撒谎。宝宝无意识地撒谎与他食用了大量的糖果和垃圾食物（热量高、添加剂多、营养成分低的食物）是不无联系的，因为当宝宝食用了大量糖果和垃圾食物后，可能会导致营养不良，甚至脑部的营养供给不足，于是就会无意识地模糊他撒谎的事实。

食物的增减

需减少的食物：饮食中的糖、精炼淀粉及垃圾食物。
应增加的食物：麦麸、卷心菜、牛奶、鸡蛋、烤熟的花生、禽类的白肉、鳄梨及大枣。

营养调理简表

营养素名称	用法用量
含烟酸的复合维生素B	每日100～500毫克
儿童复合矿物质补充剂	每日一次

记忆力差的宝宝

宝宝的大脑和身体的其他部位一样，都需要能量，如果大脑没有获得足够的能量，就无法正常工作。因此，必须为宝宝及时补充大脑所需的能量。大脑正常运转所必需的物质主要是血糖，即葡萄糖，但血糖不能被存储在大脑中，所以必须定期补充。如果血糖补充不及时就会使宝宝记忆力差。另外，大脑正常运转还需要很多营养素，如必需脂肪酸等，这些营养素的不足也会引起记忆力下降。

目前发现维生素 B₆ 具有提高记忆力的功效，不妨经常给宝宝食用一些富含维生素 B₆ 的食物。

饮食与营养调理

建议增加的食物：营养型酵母、动物肝脏、新鲜蔬菜、鱼类、鸡蛋、牛肉、甘蓝、麦麸等。

建议服用的营养素：复合维生素 B，每日 25～50 毫克；胆碱，每日 500～1000 毫克。

不爱睡觉的宝宝

如果出现宝宝不爱睡觉或晚上翻来覆去睡不着的情况，极有可能是宝宝的饮食出了问题。此时，对于宝宝来说，最好的饮食就是富含大量色氨酸的食物，比如牛奶、香蕉和天然奶酪等。

营养调理简表

营养素名称	用法用量
维生素 B₆	50～100 毫克
镁	螯合镁 133 毫克

赵思媛宝宝不爱睡觉令家人很烦恼。其实，通过饮食、营养调理就可以改善这种状况。

备注：这两者都应该在睡觉前半小时与果汁一同服用。

懒惰的宝宝

对于平时懒洋洋、做什么都没力气的宝宝，家长千万忽视不得，应先检查一下宝宝的饮食，因为这极有可能是贫血的症状。要是想进一步地确认，可以带宝宝去医院做一次简单的血液化验。如果检查结果显示的确是贫血所致，那么可以通过补铁来调整这种状况。

饮食调理

可以给宝宝增加的食物有：营养型酵母、柑橘类水果、黄绿色带叶蔬菜、牛奶、肉类和动物肝脏等。

营养调理简表

营养素名称	用法用量
复合维生素B	每日25～50毫克
维生素C	每日100～1000毫克
铁	每日10～15毫克

便秘的宝宝

砂糖、白面产品和精炼食品都是会导致便秘的食物，所以应该避免让宝宝食用。经常大便困难且稀少的宝宝，饮食中需要增加更多的纤维素，可以多给宝宝增加一些可以生吃的蔬菜和水果。

营养调理简表

营养素名称	用法用量
叶酸	每次5毫克，每日3次
维生素C	每日100～500毫克

沈悦岑宝宝很喜欢看书，但排便时看书可不是个好习惯，会影响宝宝正常排便哟！

好动的宝宝

ACTIVE

好动的宝宝具有这些特点：注意力不够集中且容易转移，经常发脾气，容易从一个行动跳跃到另一个行动。好动的宝宝虽然很聪明，但是经常无法集中注意力，这是因为宝宝体内缺乏大脑正常运作需要的一种化学物质。这种物质的缺乏与宝宝的饮食有很大的关系。

须知事宜

●富含精炼碳水化合物、人工色素、添加剂的食物和缺乏维生素B的食物都是引起宝宝好动的因素，因此，宝宝要避免食用。

●如果宝宝十分好动，建议让宝宝远离荧光灯。

●对任何含有水杨酸盐的食品都要尽量避免。

饮食调理

对于好动的宝宝，平时，应为其增加这些食物：营养型酵母、鱼类、牛肉、海藻、富含维生素B的蔬菜等。

营养调理简表

营养素名称	用法用量
复合维生素B	每日25～50毫克
钙	每日500毫克
镁	每日250毫克

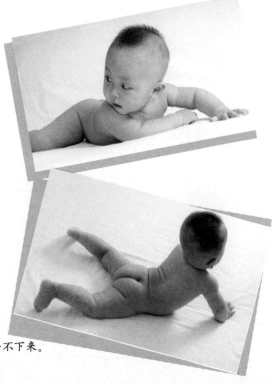

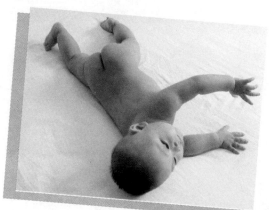

杨子涵是个精力充沛的宝宝，每次活动起来似乎都停不下来。

睡觉时爱哭闹的宝宝

CRY

很多宝宝在睡觉时都爱哭闹。导致宝宝睡觉时哭闹的原因较多，如外界环境的因素、疾病的因素、习惯因素、营养缺乏的因素等。家长平时应留心观察睡觉时哭闹的宝宝，找到宝宝哭闹的原因，以便改变这种情况。如果是外界环境的影响，要注意改善环境，不要让宝宝太冷或太热；如果是疾病的原因，要尽快找出病因，治疗疾病，让宝宝舒服地进入睡眠状态；若是习惯的原因，家长就要注意调整习惯，如入睡前给宝宝喂饱奶、不要让宝宝在睡前玩得太兴奋、不要让宝宝含着奶嘴入睡、尽量不要趁宝宝浅睡时换尿布等；如果是营养方面的原因，家长就应注意了，应先确认宝宝缺乏哪种营养素，再按照医嘱给宝宝适量补充这种营养素。

宝宝睡觉时爱哭闹常常是由于缺乏微量元素和维生素所致。如：宝宝的血钙降低会引起大脑及植物性神经兴奋性增强，从而导致宝宝晚上睡不安稳，这时就需要补充钙和维生素D，如果不及时补充钙质，宝宝的囟门就闭合得不好，这也会影响宝宝的健康；宝宝缺锌，常会发生嘴角溃烂，嘴角溃烂会引起疼痛，这样也会导致宝宝哭闹，难以入睡。

饮食与营养调理

建议增加的食物：动物肝脏、奶制品、豆制品、鱼类、牡蛎等。

其他建议：适当进行日光浴。

建议补充的营养素：钙、锌、维生素D等。

徐戈宝宝睡醒后发现妈妈不在身边，就委屈地哭了。

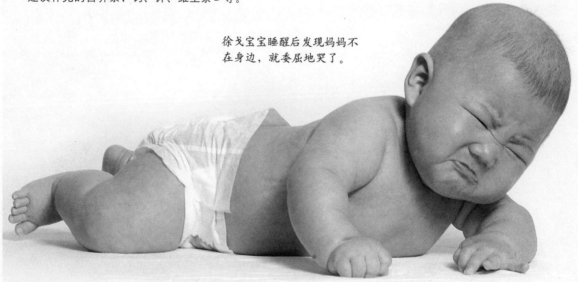

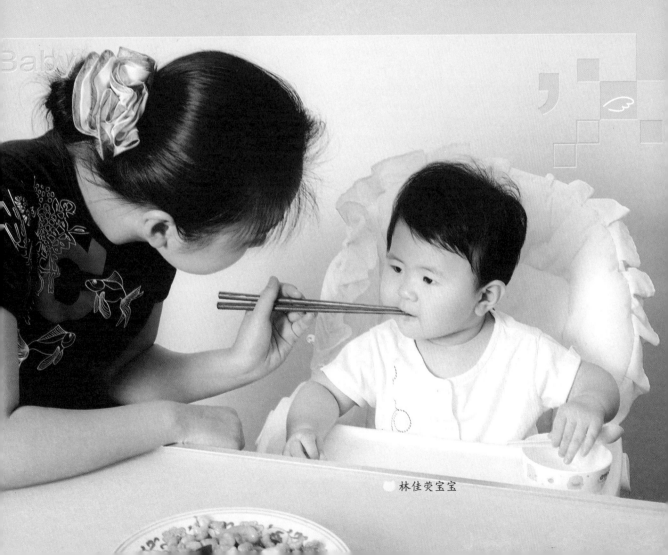

PART 7

Part 7
0～3岁宝宝的
进餐教养

林佳荧宝宝

同步育儿营养全书（0～3岁）

DINES EDUCATES

0～1岁宝宝的进餐教养

"教养"的意义，就是培养宝宝在生活上自立或独自处理事情的能力，而进餐的教养仅仅是生活中不可或缺的一个方面。

进餐的教养何时开始呢？

教养必须配合宝宝的发育阶段中的适当时期。所以如果宝宝尚未做好接受教养的准备，无论妈妈多么用心努力调教宝宝，最终也是白忙一场，枉费苦心。

一般观点认为，进餐的教养应在宝宝会坐下正式吃断奶食品的时期进行；也有不少的育儿丛书对进餐的教养解释为：当宝宝过了周岁生日而能自己独自用餐的时期，才开始进餐的教养。其实，这两种说法指的都是，对宝宝用餐方式、技巧性地食用食品的教养。

但是，实际上，宝宝的最初食品是奶水，而从奶水到普通食物的饮食改变，也需经过一个过程。在这个过程中，宝宝的进餐教养可以从其要吃多少就给他吃多少的"自律授乳"开始，随后，断奶的进度要配合宝宝的发育程度，并以不焦急和不勉强为原则对其进行进餐教养。所以一般认定，当宝宝开始不需要接受别人的帮助而能够自行喝奶的时候，妈妈就可以开始正确诱导其如何进餐。

尽可能喂母乳吧

几乎所有的妈妈都知道，对宝宝而言，母乳是最自然且营养最均衡的饮食。

母乳喂养不但不费时、费事，又有改善子宫的收缩、加速产后母体的恢复等优点，并且透过乳房的肌肤相亲能够加强母子间的情感。也就是说，喂食母乳能满足宝宝的内心需求，并能安定宝宝的情绪。

当宝宝能自行喝奶时，就可以开始进行教养的准备了。

母乳的分泌有个人差异，有些妈妈最初的乳汁分泌状况可能不太好，但为了联络母子间的情感，所以要坚定意志尽量用母乳哺育婴儿，而且最初的三个星期很关键。

宝宝想吃的时候就喂他吃

宝宝出生的第1个月内，要采取"自律授乳"的方式，即宝宝想吃的时候就要喂，能吃多少就给多少。只要母乳充足，当宝宝需要时就要立即喂奶，这样自然就会产生授乳间隔。形成一定的哺乳规律。

当宝宝出生后1个月左右时，其授乳间隔大约为2～3个小时，因此可以推测出每天大约需要授乳7次。

这样不勉强且配合宝宝的欲求而慢慢推定的授乳时间，可以说是教养的开始。

妈妈授乳须知

●授乳时，妈妈要保持最舒适的姿势。

●第一次的授乳要花费20～30分钟，有些妈妈会觉得无聊，而一边看电视或看书一边喂奶，但这却是宝宝最讨厌的授乳方式。因为授乳时是妈妈和宝宝诚意沟通的难得机会，所以最好抱着宝宝，用充满爱的目光注视着宝宝，并让宝宝慢慢吃。

●妈妈心情的好坏会影响母乳的分泌。如果妈妈处于担忧或焦急的情绪中，母乳的分泌也会受到影响。因此，在授乳时，妈妈最好始终保持愉快的心情。

●妈妈最好在哺乳前将所有的事情都处理完毕。

●美妙的音乐、稳定从容的气氛都会使授乳过程变得更加美好。

人工喂养同样需要好心情

在不得已的情况下不得不进行人工喂养时，妈妈也千万不要有自卑感或悲观的念头。因为目前的婴幼儿配方奶粉在营养成分上已相当优越，基本能满足宝宝生长发育的需求。其实，人工喂养与母乳喂养一样，最重要的是，妈妈应该保持良好的心情，并经常拥抱宝宝，不要让宝宝在精神上感受到与母乳喂养的差别。

所以，无论是母乳喂养还是人工喂养，宝宝最需要的都是妈妈的爱。在喂养宝宝时，只有妈妈不担心、不焦急、保持心情开朗，才会让宝宝产生依赖感。

用配方奶粉喂宝宝时，妈妈要以母乳喂养的心情来拥抱宝宝。

断奶期——进餐教养的好时机

一般认为，宝宝出生后第4～5个月时就可以开始喂断奶食物了，但断奶食物的添加也要配合宝宝的生长发育以及消化能力，不能盲目地决定开始的进度。

当宝宝看见家人共同进餐时，他会模拟嚼动嘴巴表示想吃的表情，这正是开始进行断奶的良好时机。

进餐对宝宝而言，不仅在于摄取营养，也有促进情绪发展的重要意义。因为进餐不但会使宝宝的空腹感获得满足、情绪获得安定，还能使宝宝体会到与家人共同进餐的乐趣。

宝宝与全家人一起用餐，会从中体会到乐趣。

在断奶的过程中，随着宝宝的发育状态来练习进餐的方法并让宝宝切身学会餐桌上的礼仪等，也是很重要的事。

2～3个月——让宝宝适应餐具

　　宝宝出生后2～3个月，就可以开始让他逐渐适应断奶后要用的餐具，以免日后对这些餐具产生抵触情绪。

　　由于宝宝在2～3个月前只能通过乳房或奶瓶上的奶嘴进食并感受食物，所以宝宝已经习惯了妈妈的乳房或奶嘴，如果此时不及时让宝宝适应一些日后要用的餐具，将很难改变宝宝对乳房或奶嘴的依恋。在这个时期，妈妈可以用汤匙喂宝宝喝点稀释过的果汁或蔬菜水，让宝宝感受汤匙的碰触感，但不要勉强地插入宝宝的口中。可以用汤匙轻轻刺激宝宝的舌部让宝宝含在口中，并出声告诉他"咕噜"，让宝宝随声吞下汁水。用汤匙喂宝宝时切不可焦急，要有耐心，宝宝喝一口算一口，然后可以逐渐增加汁水量。

　　如果想让宝宝尝尝新食物的口味，最好选择宝宝空腹（授乳之前）的时候让他学习接受，然后，一点点慢慢地推进新的食品。

4～5个月——打好进餐教养的基础

　　4～5个月的宝宝还不具备咀嚼能力，所以，如果想给宝宝添加辅食可采用平滑的糊状食品来喂宝宝。辅食添加的方法同样可以利用宝宝授乳前的空腹期，从每天一种一汤匙食物开始进行。但要注意的是，断奶食物的添加进度也有个人差异，不必和别的宝宝比较而勉强灌食。

　　这个阶段是建立宝宝饮食生活基础的重要时期，家长要注意加强宝宝的进餐教养。在每次喂宝宝前，要先给宝宝洗净双手和脸，接着用开朗的声音说："我们开始吃饭啦！"然后，就在这种快乐的气氛下喂食。进餐完毕要向宝宝示范说："吃饱了"，同时也要为宝宝清洗双手和脸。像这样的礼仪，不论宝宝是否会做，家长都要从这个时期反复地在宝宝的面前示范，以便养成习惯。此外，如果宝宝喜欢拿汤匙，可以为宝宝准备一只。

当宝宝开始进餐前，妈妈要大声说："开饭了！"

在进餐的前后，要擦净宝宝的双手和脸部。

用餐完毕要告诉宝宝说："吃完了！"

如果宝宝拿着汤匙，妈妈就把食品
放在汤匙上面。

如果宝宝喜欢用叉子，妈妈就要
扶着宝宝的手帮助他使用叉子食
用食物。

如果宝宝想自己动手抓着吃，
而且宝宝的手很干净，妈妈就
不要阻止。

当宝宝喝水时，家长可以扶着宝宝的手拿杯子并模仿喝的动作，这
是对宝宝喝水的教养。

虽然断奶进行得很顺利，但是有时宝宝也会有短暂性的食欲不振。
这时，家长不要勉强宝宝进餐，可以设法在烹调方法上做些调整，尽量
选用具有自然风味的断奶食物，并且口味应以清淡为主。

6～8个月的进餐教养

6～8个月的宝宝虽然乳牙已经长出，但牙齿的咀嚼能力还不成熟，
主要依靠舌头的活动来捣碎食物，但这时的"咀嚼运动"已经开始有了
节奏。所以，妈妈可以把断奶食物调理成能用舌头捣碎的硬度，每天喂
两次。

在这个阶段里，宝宝的进餐教养同样不可忽视。

●进餐前仍然要对宝宝说"餐前洗手"，然后替宝宝洗手。

●妈妈在喂食时应以动作示范，例如说："张开嘴巴呀！""用舌头
嚼一嚼"之类的话，如果宝宝学会动口和用舌头咀嚼来吃食物，妈妈就
要好好夸奖宝宝。

●宝宝的进餐要见好就收，如果宝宝进餐拖延了30多分钟以上，而
且开始边吃边玩时，妈妈可决定说："好了，进餐到此结束"，然后利落
地结束进餐，收拾餐具，千万不要让宝宝在这个时期把进餐和游戏划上
等号。

●餐后也要为宝宝洗脸和手，以养成清洁的习惯。

●至于吃饭前后的礼貌语，也要好好地教导示范。

当宝宝要喝水时，妈妈要帮助宝
宝拿着杯子练习喝水。

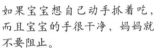

如果宝宝边吃边玩，妈妈要阻止，并马
上收走餐具。

9～10个月的进餐教养

9～10个月的宝宝凡是牙龈咬得动的东西大致上都能够咀嚼。所以，妈妈可以每日喂食宝宝三次牙龈咬得动的断奶食物。

如果宝宝想自己用手拿东西吃或者用手抓食，妈妈也不要责骂，但要告诉宝宝："咬一咬！"并快乐地进餐。如果宝宝还是随意地乱拿汤匙，也没有关系，可以在日后慢慢地告诉宝宝正确的方法。

11～12个月的进餐教养

这是宝宝完全学会咀嚼的重要时期。因此，可以给宝宝一些较有咬劲的食物，并且耐心地教宝宝自己拿着食品，让宝宝自行咬断、嚼碎并吞咽下去。

还要让宝宝做好餐前的餐桌准备，督促他讲完进餐的礼貌语后才能开始进餐。

断奶是婴儿自立的转折点

在添加断奶食物的过程中，断奶是不可避免的事。虽然宝宝和他最喜欢的母乳分离是一件很痛苦的事，但是这却是宝宝自立的一大转折点。

断奶期间，一日三次的断奶食物必须顺利进行，可以用牛奶来代替母乳给宝宝喝。

在妈妈下定决心给宝宝断奶后，如果宝宝大声哭闹，妈妈就应温和地对宝宝说："开始和母乳说再见吧！"并且断然拒绝再喂母乳。

在断奶期间，白天可以带宝宝外出散步，带宝宝游乐，这样能使宝宝夜间产生疲倦感而易熟睡。如果宝宝夜间醒来哭闹，妈妈可以轻柔地抱起宝宝，并安抚宝宝的情绪，但千万不可说："再喂一次母乳，下不为例"，而轻易地恢复喂奶，这对宝宝断奶是极其不利的。

杨子涵宝宝一天天长大了，妈妈应该考虑给宝宝断奶了。

1～2岁宝宝的进餐教养

1岁左右的宝宝，自己进餐的意愿开始萌芽。这时，进餐教养的第一步就是培养宝宝这种自行进食的意愿。宝宝进餐初期，可能会用手抓食，但家长不要斥责宝宝，只要在旁边做好看护，必要时对宝宝的行为加以纠正与指导就可以了。

进餐，让宝宝自己来！

1岁以后，妈妈的喂食已不能满足宝宝，宝宝会自己拿汤匙来进食。

因宝宝尚无法灵活地使用汤匙，所以每舀一汤匙，食物就会溢出，于是，宝宝干脆就用双手抓取食物送入口中，已弄脏的手再碰触到四周其他的物品，结果弄得一塌糊涂。有些爱干净的妈妈可能无法接受这种情况，

1岁多的宝宝对自己进餐的积极性很高，因此妈妈每顿饭都让黄蕗菲宝宝自己动手吃。

但在此时妈妈要深呼吸，稳定情绪，绝对不能斥责宝宝。

虽然宝宝自己进餐会把食物弄脏、弄乱，但这种想自行进食的意愿是非常重要的。如果妈妈因无法接受宝宝的到处捣乱而抢走汤匙亲自喂食宝宝，不仅会伤及宝宝自行进食的意愿，也无法切身培养正确的进餐习惯。所以，进餐时，让宝宝自己来！

宝宝进餐时妈妈需要做的事

无论宝宝在进餐时如何捣乱，只要开始和结束时能够容易收拾，妈妈即可宽容地接受。在宝宝的进餐前后，妈妈可以做下面这些事：

● 为了使宝宝进餐后的残局更容易收拾，妈妈可以事先在宝宝的椅子和桌子下方铺上一张大塑料布或干抹布。

在桌子和椅子下铺一张大塑料布，可以防止宝宝把食物弄到地板上。

●食品要烹调成宝宝方便用汤匙舀起或容易用叉子叉起的大小和形状。

●当宝宝用餐完毕后，有时可能会开始利用食品来玩耍。这时候要分清楚，尊重宝宝的意愿让他独立进食与让宝宝一边进食一边游戏在本质上是不同的。所以，当宝宝进餐时，妈妈可以在一旁观察，如果发现宝宝已经吃饱且无意再进食时，就告诉宝宝："用餐到此为止"，然后利落地收拾食物和餐具。

不要让宝宝边吃边玩。

●必要时，妈妈要态度明确地告诉宝宝不可以拿进食的食物来玩耍或加以糟蹋。

偏食也不用太介意

当宝宝出现偏食时，妈妈就会开始担心宝宝营养不良，有时还会勉强宝宝进食，但这种做法不但不能纠正宝宝的偏食习惯，反而会引发宝宝的反感情绪，助长偏食的恶习。

任何人都会有一两种不喜欢吃的食品，成人如此，更何况宝宝呢，而且暂时的偏食也不会马上导致宝宝的营养不均衡。在这种情况下，妈妈不必勉强，可以先把宝宝不爱吃的食品搁置在一旁，然后为宝宝烹制与这些食物营养接近且宝宝爱吃的食物，例如水果、蛋、鱼等，以便保持营养的均衡。

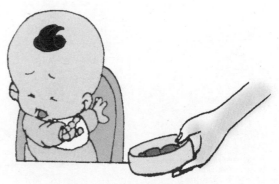

如果宝宝偏食，妈妈也不能强迫宝宝进食。

其实，每个人的饮食喜好都会随着成长而发生改变。因此，妈妈可以把握机会，时常让宝宝再次尝试吃他不喜欢的食物。假如宝宝吃了一些以前所厌恶的食品，妈妈就要多加夸奖、鼓励，并与宝宝共享快乐。

另外，饮食的分量也有个人差异，有些宝宝食欲旺盛，食量较大，但有些宝宝的食量却很小。即使宝宝吃得不多，母亲也不要强迫宝宝吃，应以平常心对自己说："这孩子只能吃这么多了"。然后设法在烹调方法和盛菜方式上做些改变，以提高宝宝的食欲，同时要为宝宝准备容易使用的餐具。

养成规律进餐的习惯

当宝宝能自行进餐后，养成规律的进餐习惯是非常重要的。

在日常生活中，要养成宝宝早睡早起的好习惯，因为早睡早起的生活节奏一旦被打乱，就会导致宝宝进餐的不规律。如：晚上迟睡的宝宝，在第二天早晨一般都会赖床，这样早餐和午餐就要一起吃；如果没有在固定的时间内吃午餐，那么在还不到晚餐时，就要在下午给宝宝吃些点心。这种无规律的进餐对于宝宝良好习惯的养成是极为不利的。而且要想实施正确的进餐教养，必须先有规规矩矩的生活节奏。

一般情况下，早上和晚上的进餐是一家人最理想的进餐时间，如果因大人的不方便而延迟晚餐时间时，应让宝宝先准时进餐。

为宝宝选用合适的杯子与餐具

在这个时期，宝宝能用自己的手技巧性地用杯子喝果汁或水。因此，妈妈为宝宝选的杯子，无论形状还是大小都要方便宝宝拿握。同时，妈妈也要考虑杯子轻重、安全方面的因素，可以为宝宝准备一只塑料制的杯子。

另外，宝宝杯子里的果汁或水的量不宜太多，避免宝宝拿不正杯子而外溢。等宝宝习惯拿杯子后再进行增量。

宝宝的餐具选择也不能马虎，应为宝宝选择盘底有些坡度的餐具，以免宝宝用汤匙舀食时，食物掉落。

宝宝的用餐时间要有规律。

进餐时要关掉电视

宝宝1岁以后终于能与大人同桌进餐了，因此全家人应该为宝宝营造愉快的进餐气氛，特别是不能在进餐时开着电视。因为如果进餐时开着电视，全家人的眼光难免就会专注于电视，而无法与宝宝互相沟通。即使是宝宝不喜欢食物的味道或吃了不该吃的食物时，家长也意识不到，这会使宝宝对进餐的关心变得淡薄。

所以，进餐时间一到，应该关掉电视，全家人一起享受进餐的乐趣，这样也可以防止宝宝以后养成边吃饭边看电视的坏习惯。

浅底的餐具，用汤匙舀时容易掉落。

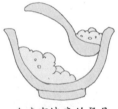

盘底有坡度的餐具，更易宝宝舀食。

刚开始用杯子喝水时，妈妈要为宝宝准备一个双手把持的杯子。

杯底较宽的杯子较稳定而不易外溢。

宝宝杯子里的水量应少一些，以避免溢出。

宝宝与全家人一起用餐时要关掉电视。

把汤匙换成筷子吧！

当宝宝1岁半到2岁时，其眼手的协调反应能力较为发达，因此，妈妈常常让宝宝使用汤匙和叉子等餐具来进食。在这个阶段里，看见大人手持筷子进餐，宝宝可能也会对拿筷子产生兴趣，此时妈妈不要以"太危险！不可以拿！"来禁止宝宝，应该让宝宝尝试一下。但也不可把筷子交给宝宝后就置之不理。当宝宝手里拿着筷子时，妈妈在旁边要注意看护，防止发生意外与危险。宝宝能灵活地使用筷子还需花费许多时间，妈妈可引导宝宝做使用筷子夹东西的游戏，让宝宝快乐地边玩边练习使用。

引导宝宝正确使用餐具

对于餐具的使用，妈妈不必过于担心，每个宝宝迟早都会学会。不过，在日常生活中，妈妈可以按照下面的方法来引导宝宝正确地使用餐具：

A.汤匙的使用对宝宝来说并不难，刚开始时，可以让宝宝以握住的方式来拿汤匙。

B.当宝宝习惯拿住汤匙时，如果发现宝宝拿汤匙的方法不对，妈妈可以为宝宝矫正，但不要刻意去做。只要耐心矫正几次，宝宝就能正确地拿好汤匙了。

C.当宝宝能正确地拿好汤匙之后，筷子的拿法也就容易多了，妈妈可以教宝宝拿筷子的正确方法。

妈妈要注意引导宝宝正确使用餐具。

2～3岁宝宝的进餐教养

这个阶段的宝宝已能独立进餐，妈妈可以有技巧地利用2岁宝宝凡事要求自己尝试的意愿，培养宝宝良好的饮食习惯。

坚持独立进餐的原则

度过了用手抓食的阶段后，几乎所有的宝宝都能灵巧地使用汤匙吃东西。但进餐时，混乱依旧，因为宝宝独立用餐难免会发生打翻餐具而把食物弄得到处都是。尽管如此，妈妈仍不应剥夺宝宝独立进餐的机会而亲自喂食宝宝，必须让宝宝反复地尝试，并体验独立进餐的乐趣。同时，妈妈应该一面多加夸奖、鼓励宝宝独立使用汤匙或叉子来进餐，另一方面则要耐心地在一旁观察。

在宝宝2～3岁时，妈妈可以让宝宝同时使用筷子和汤匙进餐，要耐心地教导宝宝如何使用筷子。另外，最好为宝宝选用末端不尖的儿童专用筷，且要保证筷子的质地是不滑、顺手的木筷。尽量不要给宝宝使用具备各种图形或上了漆、不易拿的筷子。

进餐时，尽量避免强迫宝宝学习。在平日里，可以使用筷子玩装满箱子或折纸的游戏。这样不仅可以使宝宝从中体会到乐趣，还能使宝宝更灵活地使用筷子。

宝宝可能有时会偏食，妈妈也不必太介意。

吃饱了!

如果宝宝边吃边玩，妈妈要马上收拾餐具，并告诉宝宝"吃饱了"。

尽量让宝宝独立用餐,妈妈不要喂食。

进餐的麻烦时期

这个阶段，宝宝可以独立地进餐了，但有时也会出现偏食、吃得太少或边吃边玩的现象，这往往会使妈妈十分烦恼。

宝宝偏食虽然会让妈妈担心，但一般不会引起营养障碍。偏食的程度，若仅限于不吃蔬菜中的青椒、胡萝卜，或者只吃鱼不吃肉，那么妈妈就不用担心。妈妈只要让餐桌上的气氛更加愉快，宝宝吃得可口，宝宝就会随着成长而食欲渐佳。对于宝宝不喜欢吃的菜，不可强迫他进食。

当宝宝吃得太少时，妈妈同样会十分忧虑，但很多情况显示，宝宝会配合他的食量来进食，只有在给予的分量过多时才会有剩余。所以，如果宝宝未出现其他不适，仅仅是吃得有些少，妈妈也不必过于担心。其实，宝宝进餐时吃得少的原因较多，如：有的宝宝平时不停地吃零食或喝了太多的牛奶，在进餐时肚子已饱，出现吃得太少的情况也不足为奇。关键是，妈妈要让宝宝形成吃零食的固定时间，尽量多带宝宝到户外玩耍，因为这样能消耗宝宝的体能，使宝宝肚子饥饿，进而食量也会增加。

当宝宝开始边吃边玩时，可能是肚子已经饱了或最初就没有饥饿感。看见这种情况时，妈妈可以适时地收拾餐桌。另外，这也可能是零食给予过多的原因。

宝宝与家人共同进餐的事宜

这个阶段的宝宝，已经开始和家人一起上桌进餐了，所以，妈妈不仅要加强宝宝的进餐技巧与用餐方式的教养，同时也需让宝宝一点一滴地学会切身的礼貌，以便能快乐地进食。妈妈在烹饪食物时，最好把食物切成宝宝容易入口的大小，烹制鱼时要去掉鱼骨头，这些都有利于宝宝的独立进餐。宝宝与家人共同进餐的相关事宜如下：

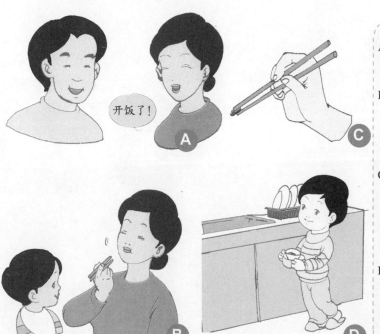

A.进餐前，家人要一起说："开饭了！"但不可仅勉强宝宝说，爸爸和妈妈要以身作则带头说。

B.进餐时的姿势要端正，嘴巴含着东西时不可以说话，咀嚼时不要发出"唧唧"的声音，喝汤时不可发出"咕噜"的声音等等，这一切都需要家长做好表率，让宝宝自然地自觉学会。

C.接近3岁的宝宝已经可以用筷子吃东西了，如果妈妈看见宝宝的筷子拿法不正确，就要告诉宝宝："改握成这样子，会更容易进餐"，千万不可以责骂或取笑宝宝的手势。只要耐心教导，宝宝迟早会学会正确的拿法。

D.有的宝宝在进餐快结束时，可能会按捺不住，想要玩耍，这时，妈妈要告诉宝宝"忍耐"到全部吃完，并让宝宝将自己的餐具带到洗碗池中。

矫正常见的喂养误区

Part 8

Baby

陈奕涵宝宝

新妈妈的哺乳误区

NURSING MISTAKE

宝宝出生后，初为人母的新妈妈们都想用自己的乳汁哺育宝宝，但在喂养时经常会走入一些误区，下面列出的是新妈妈经常会走入的误区。

✕ Wrong：宝宝哭闹就是没吃饱

妈妈一遇到宝宝边吃边闹、哭闹不安、时睡时醒时，就认为自己没把宝宝喂饱，于是就神经紧张，经常睡不着也吃不香，结果由于情绪的影响，奶水也越来越少，甚至发生了喂哺障碍。

✓ Right

其实，哺乳后宝宝哭闹、睡不好不一定就是没有吃饱，还有很多其他方面的原因，最常见的是睡眠习惯不好，如抱在手上睡、摇着睡、吸乳头等，如果妈妈能及时纠正这些坏习惯宝宝自然就能睡好。如果妈妈还是担心宝宝吃不饱，可以参照下面的这个标准。

●喂奶开始时，妈妈的乳房会有胀满感，而宝宝用力吸吮几分钟后，如果感到乳房松弛排空，就表示乳房确实被宝宝吸空了。另外，如果听到宝宝连续的咽奶声也说明宝宝吃到了奶。

●哺完两侧乳房的奶后，如果宝宝能自然入睡1～2个小时以上，并睡得安宁沉着，说明宝宝已经吃饱了。每个宝宝的胃口大小各有不同。胃口较大的宝宝，一次吃得多，可熟睡2～3个小时；胃口较小的宝宝，一次吃得少，睡得时间也短。妈妈可以根据宝宝的规律来进行哺乳。

●根据宝宝每天的大便量也可粗略推算妈妈的奶水是否充足。每日哺食700～800毫升奶的宝宝，每天至少排大便7～8次，甚至10次以上，每次都湿透尿布；

当张惟妙、张惟肖这对双胞胎宝宝不舒服时，也会哭闹哟！

如果妈妈的奶量不足，宝宝的尿量也少。

●宝宝的体重是否正常增长也可以看出宝宝有没有吃饱奶。6个月以内的宝宝，每个月体重应增长500～1000克。如果宝宝体重不增加或下降就需细查原因，及早加以纠正。由于每个宝宝摄入的奶量不同及不同时期的生长速度不同，因此体重的测量也要讲究方法，测量不宜过于频繁，也不宜间隔太久，最好每个月为宝宝称一次体重，测量时间间隔最短不宜少于2周。

●宝宝能否吃饱奶与妈妈分泌的奶量也有关系。妈妈每天的泌乳量随着宝宝的月龄增大而上升，宝宝2～3个月时妈妈的泌乳量每天大约为500～600毫升，宝宝6个月后妈妈的泌乳量每天约为800毫升，奶水多的妈妈可达到1000毫升。

通过以上标准就可以知道宝宝能否吃饱。如果妈妈的哺乳量确实不足，应积极找寻原因，及时解决问题；如果没有奶水不足的情况，就应解除各种担忧，继续母乳喂养。

通过给宝宝称体重就可以知道宝宝是否能吃饱。

桂云龙宝宝吃饱了奶后，就会高兴地自己玩耍。

✖ Wrong：妈妈的奶水清淡就是缺乏营养

有些妈妈的奶水看起来像水一样，于是就认为这样的奶水没有浓厚的奶水有营养。但事实并非如此。外观看上去清淡的奶水营养并不一定比浓厚的奶水差，只是奶里的成分有所不同。妈妈产后1～2周内分泌的奶水，也就是初乳，外观淡淡的，有些像水。但初乳的营养却是众所周知的：蛋白质较多，脂肪较少，微量元素锌及免疫物质也都比以后分泌的成熟乳多。因此，看起来清淡的奶水实际上对新生儿来说却是非常珍贵的，十分适合宝宝的消化吸收能力，所以切勿把初乳挤掉，应尽量让宝宝吃到初乳。

事实上，看上去较白且浓厚的奶水却未必对宝宝有益。因为妈妈的膳食质量会直接影响奶水的成分，如果妈妈爱吃肥猪肉、肥鸡、油炸食品，奶水中含的脂肪量就高，奶水从外观上看较白且浓厚，但这种高脂肪的奶水却并不利于宝宝的健康，特别是对于过于肥胖的宝宝，有时还会引起消化不良。所以，妈妈的饮食一定要清淡一些，多吃蔬菜和水果，保证食物品种多样，营养均衡。

✔ Right

只要妈妈的饮食营养足够，一般情况下奶水变化不会太大。不过，哺乳早期和晚期的奶水会有一些改变，每天早、晚的奶水也会有一些不同，但对宝宝影响不大。每次喂奶开始时分泌的奶水和喂到末了的奶水也会有些不同，越是喂到末了，奶水中的脂肪含量越高。脂肪是能量的重要来源，能提供宝宝大脑发育必需的脂肪酸，是宝宝不可或缺的营养素。因此，每次哺乳时都要让宝宝吃完乳房内的奶水，如果宝宝睡着了，要注意弄醒，让宝宝吸空乳房，然后再美美地睡上一觉。另外，有规律地排空乳房能刺激妈妈的大脑分泌催乳素，促使乳房泌乳，使乳汁越来越多。所以，不要怀疑自己的奶水质量不好，不同妈妈分泌的乳汁成分差别很小。只要妈妈注意饮食质量，分泌的奶水质量都能得到保证。

陈可容宝宝不缺营养、身体健康是妈妈最大的心愿。

Wrong：如果妈妈的奶水少，就应该把奶水留着晚上吃，白天喂奶粉

有些妈妈认为乳汁整天都在分泌，积存在乳房里，只要宝宝不吃就会越积越多。其实，乳房泌乳的机理并非如此。只有乳房被吸空，才能刺激妈妈大脑产生催乳素，催乳素再随着血液循环到达乳房，从而刺激乳房泌乳。如果乳房一直处于胀满状态，大脑就无法分泌催乳素，这样，乳房中的乳汁不但不会越积越多，相反还会减少。

Right

经常把奶水存在乳房里只会使奶量越来越少。如果按规律每3～4小时喂一次奶，宝宝就会把乳房吸得空空的，而妈妈的奶水也会越来越多。因此，按时吸空乳房就是最好的催乳方法。而奶水较少的妈妈更应增加喂奶的次数。每次喂奶时如果宝宝吃不完，无法吸空乳房中的奶水，妈妈最好用吸乳器将奶水吸空。

Wrong：一边喂一边睡更容易让宝宝长胖

很多妈妈认为，在宝宝睡觉时喂奶更容易使宝宝长胖，也会让宝宝更健康。于是，妈妈每次都让宝宝迷迷糊糊地吃奶，甚至趁宝宝睡觉时，偷偷喂宝宝吃奶。

Right

进食是一种愉快的行为，会使宝宝的身心都得到满足。所以，宝宝只有在清醒状态下，才能吃得香，才会感到满足。而每次都让宝宝迷迷糊糊地吃奶，很难让宝宝对"吃"感兴趣，更不可能让宝宝得到满足。所以，喂奶时要使宝宝保持清醒状态，不能边睡边吃，更不能趁宝宝睡着时偷偷喂奶。

墨墨宝宝1岁了，已经不吃母乳了。

Wrong：妈妈的奶水多得宝宝吃不完，所以没必要给宝宝添加其他食物

妈妈的奶水充足更利于宝宝的健康成长，但随着宝宝的成长，妈妈奶水中的营养素和奶水量会跟不上宝宝的生长速度，而一般宝宝到了1岁左右时就要断掉母乳，改吃混合饮食，否则就会影响宝宝的生长发育。

Right

断奶是宝宝由吃母乳转变为吃饭菜的过程，让宝宝习惯吃半固体食物通常需要几个月的时间。而这段时间就是添加辅食的过程。一般从4～6个月起就要让宝宝慢慢接受这些食物。

当宝宝3～6个月时，即使妈妈的奶水再多，也要让宝宝尝试其他食物，如米糊、菜泥、蛋黄、牛奶、豆腐等，要让宝宝学会咀嚼和吞咽，学会自己吃饭的本领。5～6个月时，宝宝的"自我为主"的意识尚未发育成熟，比8～10个月后容易接受新食物，所以，此时是添加新食物的好时机，妈妈要注意把握。

给宝宝添加辅食要及时。

 Wrong：把妈妈的奶水挤在奶瓶中喂宝宝比直接喂更好

有些妈妈喜欢把自己的奶水挤在奶瓶里喂宝宝，认为这样既省力，又可知道宝宝每顿的奶量。其实，这样喂宝宝并不像妈妈想得那样好，反而是弊大于利。以下是妈妈把奶水挤在奶瓶中喂宝宝的弊端：

●挤出的奶量远没有宝宝吸吮的奶量多，无法将乳房中的奶挤干。

●直接给宝宝喂奶，可在吸吮时使妈妈受到神经刺激，即刻促进奶水分泌，乳量还可以随着宝宝的胃口增加，并在喂奶时心情愉悦、轻松。可是，将奶水挤出来用乳瓶喂就没有这种效果了。

●用奶瓶喂奶容易发生污染。

Right

在进行母乳喂养时，妈妈要把宝宝抱在怀中直接喂奶，可让宝宝的小手抚摸自己的乳房，妈妈也可边喂边摸宝宝的小手、小脚和耳朵，同时也可以给宝宝唱儿歌，柔声地与宝宝讲话，让宝宝保持清醒。

如果妈妈的乳头扁平使宝宝用嘴含接有困难，或乳头皮肤有破裂直接吸吮会引起疼痛，这时，才能考虑暂用奶瓶喂奶。

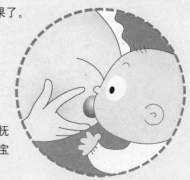

在给宝宝喂食母乳时，应将宝宝抱在怀中直接喂奶。

FEEDING MISTAKE

断奶后的喂养误区

宝宝断奶后，妈妈经常会担心母乳以外的食物营养不够丰富，不能满足宝宝的需求，影响宝宝正常的生长发育。因此，在用各种食物喂养宝宝时，妈妈常会走入以下误区。

✖ Wrong：鸡蛋富含蛋白质，宝宝吃得越多越好

鸡蛋富含优良的蛋白质，但并非宝宝吃得越多就越好。宝宝6个月以前，其消化系统还未发育成熟，肠壁的通透性较高，而鸡蛋中的白蛋白较大，能通过肠壁直接进入到血液中，刺激宝宝体内产生抗体，引发湿疹、过敏性肠炎、喘息性支气管炎等不良反应。当宝宝6个月~1岁左右时，其胃肠道消化酶分泌还较少，如果每天吃的鸡蛋过多就会造成消化不良。另外，过多吃鸡蛋会增加消化道负担，使体内蛋白质含量过高，在肠道中异常分解，产生大量的氨，引起血氨升高，同时加重肾脏的负担，引起蛋白质中毒综合征，发生腹部胀闷、四肢无力等不适。

✔ Right

营养专家认为，1岁~1岁半的宝宝最好只吃蛋黄，每天不能超过1个；1岁半~2岁的宝宝可隔日吃1整个鸡蛋；2岁以后的宝宝才可以每天吃1整个鸡蛋。

王博阳并不是一个挑食的宝宝，可是总吃一样食物也会令宝宝厌烦呀！

✖ Wrong：鱼松营养又美味，应该多给宝宝吃一些

鱼松是大多数宝宝都非常喜欢的食物，其中的营养对宝宝的生长发育也很有益，但也不能让宝宝过量食用。因为鱼松中的氟化物含量非常高。宝宝如果每天吃10～20克鱼松，就会从鱼松中吸收8～16毫克的氟化物，加上从饮水和其他食物中摄入的氟化物，每天摄入氟化物的量就可能达到20毫克左右。然而，人体每天摄入氟的安全值只是3～4.5毫克。如果超过了这个安全范围，氟化物就会在体内蓄积，时间一久可能会导致氟中毒，严重影响牙齿和骨骼的生长发育。

✔ Right

平时可把鱼松当成一种调味品给宝宝适量食用，但不要作为营养品长期大量给宝宝食用。

✖ Wrong：宝宝断奶后喝鲜牛奶比喝配方奶好，因为鲜牛奶新鲜又营养

奶制品是优质蛋白质的最佳来源之一，断奶后每天仍应让宝宝摄取一些奶制品。但由于鲜牛奶中的蛋白质分子很大，不容易在肠道吸收，过量食用还会加重宝宝肾脏的负担。另外，鲜牛奶中的磷含量太高，会影响钙在肠道的吸收，容易导致缺钙。对乳糖不耐受的宝宝喝了鲜牛奶后，会发生肠道过敏反应或腹泻。所以，新鲜的未必是最好的，不要将未处理的鲜牛奶直接给宝宝食用。

✔ Right

其实，对于宝宝来说，最接近母乳的奶品才是最好的，配方奶在营养上最接近母乳，而且又添加了很多宝宝生长发育需要的营养素。因此，宝宝断奶后，应该按照年龄段选择营养全面、均衡、容易被吸收利用的奶品。但并不是说不可以给宝宝喝牛奶，只不过不宜喝鲜牛奶。

✖ Wrong：饭前、饭中、饭后给宝宝喝点水有助于消化食物

饭前、饭中、饭后喝水都不符合饮食健康原则。因为，胃肠道在进食时会条件反射地分泌消化液，如牙齿在咀嚼食物时，嘴里就会分泌出大量的唾液，胃里分泌大量的消化酶。这些消化液与食物的碎末混合在一起，把食物的营养素消化吸收进血液里，然后向全身各个组织器官提供营养。如果在这些时候喝了水，就会稀释消化液，减弱消化液的活力。而对于消化功能还未发育完善的宝宝而言，如果在这些时候喝水，则危害更大，会导致胃肠器官消化食物的能力下降。

✔ Right

最好不要在饭前、饭后或吃饭时给宝宝喝水。如果宝宝确实口渴，可在饭前先少喝一点白开水或热汤，而且要休息片刻后再让宝宝吃饭，以免影响胃肠的消化能力。

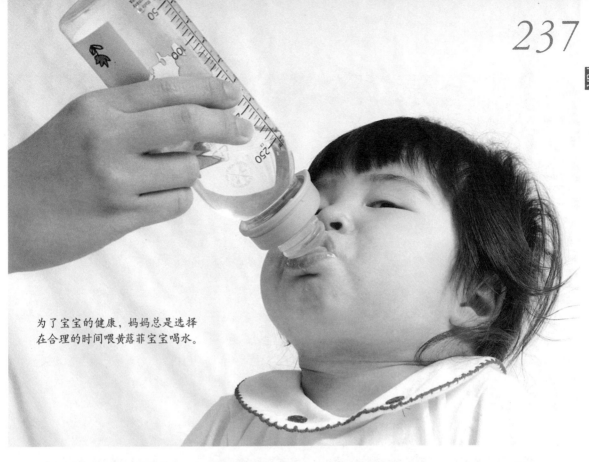

为了宝宝的健康，妈妈总是选择
在合理的时间喂黄蔻菲宝宝喝水。

✗ Wrong：宝宝边吃边玩也没关系，只要吃进去就行了

边吃边玩对宝宝的生长发育十分不利。因为在吃饭时人体大量的血液会集中在胃部对食物进行消化和吸收。如果不专心吃饭，就会使一部分血液分布在其他部位，从而减少胃部的血流量。而且边吃边玩还容易加长进餐时间，使大脑皮层的摄食中枢兴奋性减弱，从而导致胃内的各种消化酶的分泌减少，胃的蠕动功能减弱，妨碍食物的消化吸收，并使食欲受到影响。另外，边吃边玩易使饭菜变凉，影响宝宝的消化功能，长期下去会影响宝宝的生长发育速度。

✓ Right

对于边吃边玩的宝宝，妈妈可以采取对比的方法予以纠正。比如，妈妈在给宝宝喂饭时，同时让爸爸在一旁进餐，并且爸爸吃一口，就让宝宝吃一口，如果宝宝听话，妈妈就赶紧表扬。但不要给宝宝喂饭太急，一定要等宝宝把嘴里的饭咽下去后再接着喂下一口，以免影响胃肠道对食物的消化吸收。

不要让宝宝养成边吃边玩的习惯。

Wrong：动物肝脏含有大量的维生素 A，应该给宝宝多吃一些

动物肝脏如猪肝、牛肝富含宝宝生长发育所需的维生素 A，但也不宜让宝宝过量食用。因为肝脏是动物体内的解毒器官，含有特殊的结合蛋白质，与毒物的亲和力较高，能够把血液中已与蛋白质结合的毒物夺过来，使它们长期储存在肝细胞里。因此，过量食用动物肝脏会损害宝宝的健康。

Right

动物肝脏只需吃很少的量，就可获得大量的维生素 A。一般而言，1 岁以前的宝宝每天需要 1300 国际单位的维生素 A，1～5 岁的宝宝每天需要 1500 国际单位，相当于每天只吃 12～15 克的动物肝。

 Wrong：不能让宝宝自己吃饭，那样保证不了营养的摄取

宝宝 1 岁左右时，会张着小手要自己吃东西，但常常会把食物弄得一塌糊涂，让妈妈无法忍受，但千万不可阻止宝宝独立进餐，否则会使宝宝手部肌肉得不到锻炼，手眼协调能力得不到提高，而且还可能会影响宝宝的身心发展。

Right

应尽量为宝宝提供独立进餐的锻炼机会。比如：让宝宝自己拿奶瓶喝奶；妈妈协助宝宝把饭放在小匙上，再吃到嘴里等等。当然，为了保证宝宝对营养的摄取，在让宝宝独立进餐的同时，也要适当地辅以喂食，以免错过宝宝饥饿时的好胃口。

 Wrong：鸡汤比鸡肉更有营养，所以应该让宝宝多喝鸡汤少吃鸡肉

营养学家指出：这种说法是没有科学道理的。鸡汤虽然味道十分鲜美，但鸡汤中所含的蛋白质仅是鸡肉的10％，脂肪和矿物质的含量也不多。

Right

鸡汤中的营养虽然比不上鸡肉，但其中有含氮浸出物，可刺激胃液分泌，增进食欲，帮助消化。因此，最好让宝宝连汤带肉一起吃。

Wrong：宝宝进餐时不管在哪，大人怎么方便就怎么喂

有的家长平时很忙，因此在喂宝宝时往往图方便、省事，随便在家里的什么地方就开始喂宝宝吃东西。

✔ Right

事实上，这是一种以成人占主导地位的喂养方式。合理的喂养会使宝宝更健康。一般认为，面对面地喂宝宝吃东西较为合理。在具体喂宝宝的问题上，有些学者推荐以下方法：给宝宝一个固定的位置，可让宝宝坐在儿童专用小餐桌里，然后大人再面对面地喂宝宝吃食物。

这种喂养方法不但能保证宝宝的安全（宝宝坐在儿童专用小餐桌里不易跌落摔伤），而且不束缚宝宝的手脚，能让宝宝的手脚自由活动。而喂养者面对面地喂宝宝吃东西，还能通过眼神与宝宝交流。另外，这种喂养方法更利于宝宝观察食物，有利于培养宝宝对食物的兴趣和进食习惯，还益于集中宝宝的注意力。

✘ Wrong：喂宝宝吃饭时，喂得越快，宝宝长得越壮

很多家长认为，喂宝宝越快，宝宝吃得就越多，长期如此，宝宝会长得越来越壮。

✔ Right

研究显示，如果喂养人一直坚持较快地喂宝宝，则可能使宝宝日后养成吃饭快的习惯。而这种习惯一旦养成，便会增加宝宝超重和肥胖的危险。但超重和肥胖并不等于壮，因此，喂宝宝吃饭时，不宜过快。

✘ Wrong：宝宝自己吃饭会弄得到处都是，还是大人喂比较好

很多家长认为，让孩子自己吃饭，会把饭弄得到处都是，还是大人喂比较好，更卫生、更干净。

✔ Right

10个月以上的宝宝手指活动能力和手眼协调能力逐渐增强，宝宝也有了自己进餐的强烈愿望，因此十分适合让宝宝自己学习进餐。如果此时大人还坚持喂宝宝，不给宝宝学习自己进餐的机会，就有可能影响宝宝手的灵活性及协调能力的发展，还会使宝宝对食物不感兴趣，从而导致宝宝厌食、偏食。

让宝宝学着自己吃饭不仅可以增强宝宝对进食的兴趣，还能锻炼宝宝手指小肌肉的发育和手眼协调能力，同时也能增强宝宝的自信心。

为了宝宝的牙齿健康，妈妈坚持让吴祺宇宝宝饭后刷牙。

图书在版编目（CIP）数据

同步育儿营养全书：0~3岁/徐景蓁编著．—北京：中国轻工业
出版社，2009.1
ISBN 978-7-5019-6006-4

Ⅰ.同… Ⅱ.徐… Ⅲ.婴幼儿-哺育 Ⅳ.TS976.31

中国版本图书馆CIP数据核字（2007）第086282号

策划编辑：王恒中　　　　责任编辑：王晓晨　责任终审：滕炎福
装帧设计：刘金华　旭　晖　美术编辑：冯　静　文字编辑：高新梅　插图协力：王玉丽　孙雅岚

出版发行：中国轻工业出版社（北京东长安街6号，邮编：100740）
印　　刷：北京鑫益晖印刷有限公司
经　　销：各地新华书店
版　　次：2009年1月第1版第4次印刷
开　　本：635×965　1/12　印张：20
字　　数：200千字
书　　号：ISBN 978-7-5019-6006-4/TS·3503　定价：39.80元
读者服务部邮购热线电话：010-65241695　010-85111729　传真：010-85111730
发行电话：010-85119845　010-65128898　传真：010-85113293
网　　址：http://www.chlip.com.cn
Email：club@chlip.com.cn
如发现图书残缺请直接与我社读者服务部联系调换
81020S0C104ZBF